Spielen ist unwahrscheinlich

Fabian Arlt · Hans-Jürgen Arlt

Spielen ist unwahrscheinlich

Eine Theorie der ludischen Aktion

Springer VS

Fabian Arlt
Berlin, Deutschland

Hans-Jürgen Arlt
Berlin, Deutschland

ISBN 978-3-658-29106-8   ISBN 978-3-658-29107-5   (eBook)
https://doi.org/10.1007/978-3-658-29107-5

Die Deutsche Nationalbibliothek verzeichnet diese Publikation in der Deutschen Nationalbibliografie; detaillierte bibliografische Daten sind im Internet über http://dnb.d-nb.de abrufbar.

Planung/Lektorat: Katrin Emmerich
Springer VS ist ein Imprint der eingetragenen Gesellschaft Springer Fachmedien Wiesbaden GmbH und ist ein Teil von Springer Nature.
Die Anschrift der Gesellschaft ist: Abraham-Lincoln-Str. 46, 65189 Wiesbaden, Germany

Vorwort

Ein Spiel ist eine geheimnisvolle Sache und wenn es sich einmal auf den Weg in die Welt gemacht hat, kann alles passieren. (Frei nach Paul Auster, Leviathan)

Dieses Buch entstand für seine Autoren unerwartet. Der eine kommt von der Theorie und Praxis des Spiels, der andere von der politischen Ökonomie der Arbeit. Beide wertschätzen, das ist ihre wissenschaftliche Brücke, den Luhmannschen Kommunikationsbegriff als ein Sesam-öffne-dich der Gesellschaftstheorie, als den besten Zugang zum Verständnis sozialer Phänomene, also auch des Spiels und der Arbeit. Im familiären Gespräch über laufende Projekte verdichtete sich der Eindruck, dass der Spieler und der Arbeiter voneinander lernen könnten. Und irgendwann, vor rund drei Jahren, verwandelten wir diesen Eindruck in den Entschluss, praktisch zu erproben, was daraus wird, wenn wir zusammen denken und Spiel, Kommunikation und Arbeit zusammendenken.

Experten für den Zusammenhang wären wir gerne. Unsere Ambitionen gelten den Beziehungen, dem „in between". Nicht der einzelne Gegenstand, nicht ein Objekt für sich genommen, nicht das isolierte Thema, es sind die Relationen, denen das Forschungsinteresse gilt, mit dem wir auf das Spiel zugehen – primär systematisch, am Rande auch historisch. Angesichts der Universalität des Themas Spiel verschlägt einem dieser Anspruch erst einmal die Sprache, aber ein ganz Großer macht Mut. „Das Schönste, was wir erleben können, ist das Geheimnisvolle. Es ist das Grundgefühl, das an der Wiege von wahrer Kunst und Wissenschaft steht. Wer es nicht kennt und sich nicht mehr wundern, nicht mehr staunen kann, der ist sozusagen tot und sein Auge erloschen.“[1] Wir haben dem Spiel den Status der Unwahrscheinlichkeit verliehen, um zu begreifen, weshalb es in der Vergangenheit allgegenwärtig war und in der Gegenwart alltäglich ist.

Der Wilmersdorfer Volkspark, in dem viel gespielt wird, war unser spiritus locus. Während gemeinsamer Spaziergänge und Gespräche entstand nicht nur der Titel des Buches. Wir danken Andreas Galling-Stiehler, Olaf Hoffjann, Jürgen Schulz, Jo Wüllner und Rainer Zech für ihre Kritik und ihre Anregungen, sei es zu einzelnen Kapiteln, sei es zu einer Vollversion des Manuskripts. Sie haben uns auf Ungenauigkeiten und Ungereimtheiten hingewiesen, alle verbleibenden gehen auf unser Konto. Sehr weitergeholfen hat uns auch eine Intervention Dirk Baeckers. Als Anwältin der Leserinnen und Leser hat Sieglinde Rübel-Arlt deren Recht verteidigt, nicht erstbeste Sätze, sondern einen möglichst verständlichen und lebendigen Text vorzufinden.

Berlin
im November 2019

Fabian Arlt
Hans-Jürgen Arlt

---

[1]Einstein, A. (1953): Mein Weltbild. Zürich Wien: Europa Verlag [*1931], S. 10. Online https://gedankenfrei.files.wordpress.com/2009/01/mein-weltbild-albert-einstein.pdf (Zugriff 07. 11. 2019).

Inhaltsverzeichnis

Einleitung

1

Zusammenfassung

Es geht um *eine* Theorie des Spiels. Die Arbeit am Begriff des Spiels, die eine großartige Tradition hat, wird fortgesetzt, statt es dabei bewenden zu lassen, dass im Grunde alles auch Spiel sein kann. Vorgelegt wird eine Offerte, die angesichts der phänomenalen Mannigfaltigkeit des Spiels nicht die Theorie-Segel streicht, sondern diese Vielfalt zu erklären versucht. Dabei wird weder dem Pfad der Game Studies gefolgt, deren Studien typisch eine Randnotiz zum Spielbegriff voranstellen, um sich dann ganz der digitalen Welt hinzugeben. Noch soll es um eine Definition des Ludischen gehen. Wie die eine Definition ein zu einfacher Wunsch, so ist *die* Theorie ein zu dogmatischer Anspruch. Der Argumentationsgang verläuft als Schleife: Der Text begründet eine Idee, wie Spielen verstanden werden kann, hält sie fest und kehrt ihr dann den Rücken zu, um das Spiel in seinen Umwelten zu beobachten und zu beschreiben.

Computer, mobile und immobile, sind die wichtigsten Werkzeuge der Gesellschaft des frühen 21. Jahrhunderts und zugleich deren liebstes Spielzeug. Mit der Digitalisierung expandiert, um nicht zu sagen explodiert, das Spielen. Als Tätigkeit, als Thema und als Metapher gewinnt das Spiel herausragende gesellschaftliche Präsenz: „Spielen hat Konjunktur und nicht nur dort, wo es sie ankurbelt." (Konietzky 2012, S. 303). Dem Spiel kommt große öffentliche und wachsende wissenschaftliche Aufmerksamkeit zu und, trotz aller Warnungen vor schädlichen Wirkungen, mehr generelle Wertschätzung als je zuvor: „Computerspiele sind die lebendigste Kunstform des 21. Jahrhunderts." (Lischka 2002, S. 134) Über Computerspiele wird, auch aus guten Gründen, gerne in Superlativen geschrieben und gesprochen. „Computer- und Videospiele sind als Kulturgut, als Innovationsmotor und als

Wirtschaftsfaktor von allergrößter Bedeutung", sagte die deutsche Bundeskanzlerin 2017 bei der Eröffnung der Computerspielemesse „gamescom" und zitierte den „Vater des Kindergartens", den Pädagogen Friedrich Fröbel (1782–1852), mit den Worten „die Quelle alles Guten liegt im Spiel" (Merkel 2017).

„Denk nicht, sondern schau"
Wann, wo und wie immer Menschen zusammenleben, neben allem, was sie sonst so machen, spielen sie. Spielen wird oft beschrieben, immer bewertet und höchst unterschiedlich erklärt. In der „Enzyklopädie Philosophie" wird es so vorgestellt: „‚Spiel' (lat *ludus*) ist ein alltagssprachlicher Ausdruck mit weiten Bedeutungsrändern. Anstelle einer kohärenten philosophiehistorischen Entwicklung findet man, über die Geschichte verteilt, unterschiedliche Positionen einzelner Denker, die – jeder auf seine Weise – eine Möglichkeit begründet haben, ‚Spiel' als philosophischen Begriff zu verwenden. Auf der Ebene der *begrifflichen Kennzeichnung* werden typische Merkmale, Strukturen oder Funktionsweisen des Spiels ausgezeichnet und gegen alles abgegrenzt, was selbst *nicht* Spiel ist, z. B. gegen den Ernst, die Arbeitswelt, den Alltag etc. Insofern ein Spiel eine spezifische eigene Welt erzeugen kann, wird der Spielbegriff oft auch *als Metapher* gebraucht, die den kreativen Charakter der ludischen Weltkonstruktion, die Spannung zwischen Freiheit und Bindung durch Regeln oder die Versunkenheit des Menschen im Spiel hervorhebt."[1] (Gebauer und Stern 2010)

Den Definitionen und Konzeptionen einen weiteren Erklärungsansatz hinzuzufügen, ist schon deshalb gewagt, weil damit scheinbar auch Ludwig Wittgensteins Rat in den Wind geschlagen wird: „Sag nicht: ‚Es muss ihnen etwas gemeinsam sein, sonst hießen sie nicht Spiele' – sondern *schau*, ob ihnen allen etwas gemeinsam ist. – Denn wenn du sie anschaust, wirst du zwar nicht etwas sehen, was *allen* gemeinsam wäre, aber du wirst Ähnlichkeiten, Verwandtschaften, sehen, und zwar eine ganze Reihe. Wie gesagt: denk nicht, sondern schau!" (Wittgenstein 1984, S. 277). So gelesen, dass alle Theorie grau sei im Vergleich zur phänomenalen Mannigfaltigkeit der Praxis, kann man nur zustimmen und ist trotzdem frei, sich um einen theoretischen Zugang zu bemühen.[2] Statt

---

[1]Im Original ist Spiel mit S. abgekürzt.

[2]Zumal Wittgensteins eigene wissenschaftliche Praxis sich daran orientiert hat, denn sein Konzept der Familienähnlichkeit hat er auch auf sein Verständnis der Sprache und der Zahl angewandt. „Statt etwas anzugeben, was allem, was wir Sprache nennen, gemeinsam ist, sage ich, es ist diesen Erscheinungen garnicht Eines gemeinsam, weswegen wir für alle das gleiche Wort verwenden, – sondern sie sind miteinander in vielen verschiedenen Weisen *verwandt*. Und dieser Verwandtschaft, oder dieser Verwandtschaften wegen nennen wir sie

festzustellen, dass im Grunde alles auch Spiel sein kann, den Begriff in Grenzenlosigkeit aufzulösen und theoretische Ambitionen sein zu lassen, statt angesichts
seiner großartigen Vielfalt das Spiel als theoretisch unfassbar auszuflaggen, soll
ein Vorschlag erarbeitet werden, diese Vielfalt theoretisch zu erklären.

Unausgesetzte Rede vom Spiel
Während Bezeichnungen wie Wirtschafts- oder Wissenschaftstheorie Erkennt-
nisse über die Wirtschaft beziehungsweise die Wissenschaft versprechen,
bedeutet das Wort „Spieltheorie" in seiner gewohnten Gebrauchsweise gerade
nicht, dass hier systematisches Wissen über das Spielen gewonnen wird. Vielmehr
„versuchen die Geistes- und Naturwissenschaften vermittels einer unausgesetzten
Rede vom Spiel, adäquate Beschreibungs-, Berechnungs- und Steuerungs-
modelle für eine sich rasant verändernde und zunehmend von Zersplitterung
bedrohte Lebenswelt zu entwerfen" (Neuenfeld 2005, S. 10). Gemeint ist insbesondere, dass Entscheidungsprozesse in Wirtschaft und Politik (vgl. Neumann
und Morgenstern 1967), dass die Einflüsse von Gesetz und Zufall (vgl. Eigen
und Winkler 2010) besser zu verstehen seien, wenn sie so beobachtet werden,
als wären sie ein Spiel. Wissen darüber, wie Spielen funktioniert, wird unter
dem Label Spieltheorie nicht erarbeitet, sondern vorausgesetzt. „Das ist die Ver-
lockung des Spiels, des Wortes Spiel. Es verleitet auch die exaktesten Autoren
zum suggestiven Parcours der Analogien" (Matuschek 1998, S. 3).
   Unser Vorhaben, die Arbeit am Spielbegriff voranzutreiben, folgt nicht dem
Pfad der Game Studies[3], die typisch eine Randnotiz zum Spielbegriff voranstellen, um sich dann ganz der digitalen Welt hinzugeben. In ihren Studien treffen
„die Auslagerungen der alten erprobten Philologien, der Kunst- und geschichts-
wissenschaftlichen Disziplinen, mit Nachrichtentechnik und Ökonomie, mit
kommunikationswissenschaftlichen und wissenshistorischen Fragen in einem
unbestimmten Mischungsverhältnis" (Pias 2002, S. 8) aufeinander. Damit werden
die Game Studies – schon ihr Name sagt aus, dass sie sich mit dem Play weniger
beschäftigen – ihrem Forschungsinteresse gerecht, hier in diesem Buch steht ein

---

alle ,Sprachen'." (Wittgenstein 1984, S. 277) „Und ich werde sagen: die ,Spiele' bilden
eine Familie. Und ebenso bilden z. B. die Zahlenarten eine Familie." (ebda, S. 278)

[3] „2001 can be seen as the Year One of *Computer Game Studies* as an emerging, viable,
international, academic field." (Aarseth 2001; im Editorial für die erste Ausgabe von
„Game Studies, the international Journal of computer game research")

anderes im Vordergrund, nämlich das Spiel gesellschaftstheoretisch zu verorten, seine soziale Funktion zu erfassen.

Anschlüsse an unterschiedliche Sichtweisen
Es soll auch nicht um eine Definition des Ludischen gehen, begleitet von der stets erhobenen Klage, leider existiere keine einheitliche. Als hätte eine freie Wissenschaft nichts Besseres zu tun, als ihre Forschungsprozesse in Sinngefängnisse allgemeinverbindlicher Definitionen zu stecken. Wie die eine Definition ein zu einfacher Wunsch, so ist *die* Theorie ein zu dogmatischer Anspruch. Es geht um *eine* Theorie des Spiels. Nicht eine ontologische Fassung des Wesens des Spiels wird angeboten, sondern eine Sichtweise, die das Spiel auf ihre bestimmte Art unterscheidbar macht.

Ob nebensächlich erwähnt oder ausführlich behandelt, am Thema Spiel kommt kaum eine Gesellschaftsanalyse vorbei. Es wird mit unterschiedlichsten Herangehensweisen seit Jahrhunderten von einer individuell nicht mehr überschaubaren, erst recht nicht rezipierbaren – kein Nochmehr kommt in die Nähe von genug – Menge wissenschaftlicher Arbeiten aufgegriffen. Unsere Darstellung versucht eng am laufenden wissenschaftlichen Diskurs zu bleiben und ihre Befunde immer wieder einzuordnen. Das Ziel ist eine Theorie der ludischen Aktion, die ihre Anschlüsse an die unterschiedlichen Sichtweisen auf das Spiel transparent macht, Bezüge benennt, Differenzen anspricht und Übereinstimmungen hervorhebt.

Die folgenden sechs Kapitel
In den Spiel-Diskurs intervenieren die folgenden sechs Kapitel von unterschiedlichen Zugängen aus. Theoretische und methodische Implikationen der Herangehensweise werden vereinzelt an Ort und Stelle, kompakt im Abschn. 2.2 angesprochen. Dieses zweite Kapitel verankert das Spiel in der Gesellschaft und wählt dafür keine geringeren Anschlussstellen als den Ursprung von Sozialität, die Erwartungserwartung, und deren primäre Form, die Interaktion.

In den Kapiteln drei, vier und fünf wird das Spiel-Verständnis, wie es Kapitel zwei grundgelegt hat, kontrolliert und entfaltet. Zunächst wird im dritten Kapitel überprüft, ob und inwieweit sich, von dem theoretisch gewonnenen Spielbegriff ausgehend, als klassisch anerkannte Merkmale des Spiels rekonstruieren lassen, wo und inwiefern unsere Erklärung des Spiels in Widerspruch gerät zu anderen Theorieangeboten. Das vierte Kapitel dient dazu, zeitlich und sachlich auszuarbeiten, was als Grundfunktion der ludischen Aktion bestimmt wurde, also Funktionswandel und Ausdifferenzierungen des Spiels zu beschreiben. Dabei widmen wir den Computerspielen ein eigenes, das fünfte Kapitel, um dem

„epochalen Sog" (Kucklick 2016, S. 216) auf die Spur zu kommen, den sie ausgelöst haben. Wie kaum eine andere Tätigkeit unterliegt Spielen permanenter Bewertung und vielfältiger Instrumentalisierung, beide Aspekte greift das sechste Kapitel auf. Sein Thema sind *Übergänge,* für die heute die Bezeichnung Gamification kursiert.

Das abschließende siebte Kapitel kehrt die Eingangsperspektive um, die von der Gesellschaft aus das Spiel analysiert hat, und blickt vom Spiel aus auf die Gesellschaft: Auf der Basis des entwickelten Spielbegriffs wird vor dem Hintergrund der inflationären Verwendung der Spiel-Metapher und einer generellen „Lizenz für vage Verwendungen" (Anz und Kaulen 2009, S. 6) der Bezeichnung Spiel die Frage gestellt, welche ludischen Komponenten sich auch außerhalb des unmittelbaren Spielgeschehens in der modernen und der digitalen Gesellschaft wiederfinden. Welche Bedeutung hat es, was wird damit behauptet und was wird dabei unterschlagen, wenn soziale Beziehungen zunehmend als Spiele ausgeflaggt werden?

Grundgelegt, entfaltet und erprobt wird ein Begriff, der das Spiel versteht als freiwilligen, zeitlich, oft auch räumlich markierten, immer wieder neuen Umgang mit Unerwartetem im Modus eines unverbindlichen Tuns als ob. Dafür wird ein Argumentationsweg gegangen, der so zu charakterisieren wäre: Der Text begründet eine Idee, wie Spielen verstanden werden kann, hält sie fest und kehrt ihr dann den Rücken zu, um das Spiel in seinen Umwelten zu beobachten und zu beschreiben. In Stichworten, s. Abb. 1.1:

- Entwicklung eines sozial-funktionalen Spielbegriffs
- Einordnung des Spielbegriffs in den ludischen Diskurs
- Historische und systematische Ausdifferenzierungen des Spiels
- Games in digitalen Zeiten
- Das Spiel zwischen Perfektion und Korruption
- Ludische Strukturähnlichkeiten der modernen und digitalen Gesellschaft

Zwei Arten von Theorie
Der Titel des Buches ist eine Dauerleihgabe von Niklas Luhmann, der 1991 – zunächst englisch unter der Überschrift „The Improbability of Communication" – den Aufsatz „Die Unwahrscheinlichkeit der Kommunikation" in erster Auflage veröffentlichte. Darin erörtert er die „Unterscheidung von zwei verschiedenen theoretischen Intentionen, von denen sich der Aufbau einer wissenschaftlichen Theorie leiten lassen kann. Die eine Art von Theorie fragt nach den Möglichkeiten der Verbesserung der Verhältnisse. Sie lässt sich leiten durch Vorstellungen

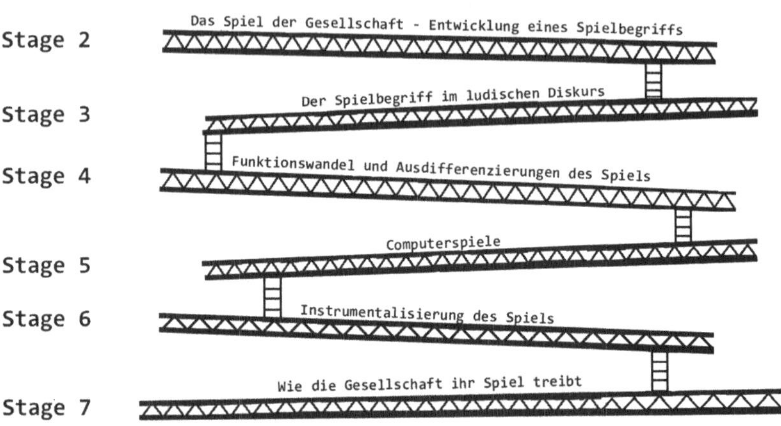

Abb. 1.1 Die Struktur des Buches im Donkey Kong Look. (Quelle: eigene Darstellung)

der Perfektion, der Gesundheit oder im weitesten Sinne bestmöglicher Zustände."
(Luhmann 1991, S. 25) Die andere Art von Theorie stelle hingegen die Vor-
frage aller Verbesserungen, sie „beginnt mit einer These der Unwahrscheinlichkeit. Ebenso distanziert wie die erste von bloßer Perpetuierung der Zustände,
wie sie sind, löst sie die Routineerwartungen und die Sicherheiten des täglichen
Lebens auf und nimmt sich vor zu erklären, wie Zusammenhänge, die an sich
unwahrscheinlich sind, dennoch möglich, ja hochgradig sicher erwartbar werden." (ebda.) Deshalb stellt er an den Anfang die Behauptung: „Kommunikation
ist unwahrscheinlich. Sie ist unwahrscheinlich, obwohl wir sie jeden Tag erleben,
praktizieren und ohne sie nicht leben würden." (Luhmann 1991, S. 25 f.)

Literatur

Aarseth, E. (2001). Computer game studies, year one. In *Game Studies*, Bd. 1, No. 1. http://
   www.gamestudies.org/0101/editorial.html. Zugegriffen: 15. Aug. 2019.
Anz, T., & Kaulen, H. (2009). Einleitung. Vom Nutzen und Nachteil des Spiel-Begriffs für
   die Wissenschaften. In dies. (Hrsg.), *Literatur als Spiel. Evolutionsbiologische, ästhetische und pädagogische Konzepte* (S. 1–8). Berlin: De Gruyter.

Eigen, M., & Winckler, R. (2010). *Das Spiel. Naturgesetze steuern den Zufall.* Eschborn: Rieck.

Gebauer, G., & Stern, M. (2010). Spiel. In J. Sandkühler (Hrsg.), *Enzyklopädie Philosophie (CD-Rom, 2546bu-2550).* Hamburg: Meiner.

Konietzky, H. (2012). Wir wollen doch nur spielen. Über die unaufhaltsame Ausweitung der Spielzonen. In J. V. Brincken & H. Konietzky (Hrsg.), *Emotional Gaming. Gefühlsdimensionen des Computerspiels* (S. 303–307). München: Epodium.

Kucklick, C. (2016). *Die granulare Gesellschaft. Wie das Digitale unsere Wirklichkeit auflöst.* Berlin: Ullstein.

Lischka, K. (2002). *Spielplatz Computer. Kultur, Geschichte und Ästhetik des Computerspiels.* Hannover: Heise.

Luhmann, N. (1991). Die Unwahrscheinlichkeit der Kommunikation. In Ders., *Soziologische Aufklärung 3. Soziales System, Gesellschaft, Organisation* (S. 25–34). Opladen: Westdeutscher Verlag.

Matuschek, S. (1998). *Literarische Spieltheorie. Von Petrarca bis zu den Brüdern Schlegel.* Heidelberg: Universitätsverlag C. Winter.

Merkel, A. (2017). Rede von Bundeskanzlerin Merkel zur Eröffnung der gamescom am 22. August 2017. https://www.bundesregierung.de/Content/DE/Rede/2017/08/2017-08-22-rede-merkel-gamescom.html;jsessionid=9A3EA87D7ED618808FB4289DCD8A6A14.s7t1. Zugegriffen: 13. Apr. 2018.

Neumann von, J., & Morgenstern, O. (1967). *Spieltheorie und wirtschaftliches Verhalten.* Würzburg: Physica (Erstveröffentlichung 1944).

Neuenfeld, J. (2005). *Alles ist Spiel. Zur Geschichte der Auseinandersetzung mit einer Utopie der Moderne.* Würzburg: Königshausen & Neumann.

Pias, C. (2002). *Computer Spiel Welten.* München: Sequenzia.

Wittgenstein, L. (1984). Philosophische Untersuchungen. In Ders., *Tractatus logico-philosophicus. Tagebücher 1914–1916. Philosophische Untersuchungen.* Werkausgabe Bd. 1 (S. 225–580). Frankfurt a. M.: Suhrkamp.

Funktion und Eigensinn des Spiels

Zusammenfassung

Entwickelt wird ein Spielbegriff, der Spielen als eine Aktionsform begreift, die sich den Drohungen und Lockungen des Unerwarteten hingibt. Dabei befreit sich das Spiel auf seine besondere Weise aus Normalitäten, nämlich im Modus eines vorübergehenden unverbindlichen Tuns als ob. Nachzuvollziehen gilt es die Erlebnisqualitäten des Spiels, die seine Teilnehmer fesseln, sowie den Aufführungscharakter ludischer Aktionen, der Publika anspricht. Als theoretischer Ausgangspunkt der Arbeit am Begriff des Spiels dient die Interaktion, verstanden als eine Begegnung, bei der Personen füreinander wahrnehmbar sind und miteinander kommunizieren. Interaktionen gelten als die Primärform von Sozialität. Als elementares Ereignis entsteht menschliche Sozialität – soweit sie sich darüber den Kopf zerbricht, ist die Soziologie hier weitgehend einig – aus doppelt kontingenten Erwartungserwartungen.

„Wie würden wir denn jemandem erklären, was ein Spiel ist? Ich glaube, wir werden ihm Spiele beschreiben, und wir könnten der Beschreibung hinzufügen: ‚das, und Ähnliches nennt man Spiele'. Und wissen wir denn selbst mehr? Können wir etwa nur dem Andern nicht genau sagen, was ein Spiel ist? – Aber das ist nicht Unwissenheit. Wir kennen die Grenzen nicht, weil keine gezogen sind." (Wittgenstein 1984, S. 279).

Wissenschaftlich fühlen sich viele Fachrichtungen berufen, Erhellendes über das Spiel zu sagen: Pädagogik, Psychologie und Philosophie, Politik-, Medien-, Kunst- Literatur- und Sportwissenschaft. Eine eigene Spielewissenschaft bildet

© Springer Fachmedien Wiesbaden GmbH, ein Teil von Springer Nature 2020
F. Arlt und H.-J. Arlt, *Spielen ist unwahrscheinlich*,
https://doi.org/10.1007/978-3-658-29107-5_2

sich unter dem Namen Game Studies[1] erst im Übergang zum 21. Jahrhundert im Kontext der Computerspiele aus. Der späte Zeitpunkt ist auffällig, aber nicht ungewöhnlich. Auch bevor sich die Wirtschaftswissenschaft etabliert hat, wurden im 18. und 19. Jahrhundert bereits große, bis heute relevante Untersuchungen über die Wirtschaft geschrieben, beispielsweise von dem Moralphilosophen Adam Smith, von einem Mathematiker, Naturwissenschaftler und Börsenmakler (David Ricardo), von einem Jurastudenten, der zu Philosophie und Geschichte wechselte und journalistisch tätig war (Karl Marx).

Wurde das Spiel vor der Entwicklung der Game Studies als grundlegendes, eigenständiges Phänomen gesehen und behandelt, geschah dies meist in pädagogischer Absicht; bisweilen auch mit einer politischen Zwecksetzung, verdichtet in der Formel „Brot und Spiele". Die große philosophische Perspektive war eine anthropologische: Das Spiel als erster und wichtigster Beitrag zur Menschwerdung, wie es Schiller (2000) in seinen Briefen „Über die ästhetische Erziehung des Menschen" zum Evergreen gemacht hat.

> In der Philosophie des Spiels „lassen sich grob zwei unterschiedliche Perspektiven auf das Spiel unterscheiden: Während die eine eher der Pädagogik und der Entwicklungspsychologie verpflichtet ist und nach der funktionalen Rolle des Spiels in der ontogentischen Entwicklung fragt, ist die andere eher kulturphilosophisch orientiert und fragt nach der Funktion des Spiels in der menschlichen Kultur oder dem menschlichen Geistesleben insgesamt." (Deines 2012, S. 31)

Nicht nur der fundamentalistische Zugang macht die Annäherung an das Spiel schwierig, sondern auch der einfache Umstand, dass unklar ist, welcher Klasse von Phänomenen das Spiel am besten zuzuordnen ist. Handelt es sich um ein *Medium,* wie inzwischen viele sagen, eine *Tätigkeitsform,* wie Wikipedia schreibt, ein *Bewegungsphänomen,* wie Hans Georg Gadamer (2012, S. 27) und im Anschluss an ihn nicht wenige andere argumentieren, eine *soziale Praxis,* wie Dirk Baecker (1993, S. 152) formuliert, eine *Perspektive,* „in der wir nahezu alles Tun betrachten können" (Krämer 2005b, S. 11), oder vielleicht doch um eine *Kommunikation,* wie Udo Thiedecke (2010, S. 18) es darstellt. Ohne Zweifel trägt jeder dieser Zugänge Relevantes zum Verständnis des Spiels bei.

Wir werden dafür argumentieren, dass über den Begriff der Aktion und die Dimensionen des Erlebens und Handelns, die sich mit ihm erschließen, das Spiel

---

[1]„Der Name Game Studies steht für eine akademische Disziplin, deren analytischer Schwerpunkt auf Spieldesign, Spieltheorie, Spielphilosophie, der Spielerschaft und der Rolle von digitalen Spielen in Gesellschaft und Kultur liegt." (Wimmer 2016, S. 543)

umfassender und facettenreicher verstanden werden kann. Deshalb sprechen wir vom Spiel als einer ludischen Aktion und verwenden dabei ludisch als das Adjektiv, das dem Substantiv Spiel entspricht (wie zornig für Zorn und abstrakt für Abstraktion steht). Das ist allerdings eine Abweichung vom üblichen Sprachgebrauch im Spiel-Diskurs, der die Bezeichnung ludisch gewöhnlich enger fasst und vom Narrativen sowie vom Regelgeleiteten unterscheidet. Wenn man in diesem Sinn verfährt und beispielsweise „zwischen einer Ebene der räumlichen, der ludischen, der narrativen und der sozialen Struktur" (Thon 2007, S. 172) unterscheidet, hat man kein Eigenschaftswort mehr, um das Spiel als ganzes zu bezeichnen, denn „spielerisch" drückt etwas anderes, nämlich nur eine Anmutung an das Spiel aus. Deshalb möchten wir ludisch als das Adjektiv gelesen wissen, mit dem Spiel und Spielen bezeichnet werden.

In diesem zweiten Kapitel legen wir das Fundament, auf dem ein Spielbegriff begründet werden soll. Unter Abschn. 2.2 finden sich allgemeine Hinweise auf den theoretischen Rahmen, innerhalb dessen sich der Argumentationsgang bewegt. Die Funktion des Spiels wird aus der Interaktion als Primärform von Sozialität entwickelt (Abschn. 2.3). Wir überprüfen, ob die gängigen Merkmale des Spiels mit dem so gewonnenen Verständnis abgedeckt werden und verorten unseren Spielbegriff innerhalb des allgemeinen spieltheoretischen Rahmens. Das Kapitel schließt mit der Fragestellung, wie die unwahrscheinliche Selbstbefreiung durch Spielen sich in eine willkommene Selbstfesselung im Spiel verwandelt (Abschn. 2.4).

2.1 Elementare Sozialität: Interaktion, Gesellschaft, Person

Die Suche nach einem theoretischen Zugang zum Spiel kann nicht ignorieren, dass die anerkannten, im wissenschaftlichen Diskurs beachteten Herangehensweisen elementar ansetzen. Spiel wird „als die soziale Praxis schlechthin" (Baecker 1993, S. 154) bezeichnet und „eine anthropologische Grundgegebenheit aller Lebensstufen, Zeitalter und Völker" (Scheuerl 1990, S. 9) genannt. Liebe und Spiel werden als „die vergessenen Grundlagen des Menschseins" (Maturana und Verden-Zöller 1994) vorgestellt. „Wir können dieses oder jenes spielen, aber wir können nicht *nicht* spielen" (Schulze 2005, S. 150), wird behauptet. „Dass menschliche Kultur im Spiel – als Spiel – aufkommt und sich entfaltet" (Huizinga 1956, S. 7), Spielen somit als „Basis für das Entstehen von Kultur und ihren Ausdifferenzierungen" (Krotz 2009, S. 37) zu verstehen sei, wird festgestellt und gerne wiederholt.

Soweit sie sich darüber den Kopf zerbricht, ist sich die Soziologie weitgehend einig: Als elementares Ereignis entsteht menschliche Sozialität aus doppelt kontingenten Erwartungserwartungen. An der Schnittstelle zwischen System- und Interaktionstheorie(n)[2] ist diese Sichtweise gut etabliert. Wir folgen ihr und wählen sie als Ausgangspunkt der zu entwickelnden Theorie des Spiels.[3] Die drei Begrifflichkeiten Erwartungserwartung, doppelte Kontingenz und Interaktion bedürfen einer Erläuterung.

In der Situation der direkten Begegnung mit anderen deren Erwartungen erwarten zu können, gilt als Bedingung der Möglichkeit einer sozialen Beziehung, also des Gelingens von Sozialität, nicht im Sinn von Harmonie, sondern von Anschlussfähigkeit. „Wir sind im Bilde, wenn wir wahrnehmen, dass sich andere ein Bild davon machen, wie wir uns ein Bild (von ihnen) machen." (Hörisch 2013, S. 15) Man weiß irgendetwas miteinander anzufangen, zu welchem guten oder bösen Ende auch immer, sobald sich die gegenseitigen Erwartungen ein Stück weit ergänzen, und sei es nur, dass man die gleiche Sprache spricht; es braucht ja nicht gleich Liebe zu sein, also die beiderseitige Erwartung, eigene unausgesprochene Erwartungen vom anderen immer schon erfüllt zu bekommen. Es geht noch nicht einmal um faktischen Konsens, sondern nur um die Bereitschaft anzuerkennen, dass andere andere Erwartungen haben können.

„Man kann sich nicht nicht verhalten"
Die primäre Form, in der Sozialität praktisch wird, ist die Interaktion, verstanden als eine Begegnung, bei der Personen, die sich „in Hörweite und ihre Körper in Griffnähe" befinden, „füreinander wahrnehmbar werden und daraufhin zu kommunizieren beginnen" (Kieserling 1999, S. 15).[4] Wechselseitige Wahrnehmung hat den Effekt, dass Verhalten beobachtet wird, und dazu, sich zu verhalten, gibt

---

[2] Ausführlich und grundlegend dazu Kieserling (1999, S. 86 ff.).

[3] Anfänge sind nicht selbsterklärend und können es nicht sein: Entweder man kommt gut, das heißt, mit einleuchtenden Argumenten weiter, dann wird der gewählte Anfang zum anerkannten Grund – oder nicht.

[4] An diesem sehr frühen Punkt bereits machen wir darauf aufmerksam, dass Interaktionen gleichermaßen dafür prädestiniert sind, Gewalt entstehen zu lassen wie Gewalt zu beenden; unter Abschn. 5.4 behandeln wir das Thema Gewalt ausführlich. Sofern Empfänger gewalttätiger Mitteilungen noch handlungs- und reaktionsfähig sind, stellen sich spannende Anschlussfragen; natürlich auch, wenn sich „Rächer" finden.

es keine Alternative: „Verhalten hat kein Gegenteil, oder um dieselbe Tatsache noch simpler auszudrücken: Man kann sich nicht *nicht* verhalten." (Watzlawick et al. 2003, S. 51) Wenn das so ist, dann greift, sobald Verhalten beobachtet und als Mitteilung verstanden wird, auch die andere, die bekanntere Feststellung, nämlich dass man in der Interaktion, „wie immer man es versuchen mag, nicht *nicht* kommunizieren kann. Handeln oder Nichthandeln, Worte oder Schweigen haben alle Mitteilungscharakter" (ebda). Zudem ist die Wahrnehmung in der Interaktion potenziell ganzheitlich, vom Scheitel bis zur Sohle, Bewegung, Ausdruck, Körpersprache, Gemütsverfassung, alles liegt auf dem Präsentierteller, ob es nun authentisches oder inszeniertes Verhalten ist. Es macht die besondere soziale Qualität der Interaktion aus, dass sie dichte Wahrnehmung und direkte Kommunikation gleichermaßen erlaubt. Sie fließt als Informationsquelle doppelt, weil die beteiligten Körper sowohl nonverbale als auch verbale Mitteilungen machen. „Es ergibt sich insofern in diesem Zusammenhang eine Paradoxie, als der Leib, je gehorsamer er dem Willen seines ‚Herrn' bzw. seiner ‚Herrin' wird, desto weniger tauglich als Auskunftsquelle wird, die etwas ‚ausplaudert', was dieser bzw. diese lieber geheimhielte." (Hahn und Jacob 1994, S. 153)

Interaktionen als temporäre Begegnungen enden nur dann nicht desaströs, wenn die Beteiligten nicht nur ihre je eigene Erwartung an ein solches Zusammentreffen gelten lassen, sondern auch eine Erwartung ausbilden, welche Erwartungen die Anderen damit verbinden.[5] Sich nicht dafür zu interessieren oder keine Ahnung zu haben, ob man positive oder negative Reaktionen hervorruft, ob man auf Annahme, Ablehnung oder gänzliches Desinteresse stößt, sind sichere Wege, um eine Interaktion zu einem frustrierenden Erlebnis zu machen. „Zur Steuerung eines Zusammenhangs sozialer Interaktion ist nicht nur erforderlich, dass jeder *erfährt,* sondern auch dass jeder *erwarten* kann, was der andere von ihm *erwartet.*" (Luhmann 1987, S. 33)[6] Wenn ich das Verhalten Anderer erfahre,

---

[5]Die Theorie sozialer Systeme versteht unter einer Erwartung ausgewählten Sinn. „Sinn ist die Ordnungsform menschlichen Erlebens." (Luhmann 1971, S. 61). In dieser Form treten im Vordergrund der aktuell gemeinte Sinn und sonst noch mögliche Bedeutungen im Hintergrund gemeinsam auf.

[6]„Man sieht an dieser Überlegung im übrigen ganz gut, wie verfehlt es wäre, die soziale Ordnung als Einschränkung einer angeblich natürlichen Freiheit des Individuums zu sehen. Beides, Freiheit und Einschränkung der Freiheit, entsteht überhaupt erst dort, wo soziale Kontakte zu ordnen sind und das Problem der doppelten Kontingenz gelöst werden muss." (Kieserling 1999, S. 95) Aus nichtsystemischer Perspektive dazu Klein (2010).

ist es schon zu spät[7], ich habe keine Möglichkeit mehr, mich vorab darauf einzustellen und mein eigenes Verhalten, soweit ich es für angemessen halte, daran auszurichten. Flüssige Abstimmung, Reibungslosigkeit im Umgang, aber ebenso Dissens und Konflikt brauchen die Erwartungserwartung. *Aus der Primärform von Sozialität, aus der Interaktion mit ihren wechselseitig aufeinander bezogenen Erwartungen, wollen wir Funktion und Eigensinn des Spiels entwickeln.*[8] Damit werden zugleich Wahrnehmung und Kommunikation als basale Elemente des Spiels eingeführt. Es gibt keine Kommunikation ohne Wahrnehmung, aber Wahrnehmung ohne Kommunikation, es sind ludische Aktionen nur auf der Basis von Wahrnehmung möglich, sogar mit Selbstwahrnehmung im Mittelpunkt, zum Beispiel einen Ball gegen die Wand zu werfen und wieder aufzufangen.

Erwartungen können bestätigt oder enttäuscht werden, sie sind keine Gewissheiten, sondern Annahmen, sie sind kontingent. Da diese Kontingenz für die beiderseitigen Erwartungen gilt, spricht man von doppelter: „Alles auf andere Menschen bezogene Erleben und Handeln ist darin *doppelt* kontingent, dass es nicht nur von mir, sondern auch vom anderen Menschen abhängt, den ich als alter ego, das heißt als ebenso frei und ebenso launisch wie mich selbst begreifen muss." (Luhmann 1971, S. 62 f.). Zur Interaktion gehört ein Potenzial von Unbestimmtheit und Unsicherheit, aber auch ein Reservoir aus Berechenbarkeit und Zuverlässigkeit, sonst müsste sie in Bodenlosigkeit versinken.

Interaktionen sind gesellschaftlich gerahmt
Erwartungen fallen nicht vom Himmel. Sie erfahren in der Interaktion ein vielfältiges Schicksal, werden übertroffen, erfüllt, enttäuscht, korrigiert, kontrafaktisch festgehalten. Sie werden in der Interaktion aufgerufen und aktualisiert, aber sie existieren vorher und bestehen, wie modifiziert auch immer, danach weiter. Die Interaktion ist kein voraussetzungsloses Ereignis, Theoriearbeit kann allerdings nicht alle Entstehungs- und Bestandsbedingungen des Objektes ihrer

---

[7]Erneut der Hinweis auf Gewalt: Wird sie nicht nur angedroht, sondern ausgeübt, ist sie das am wenigsten reversible Verhalten, entsteht eine Situation erzwungener Unvermeidlichkeit.

[8]Den theoretischen Hintergrund-Rahmen bildet der Begriff der sozialen Differenzierung. Wie sehr die Bezeichnungen im sozialwissenschaftlichen Diskurs auch variieren, ohne eine Vorstellung von Differenzierung wird er nicht mehr geführt. Wir schließen uns für die moderne Gesellschaft der Vorstellung an, welche die Autonomie (nicht Autarkie) der großen Funktionsfelder wie Wirtschaft, Politik, Öffentlichkeit, Wissenschaft etc. als funktionale Differenzierung versteht und die Unterscheidungen zwischen Interaktion, Organisation und eben diesen Funktionsfeldern als soziale Differenzierung bezeichnet.

Beobachtung in Betracht ziehen, weil sie dann jedes Mal die ganze Welt erklären müsste. Aus soziologischer Perspektive sind es zwei Voraussetzungen, die als Umwelten der Interaktion besonders zu beachten sind, nämlich die Gesellschaft und die Personen.[9]

Interaktion und Gesellschaft werden nicht nur in der Politik, auch in der Soziologie nicht selten gegeneinander ausgespielt, etwa in der Weise, gesellschaftliche Vorgaben (Moral, Normen, Gesetze) würden die Möglichkeiten der Interaktionspartner zu sehr einschränken; oder umgekehrt, anarchisch ausufernde Interaktionen würden den gesellschaftlichen Zusammenhalt gefährden. Der wichtige Punkt ist, beide, Interaktion wie Gesellschaft, brauchen ihre Differenz zueinander.[10] Interaktionen sind eine Folge von Gesellschaftlichkeit, „die Gesellschaft ist jedoch ihrerseits Resultat von Interaktionen. […] Sie ist kein Gott. Sie ist gewissermaßen das Ökosystem der Interaktionen" (Luhmann 1984, S. 588 f.).

Das heißt, Interaktionen sind grundsätzlich gesellschaftlich gerahmt, dennoch können sie mit den Themen, die sie wählen oder nicht zulassen, mit der Stimmung, die sie erzeugen oder nicht aufkommen lassen, ihre eigene Geschichte schreiben. Interaktionen genießen den Vorteil, dass ihre Teilnehmer die Differenz zur Gesellschaft thematisieren und sich entscheiden können, ob sie mehr ihre eigenen Wege gehen und ihren Ideen freien Lauf lassen, oder ob sie aus Zeitknappheit, Bequemlichkeit oder Vorsicht, Verhalten von der Stange an den Tag legen, vielfach breit getretene, konventionelle Mitteilungen machen wollen. „Innerhalb der Interaktion können Ego und Alter sich mehr an der Gesellschaft oder mehr an der Interaktion orientieren und beide wissen dies von sich selbst und voneinander." (Kieserling 1999, S. 99) Es kann nur um ein Mehr oder Weniger, nicht um ein Entweder Oder gehen. Der Verkäufer, der in der Interaktion der Attraktivität der Kundin erliegt, darf ihr das auserwählte Kleidungsstück nicht schenken, ohne es aus der eigenen Tasche zu bezahlen.

Leuchttürme der Erwartung
Es gibt eine soziale Form, in der die Gesellschaft besonders nachdrücklich einfordert, allgemein etablierte Erwartungen zu erfüllen, also die Personen auffordert, sich in der Interaktion nicht von eigenen Beliebigkeiten leiten zu lassen.

---

[9]Die Argumentation bewegt sich hier auf der systematischen Ebene. Historisch kommt als dritte relevante Interaktions-Umwelt, besonders nachhaltig in der Moderne, die Organisation hinzu.

[10]Gut informiert und genauer zur Differenz von Interaktion und Gesellschaft: Meyer (2015).

Sie ist als *Institution* bekannt.[11] Nicht zufällig drängt sich hier die Formulierung auf, Institutionen verweigern Interaktionen Spielräume. Auf ihren sozialen Kern zurückgeführt bedeutet Institutionalisierung, dass bestimmte Erwartungen wie eine Art Leuchtturm funktionieren, an dem sich alle, zumindest die meisten orientieren, ohne zu erwarten, dass dieser Leuchtturm sich bewegt, divergierenden oder sich verändernden Einzelerwartungen entgegenkommt. „Wer gegen die Institution erwarten will, hat das Schwergewicht einer vermuteten Selbstverständlichkeit gegen sich. Er muss vorläufig angenommene Verhaltensgrundlagen, auf die andere sich schon offen eingelassen hatten, durchkreuzen. Er greift damit Selbstdarstellungen an und wird unbequem, wenn nicht gefährlich." (Luhmann 1987, S. 69) Wer noch weitergehen und eine Institution infrage stellen oder angreifen will, dem muss es gelingen, „das Zentrum gemeinsamer Aufmerksamkeit zu besetzen – es genügt nicht, wenn er einem Anwesenden seine Vorbehalte zumurmelt oder sich nach der Situation über sie lustig macht. […] Der Angreifer muss das richtige Wort finden, den Gedanken, der die Institution aus den Angeln hebt. Er muss Gründe gegen sie beschaffen und zumeist auch einen Ersatzvorschlag mitliefern. Dabei kann er nicht auf konkrete Erfahrungen und Bewährungen, sondern nur auf abstrakte Vorstellungen zurückgreifen, nicht auf schon gelebtes Leben, sondern auf blasse Möglichkeiten des Andersseins." (ebda) Wir werden gegen Ende (unter Abschn. 7.4) sehen, wie veränderte Kommunikationsverhältnisse, in diesem Fall aufgrund der Digitalisierung, Institutionen, zum Beispiel die gedruckte Tageszeitung, die Massenware, das sogenannte Normalarbeitsverhältnis, herkömmliche Finanzinstitute etc., zu „Spielmaterial" werden lassen.

Was ist eine „unmögliche Person"?
Wie die Interaktionen selbst so befinden sich auch die an ihr beteiligten Personen immer schon *in* der Gesellschaft. Deshalb sprechen wir auch von Personen, also nicht von Menschen als Gattungswesen, sondern von deren sozialisierter Form, in der sie sich als Teilnehmer in Interaktionen und damit in der Gesellschaft (recht oder schlecht) bewähren. Damit andere Personen meine Erwartungen erwarten können, darf mein mögliches Verhalten nicht gänzlich unberechenbar sein. Die Interaktion verlangt von ihren Teilnehmern, ihr Verhaltensrepertoire einzuschränken, „die Überraschungsqualitäten ihres Verhaltens entsprechend vorsichtig

---

[11]Andere Formen generalisierter Erwartungen sind mit je unterschiedlichen Reichweiten und Verbindlichkeiten Rollen, Normen und Werte.

zu dosieren", inklusive des Drucks, „der zu bleiben, der zu sein man vorgetäuscht hatte" (Luhmann 1995, S. 149 f.). Wahrgenommen zu werden diszipliniert, es impliziert soziale Kontrolle. Körperlich, mental und sozial ist in der jeweiligen Interaktion sehr viel weniger möglich als an Verhaltensweisen insgesamt vorstellbar ist. Eine „unmögliche Person" verkennt oder verweigert diese Notwendigkeit, ihre Verhaltensoptionen zu begrenzen; schlimmstenfalls bis zur Unzurechnungsfähigkeit.

Die moderne Gesellschaft mit ihren individualisierten Personen beispielsweise kennzeichnet es, dass sie Verhaltensgrenzen ausweitet.

> „Mehr und mehr individuelles Verhalten wird freigegeben, und umso mehr kommt es darauf an, nicht erkennen zu lassen, dass man die Selbstdarstellung des anderen als Sozialkosmetik durchschaut. Takt wird zum entscheidenden Regulativ, Humor (vorzugsweise in Selbstanwendung) entwickelt und als Ventil erlaubt. Höchste Norm der Konversation ist es nun, dem anderen Gelegenheit zu geben, als Person zu gefallen, was dieser, wie man hofft, mit entsprechenden Gegenleistungen entgelten wird." (ebda, S. 150)

Die Kehrseite moderner Verhaltensvielfalt, die wechselseitig ausgelebt werden kann und ausgehalten werden muss, ist eine Trennung in Vorder- und Hinterbühne, wie sie Erving Goffman anschaulich schildert.

> „Im Dienstleistungsgewerbe werden beispielsweise Kunden, die man während der Darstellung respektvoll behandelt, verhöhnt, ausgelacht, karikiert und beschimpft, wenn sich die Darsteller hinter der Bühne befinden […]. So gab man in der Küche des Shetland-Hotels den Gästen herabsetzende Geheimnamen; ihre Stimme, ihre Ausdrucksweise und ihre Gesten ahmte man zum Vergnügen oder um sie zu kritisieren, genau nach […]; ihre Bitten um kleinere Dienstleistungen beantwortete man, wenn sie außer Gesichts- und Hörweite waren, mit Grimassen und Flüchen. Ihre Beschimpfungen wurden von den Gästen aufgewogen, die in ihrem eigenen Kreis das Personal als schlampige Schweine, primitive Typen und geldgierige Bestien beschrieben." (Goffman 1983, S. 156)

Die Person, so lässt sich etwas flapsig pointieren, ist das sozialtaugliche Wesen, das als Mensch immer wieder einmal über die Stränge schlagen mag, aber dann zu Sozialverträglichkeit zurückfindet.[12] Man kann an dieser Stelle schon sehen,

---

[12]Luhmann betont, „dass von der Person keine sicheren Erkenntniswege in die Tiefe des psychischen Systems führen, sondern dass alle Versuche, sich nicht mit der Person zu begnügen, sondern einen anderen wirklich kennenzulernen, im Bodenlosen des immer auch anders Möglichen versinken" (Luhmann 1984, S. 430).

dass sich hier ein „Spielraum" öffnet, aber bevor wir ihn ins Auge fassen, gilt es festzuhalten, dass vor jedem Spielraum eine Normalität als dessen Ausgangs- und Bezugspunkt existiert.

Normalität – ein „Provisorium in Permanenz"
Interaktionen ereignen sich zunächst und vor allem anderen im Rahmen der Normalität. Der Grad an Sicherheit, was als normal zu gelten hat, schwankt. „'Normal' ist nicht eine beliebige, zeitübergreifend vorgestellte und mehr oder weniger jederzeit verfügbare 'Alltäglichkeit', sondern nur das jeweilige Resultat spezifischer Prozesse von *Normalisierung* [...]." (Link 2013, S. 359) Wie anders Normalität sich Anderen auch immer darstellen, wie anders sie zu anderen Zeiten und an anderen Orten auch ausfallen, wie sehr sie „Provisorium in Permanenz" (ebda) sein mag, ohne eine Normalitätsvermutung kann sich Sozialität nicht erhalten. Als „Signal-, Orientierungs- und Kontrollebene" (ebda) auf der Benutzeroberfläche von Realität ist eine Vorstellung von Normalität unverzichtbar, weil sich andernfalls keine komplementären Erwartungserwartungen aufbauen und stabilisieren können; das bekommt man zu spüren, wenn man sich in einem fremden sozialen Umfeld bewegt, wenn man interkulturell unterwegs ist.

Es wäre allerdings falsch, Gesellschaftlichkeit auf ihre Normalitäten zu reduzieren. Alleine der Gebrauch der Bezeichnung „normal" verweist auf eine andere Seite. Ohne einen Kontrast, ohne dass ein Unterschied markiert wird, wäre auch keine Normalität zu sehen. Was immer im Fall von normal mit der anderen Seite gemeint sein mag, sie gilt als nicht normal. Und es gehört zu den besonders spannenden Fragen, was eine Gesellschaft unter nicht normal versteht, wie sie es bewertet und behandelt; beispielsweise welche Nichtnormalen nur in Anstalten besucht werden oder als Freie und Gleiche leben können. Gesellschaft, so könnte man zusammenfassen, ist eine Summe aus Normalitäten und Nichtnormalem. Wie kommt jetzt das Spiel ins Spiel?[13]

---

[13]Wir unterbrechen an dieser Stelle die Entwicklung des Spielbegriffs, um unter Abschn. 2.2 einige theoretische Hintergründe auszuleuchten. Je nach Ausmaß des theoretischen Interesses kann die Lektüre auch direkt mit Abschn. 2.3 fortgesetzt werden.

2.2 Theorie-Exkurs: Das Spiel, die Spielenden und die Sozialform Aktion

Markus Rautzenberg macht darauf aufmerksam, dass für Hans Georg Gadamer (1965, S. 97 ff.) „das Spiel konsequent unabhängig von den beteiligten Akteuren konzipiert ist; ein Gedanke, der einer Theorie, die bei Spielen vor allem an Interaktion denkt, diametral gegenübersteht." (Rautzenberg 2018, S. 270) Offenbar braucht man, wie Gadamer beweist, kein Systemtheoretiker zu sein, um nach der Funktionslogik des Spiels unabhängig von Motiven, Absichten und Fähigkeiten der Spielenden zu fragen. Dass eine solche Sichtweise konträr zum Begriff der Interaktion stehe, ist eine Aussage Rautzenbergs, die deutlich macht, dass sich Handlungs- und Systemtheorie in den Sozialwissenschaften nach wie vor in einer unbewältigten Kontroverse relativ verständnislos gegenüberstehen.

Letztlich geht es sozialwissenschaftlich stets darum, menschliches Handeln erklären zu können. Wie es besser gelingt, soziales Handeln zu begreifen, ist der Streitpunkt, den aufzulösen Niklas Luhmann einen Vorschlag gemacht hat – einen besseren kennen wir nicht.[14] Er betont „die Grenzen der Möglichkeit psychologischer Handlungserklärung" und sagt, „Beobachter können das Handeln sehr oft besser auf Grund von Situationskenntnis als auf Grund von Personkenntnis voraussehen, und entsprechend gilt ihre Beobachtung von Handlungen oft, wenn nicht überwiegend, gar nicht dem Mentalzustand des Handelnden [...] und trotzdem wird alltagsweltlich Handeln auf Individuen zugerechnet. Ein so stark unrealistisches Verhalten kann nur mit einem Bedarf für Reduktion von Komplexität erklärt werden." (Luhmann 1984, S. 229)

Kommunikation und Handlung wirken zusammen
Die theorietechnische Schlussfolgerung bildet ein Fundament für Luhmanns Beobachtungen und Beschreibungen der Moderne. „Am Ende des 20. Jahrhunderts sind wir jedoch in einer Situation, [...] in der wir die Eigendynamik des Sozialen als solchen begreifen müssten, und dies unabhängig von der Frage, was die Menschen im Sinne konkreter empirischer Individuen dabei denken und bewusst erleben." (Luhmann 2004, S. 155) Dies vorausgesetzt, empfiehlt

---

[14]Während Handlungstheorien in der Regel mit personalisierenden Kausalzuschreibungen und anthropozentrischen Semantiken argumentieren, beziehen sich Systemtheorien auf Strukturlogiken und behandeln Menschen als Umwelt sozialer Systeme. „Dass Systemtheorie den Menschen exkommuniziere, ist bis zum Überdruss gesagt, widerlegt, erneut gesagt und noch einmal widerlegt worden." (Fuchs 1994, S. 15)

Luhmann zu unterscheiden zwischen einerseits der *Selbstkonstitution* von Sozialität, die durch Kommunikation geschehe, und andererseits der *Selbstbeobachtung*
sowie der *Selbstbeschreibung* des Sozialen, die sich in Handlungen ausdrücke
(vgl. Luhmann 1984, S. 241). „Die wichtigste Konsequenz dieser Analyse ist:
*dass Kommunikation nicht direkt beobachtet, sondern nur erschlossen werden
kann.* Um beobachtet werden oder um sich selbst beobachten zu können, muss
ein Kommunikationssystem deshalb als Handlungssystem ausgeflaggt werden."
(ebda, S. 226) Weshalb es Unsinn ist, Kommunikation und Handlung gegeneinander in Stellung zu bringen, „beides also, Handlung und Kommunikation, ist
notwendig und beides muss laufend zusammenwirken" (ebda, S. 233).[15]

Es ist nicht nur möglich, sondern bietet sich an, von der Handlung aus, in
unserem Fall der Spielhandlung, nach deren psychischen und physischen Voraussetzungen zu fragen und zu dem Urteil zu kommen, das Spiel *primär* als ein
physisches und/oder psychisches Phänomen zu sehen. Hans Scheuerl (1990,
S. 102–112) schildert die verbreitete Tradition, vom Spiel als Erscheinungsform
des Lebenstriebs zu sprechen, als „Morgendämmerung eines Erstinstinkts", als
Abreagieren eines Überschusses an Nervenenergie. „Das Es spielt. Und es spielt
sehr viel […]." (Rothacker 1965, S. 42)

> „Durchmustert man die Spieltheorien, so trifft man meist auf die Entscheidung,
> dass ‚echtes' Spiel eine psychische Funktion sei […]. Diese psychische Einstellung
> selbst wiederum wird von vielen Theoretikern rein physiologisch zu erklären ver-
> sucht: Sie kann die bloße Begleitung einer reibungslosen Funktionsablaufs sein, sie
> kann auf ererbten Instinktimpulsen oder unbewussten Triebmechanismen beruhen,
> sie kann sich auch aus bestimmten Konstellationen von Situationsanreizen und
> Reaktionen ergeben." (Scheuerl 1990, S. 102)

Solche Zugänge zum Spiel bleiben aus der für dieses Buch gewählten Perspektive
unterbelichtet. Die Theorie sozialer System weiß um die Tatsache, dass es natür-
licher, eines Himmels über dem Kopf und eines festen Bodens unter den Füßen,

---

[15]Mit den Worten Dirk Baeckers: „Wir können Handlungen als im sozialen System der
Kommunikation für Zwecke der Selbstbeschreibung und Selbststeuerung zur Verfügung
gestellte Vereinfachungen von Kommunikationen beschreiben. […] Die Handlung vereinfacht das komplexe, in sich hochreversible, perspektivenflexible und zwischen Information,
Mitteilung und Verstehen symmetrische Kommunikationsgeschehen auf ein Mitteilungs-
handeln (speech acts), das einerseits Asymmetrien zwischen den Handelnden (Mitteilenden
und Mitteilungsempfängern) und andererseits Irreversibilitäten durch die Zeitpunktbindung
von Handlungen in die Kommunikation einbaut." (Baecker 2007, S. 41 f.)

physischer und psychischer Voraussetzungen bedarf, um zu handeln respektive zu spielen. Aber – das ist das Vorurteil einer soziologischen Perspektive – sie hält die soziale Funktion des Spiels für interessanter und relevanter.

Struktur und Handlung

Sozialität zeigt sich als Handlung, die von Akteuren ausgeführt wird. Aber man begreift diese Handlungen nicht hinreichend, wenn man nur nach den Motiven und Absichten der Ausführenden fragt, weil den Handlungen eine kommunikativ gewachsene soziale Struktur zugrunde liegt, die Vorgaben macht.[16] „Beobachter können das Handeln sehr oft besser auf Grund von Situationskenntnis als auf Grund von Personenkenntnis voraussehen […].“ (Luhmann 1984, S. 229) Dass Kunden an der Supermarktkasse bezahlen, ist eine Strukturvorgabe, die sich für den konkreten Kunden nicht interessiert, ob er jung oder alt, arm oder reich, Mann oder Frau ist. Diese Struktur kann wiederum nur in Kraft treten, kann nur sichtbar werden, wenn tatsächlich Kunden an der Kasse handeln (bezahlen). Beobachter können sich natürlich dafür interessieren, was es für Kunden sind, wie schwer ihnen das Bezahlen fällt, welche Waren sie warum ausgewählt haben, Beobachter können noch tausend andere Fragen danach stellen, wie genau zahlende Kunden handeln.

Soziale Strukturen stellt man sich am besten als Kompositionen festgewachsener kollektiver Erwartungen vor, in welche die Einzelhandlung eingebunden und an denen schwer vorbei zu kommen ist. In ihrer härtesten Form begegnen sie uns als Institution (siehe Abschn. 2.1). Strukturen fallen auf, wenn sie im Weg stehen. Da sie kollektiv gelten (das Kollektiv kann zum Beispiel eine Familie, eine Organisation oder auch ein Spiel sein), lassen sie sich individuell nicht verändern, grundsätzlich aber sind sie änderbar. Im Normalverlauf werden Strukturen im Handlungsprozess mit stillschweigender Selbstverständlichkeit vollzogen und dadurch bestätigt. Sie funktionieren wie ein Seil, an dem man sich orientieren und festhalten kann, das aber auch bindet und den Verhaltensradius einschränkt. Der soziologische Kulturbegriff ist in diesem Kontext kollektiver Selbstverständlichkeiten angesiedelt; das ist erwähnenswert, weil „andere Kulturen, andere Spiele“ ein gängiger Topos ist (siehe Abschn. 4.1).

---

[16]Anthony Giddens (1997) mit seiner Strukturationstheorie und Uwe Schimank (2005) haben diese Problemkonstellation konstruktiv und anschaulich bearbeitet.

Auf Müller und Maier kommt es nicht an, aber es geht nicht ohne sie
Auch am Schachspiel lässt es sich erläutern: Wie die Spielenden einen Bauern, einen
Turm oder einen Läufer ziehen, ist nur zu verstehen, wenn man die Struktur, die
Regeln des Schachspiels kennt. Was sich die Spielenden dabei denken, welche Tak-
tiken sie anwenden und wie sie sich dabei fühlen, ist dafür unerheblich; nicht jedoch
dafür, ob sie sich an den Kopf fassen oder eine Faust ballen. Um zu erklären, welcher
Prozess im Einzelnen vonstatten geht, wie ein Spiel konkret verläuft, müssen auch
Qualifikation und aktuelle Verfassung der Teilnehmer berücksichtigt werden. Was
wäre Poker ohne das Pokerface! Die Teilnehmer haben Anteil am Spiel, insbesondere
an dessen Verlauf im Detail, aber ein Spiel auf die Handlungen seiner Teilnehmer zu
reduzieren, ist eine Sichtweise, mit der Entscheidendes unverstanden bleibt.

Auch für die Interaktion gilt, dass ihr Funktionieren unabhängig von den
Interagierenden begriffen werden kann und begreifbar sein muss. Sie hängt nicht
davon ab, ob gerade Frau Müller oder Herr Meier sie ausführen – sie findet nur
ohne das Handeln von Akteuren nicht statt. Dieses Handeln ist das, was man
sieht; dessen strukturelle Voraussetzungen sind sinnlich nicht wahrnehmbar, aber
kognitiv analysierbar, Irrtümer inklusive.[17]

Die Theorie sozialer Systeme, von der wir uns inspirieren lassen, auch wenn
wir ihren Sprachgebrauch nur rudimentär übernehmen und ihre artifizielle Architektur nicht erläutern, versucht dieses Analyseproblem mit der Unterscheidung
von System und Umwelt[18] in den Griff zu bekommen. Entsprechend versteht

---

[17]Der Kreis schließt sich, wenn man mit dem Neurolinquistischen Programmieren (NLP)
davon ausgeht: „Jeder Gedanke, jede Erinnerung und jede Vorstellung besteht in seiner/
ihrer ‚Tiefenstruktur' aus sensorischen Informationen, die in den verschiedenen sensorischen Repräsentationssystemen parallel verarbeitet werden. Mit Hilfe von Worten und Sät-
zen können Menschen über alles kommunizieren, was sie sehen, hören, tasten, empfinden,
fühlen, riechen, schmecken. […] NLP postuliert also, dass das Verstehen von Sprache ohne
damit verbundene sinnliche Vorstellungen aus prinzipiellen Gründen nicht möglich ist."
(Walker 2019, S. 87) Der Sprachgebrauch verweist darauf, wie sehr Sinn und Sinnlichkeit
gekoppelt sind. Wörter und Sätze beziehen sich sehr oft direkt oder indirekt auf Visuelles
(„es sieht ganz gut aus"), Auditiv-Tonales („das hört sich gut an"), Kinästhetisches („ich
habe ein gutes Gefühl", Olfaktorisches „sie hatte den richtigen Riecher"), Gustatorisches
(„das war erste Sahne") (Beispiele nach ebda, S. 88).

[18]Die Bezeichnung Systemtheorie ist eigentlich falsch, denn es handelt sich um eine Sys-
tem-Umwelt-Theorie. Dabei ist die Unterscheidung von System und Umwelt „dieselbe und
nicht dieselbe, je nachdem ob man als Beobachter das System in einer Umwelt sieht oder
das System, das sich selber an einer Umwelt orientiert" (Luhmann 2005, S. 85) Zur Einordnung der Theorie sozialer Systeme vgl. auch Stichweh (2010).

sie unter einer Gesellschaft nicht eine Ansammlung von Menschen, sondern ein Netzwerk aus Kommunikationen – aus Kommunikationen, die sich in psychischen, physischen, artifiziellen und natürlichen Umwelten ereignen: Ohne ihre Umwelten keine Kommunikation. In derselben Weise begreift sie die Interaktion als Kommunikation unter Anwesenden, ohne dass sie wissen muss, wer da gerade wo, warum und wie lange anwesend ist, was Frau Müller sich dabei denkt und Herr Meier dabei fühlt. Das Interesse der Alltagsbeobachtung konzentriert sich hingegen auf die Interagierenden, ob, wann, wo und wie lange Frau Müller und Herr Meier… und die Handlungstheorie schließt daran an, sammelt Daten, versucht mit Interviews und Statistiken Licht in die Angelegenheiten zu bringen.

Ludische Aktion in ihrer Umwelt
Das Spiel findet in seiner Umwelt oder gar nicht statt. Deshalb ist die Spielpraxis, ist jedes empirisch beobachtbare Spiel immer schon von einer doppelten Passform geprägt, nämlich angepasst sowohl an die Funktionslogik des Spiels als auch an dessen Umwelt. Diese Doppelprägung schlägt sich meist auch sprachlich nieder: Wie der Ball als Wasser- und als Volleyball vorkommt so das Spiel beispielsweise als Brett-, Mannschafts- und Schauspiel. Mit dieser Herangehensweise stellt sich auch die analytische Aufgabe zweifach, nämlich zum einen das Spiel als Spiel zu begreifen, seine Selbstkonstitution zu erklären, und zum anderen das praktisch ausgeführte Spiel in seinen Umwelten zu beschreiben.

Das Theoriedesign, das wir anwenden, geht vom Spiel als einer Aktionsform aus. Damit schließen wir zum einen an Gregory Batesons Überlegung an, wie sie Bo Kampmann Walther zusammengefasst hat, „that play is not the name of some empirical behaviour, but rather the name of a certain *framing* of actions" (Walther 2003). Ein Aktionsrahmen grenzt eben mehr als eine einzelne Handlung aus, sondern – und hier liegt die besondere Treffsicherheit des Aktionsbegriff für das Spiel – Sequenzen des Erlebens und kommunikativen wie auch operativen Handelns. Erleben und Handeln können als die beiden Grundformen des Verhaltens verstanden werden.

Erleben und Handeln
Die Art und Weise des Dabeiseins bei einem Ereignis, die Beteiligung an welchem Geschehen auch immer kann aus diesen beiden Perspektiven, erlebend oder handelnd, beschrieben werden. Der Unterschied zwischen Erleben und Handeln „wird durch Prozesse der Zurechnung von Selektionsleistungen erzeugt" (Luhmann 1991a, S. 68). Verhalten wird als Erleben beobachtet, wenn das,

was sich ereignet, nicht dem Verhalten, sondern der Umwelt zugerechnet wird; es wird als Handeln aufgefasst, wenn für das Ereignis das Verhalten selbst verantwortlich gemacht wird. Handeln gilt im Vergleich zu bloßem Erleben als bedeutungsvoller, weil es immer auch erlebt wird, insofern ist Handeln das interessantere, aber auch riskantere Verhalten.[19]

Dieses Verständnis von Erleben und Handeln lässt sich sehr viel leichter ausdrücken, sobald man der Alltagswahrnehmung folgt und nicht abstrahierend von Verhalten, sondern personalisierend von Akteuren spricht, die sich so oder so verhalten. Dann ist leicht nachzuvollziehen, dass es einen offenkundigen Unterschied macht, ob jemand ein Geschehen erlebt, begeistert, erfreut, betrübt, traurig, oder ob jemand das Geschehen durch eigenes Handeln auslöst und vorantreibt – und dabei eigenes Handeln erlebt als gelingendes, wirkungsloses, scheiterndes. Diese Zweiseitigkeit des Verhaltens findet sich auch in der Interaktion, in Aktionen kommt sie stärker zum Tragen. In Aktionen tritt der Unterschied zwischen Erleben und Handeln spürbarer hervor, weil ihre Ausführung nicht nur mehrfache Wechsel zwischen beiden Verhaltensweisen zulässt, sondern weil sie sich dabei aus dem Verhaltensfluss ausgrenzt, einen dezidierten Anfang setzt und ein eindeutiges Ende festlegt.

Durchführung, Aufführung, Durchsetzung
Unser Eindruck ist, dass Aktionen als soziale Ereignisse kein soziologisches Thema sind. Von politischen und künstlerischen Aktionen ist die Rede, aber als sozialwissenschaftlicher Begriff führt Aktion im Vergleich zu Handlung und zu Interaktion ein ausgesprochenes Schattendasein. Eine Ausnahme, die unsere Entscheidung für den Aktions-Begriff bestärkt hat, ist das Kapitel „Wo was los ist – wo es *action* gibt" in „Interaktionsrituale" von Erving Goffman (1986, S. 164– 292). Es beginnt mit einer Spielsituation und Goffman bezieht sich bei seiner Begriffsbestimmung ausdrücklich auf das Spiel: „Mit dem Begriff *action* meine ich Handlungen, die folgenreich und ungewiss sind und um ihrer selbst willen unternommen werden. […] *Action* scheint am ausgeprägtesten zu sein, wenn alle

---

[19]Andererseits haben sich in der modernen Gesellschaft und noch gesteigert in der digitalen Gesellschaft die Möglichkeiten des Erlebens mithilfe von Kommunikations-, Verkehrs- und Produktionstechniken so sehr ausgeweitet, dass im Vergleich dazu die Handlungsmöglichkeiten bis hin zu Hilflosigkeits- und Ohnmachtgesten zurücktreten. Man könnte daran die These anschließen, und mehr als eine feuilletonistische Mutmaßung will es nicht sein, dass Spiel und Gewalt zu den beiden Aktionsformen werden, die handlungsmächtig erscheinen lassen.

vier Phasen eines Spiels – Abstimmungs-, Entscheidungs-, Veröffentlichungs-, und Schlussphase – sich in einem Zeitraum ereignen, der kurz genug ist, um in einer ununterbrochenen Anspannung von Aufmerksamkeit und Erfahrung enthalten zu sein." (ebda, S. 203). Goffman beschließt das Kapitel mit diesem Hinweis: „Wenn Leute hingehen, wo *action* ist, gehen sie oft an einen Ort, wo nicht die eingegangenen Risiken zunehmen, sondern die Risiken, dass man Risiken eingehen muss." (ebda, S. 292)

Wir begreifen die Aktion unabhängig von Akteuren, nämlich – parallel zum Luhmannschen Kommunikationsbegriff (vgl. 1987, S. 191 ff.) – als Einheit der drei Selektionen Teilnahme, Ausführung und Abschluss. Aktionen können daraufhin beobachtet werden, welcher dieser Selektionen in der konkreten Situation die Führungsrolle zukommt. Die aktuelle Führung liegt jeweils bei derjenigen, die besondere Probleme macht. Ist die Teilnahme problematisch, weil es an Akteuren fehlt? Hapert es an der Ausführung? Droht der Abschluss zu misslingen, obwohl er ein krönender werden sollte?

Weit davon entfernt, das analytische Potenzial des Kommunikationsbegriffs zu besitzen, bietet der Aktionsbegriff gleichwohl Entfaltungsmöglichkeiten. Aktionsformen lassen sich beispielsweise danach unterscheiden, ob der primäre Sinn der Ausführung in der *Durchführung,* in der *Aufführung* oder in der *Durchsetzung* liegt. Daraus ergeben sich wiederum Konsequenzen für die Formen der Teilnahme und des Abschlusses. Es geht im Moment nur darum, die Brauchbarkeit des Aktionsbegriffs im Zusammenhang mit dem Spiel zu begründen, nicht darum, hier grundlegend am Aktionsbegriff zu arbeiten. Einige Beobachtungen lassen sich ohne Aufwand in Stichworten skizzieren, die Tab. 2.1 gibt dazu eine Übersicht.

Liegt der Sinn der Ausführung in deren *Durchführung* begründet, ohne dass darüber hinausreichende Zwecke oder Ziele eine Rolle spielen, kann davon ausgegangen werden, dass die Teilnahme freiwillig ist und dass von der Durchführung ein Anreiz ausgeht, der ihre Wiederholung nahelegt. Offenkundig sind wir hier dem Spiel auf der Spur.

Hat die Ausführung den primären Charakter einer *Aufführung,* zielt sie also auf Zuschauer, bedarf sie einer entsprechenden Qualität der Teilnehmer. Ihre

Tab. 2.1 Klassische Variationen der Sozialform Aktion. (Quelle: Eigene Darstellung)

Ausführungs – Art	Teilnahme – Art	Abschluss – Art
Durchführung	Freiwilligkeit	Wiederholung und Neuanfang
Aufführung	Qualifikation	Großes Finale
Durchsetzung	Mobilisierung	Bilanzierung, Fest

Abläufe werden mit Blick auf die Publika inszeniert und dabei der Abschluss als ein Höhepunkt arrangiert, um die Zuschauer zum Besuch der nächsten Aktion zu animieren. Das Phänomen der Aufführung prägt viele Aktionen, ist aber nicht aktionsspezifisch: Interaktionen, die aufgeführt werden, haben etwas Theatralisches, Sex, der Publikum sucht, ist Pornografie, Sport wird zum Spektakel.

Als *Durchsetzung* hat die Ausführung der Aktion ein Erfolgsziel, für das mobilisiert wird, sie kann zur Kampagne, zum Kampf werden. Der Abschluss erfordert es zu prüfen, inwieweit das Ziel erreicht wurde. Es gibt Grund zu feiern, weil ein Erfolg zu verzeichnen ist, zumindest, weil alle ihr Bestes gegeben haben. An den Ausdifferenzierungen des Ausführungscharakters wird sichtbar, dass es feine Übergänge und viele Mixturen, die Aktion mithin in mannigfaltigen Variationen gibt.

Markanter Anfang, definiertes Ende
In jedem Fall ist die Aktion eine soziale Form, die sich dadurch auszeichnet, dass ihr Anfang ausdrücklich markiert und dass sie gerade nicht auf beliebige Fortsetzbarkeit ausgerichtet ist. Die Entscheidung für die Teilnahme impliziert die Bereitschaft zum Abschluss, das Wissen um ein Ende begleitet den Anfang, wie unwillkommen, wie sehr von außen aufgezwungen es im Einzelfall auch sein mag. Auch aus dieser Gemeinsamkeit eines markanten Anfangs und Endes dürfte sich die Metapher vom Leben als Spiel speisen. Kommunikation ist strukturell ganz anders programmiert. Da sie im Anschluss an das Verstehen eine Ja- oder Nein-Option aufdrängt, treibt sie zur Fortsetzung; wann sie begann und wann sie enden wird, ist nicht so leicht zu sehen. Als Aktionsform ist das Spiel auf einen definierten Beginn und auf Beendigung festgelegt. Ein Abschluss eröffnet generell die Möglichkeit, an einer anderen, einer neuen Aktion teilzunehmen, aber er zielt nicht notwendig darauf. Die Lösung, die das Spiel anbietet, heißt Wiederholung. Kein anderes Wort ist im Kontext des Spiels häufiger zu hören als „nochmal", keine Hoffnung stirbt so spät wie „neues Spiel, neues Glück". Hier befindet sich die Anschlussstelle für das Suchtpotenzial[20] (siehe Abschn. 6.2).

> „Die Wiederholung ist neben der Bewegung die konstituierende Eigenschaft des Spiels und in der Wiederholung zeigt sich das Phänomen des Spiels vielleicht am stärksten [...] es ist erstaunlich, dass es tatsächlich kein Spiel ohne Wiederholung gibt." (Plaice 2009, S. 364)

---

[20]Breiner und Kolibius (2019, S. 107–155) geben einen informativen Überblick über das Thema Spielsucht mit Schwerpunkt auf Computerspielen.

Es geht jedoch nicht um den Wiederholungscharakter alleine, sondern auch um den neuen Anfang, der einer Wiederholung der Aktion inhärent ist. „Das Spiel beginnt" und „das Spiel ist aus" sind unabdingbare Sätze, die über ein Spiel gesagt werden. Dass dem Play sein Ende öfter von außen gesetzt werden muss, während das Game auch dieses, wie vieles andere, schon vor dem Start geregelt hat, macht einen Unterschied zwischen beiden Spielarten aus. Im Computerspiel (siehe Abschn. 5.4) leuchtet „game over" oft dann auf, wenn der Avatar, die virtuelle Existenzform des Spielenden, das letzte Leben verliert. Doch das Ende ist nur die andere Seite des Neustarts.

Spiel als Teil eines Ganzen
Schließlich bedarf die Sprechweise von der funktionalen Theorie des Spiels einer Erläuterung. Die funktionale Analyse ist eine Theorietechnik, „sie bezieht Gegebenes, seien es Zustände, seien es Ereignisse, auf Problemgesichtspunkte, und sucht verständlich und nachvollziehbar zu machen, dass das Problem so oder auch anders gelöst werden kann" (Luhmann 1984, S. 83 f.) Ganz allgemein kann die funktionale Analyse so charakterisiert werden:

> „Die Frage aufzuwerfen, welche Funktion etwas erfüllt, heißt, es als Teil eines Ganzen zu verstehen, in dem es – aus der Perspektive eines Beobachters – eine bestimmte Aufgabe löst, die u. U. auch durch andere Elemente gelöst werden könnte, die dann als ‚funktionale Äquivalente' des analysierten Teilelements gelten." (Schneider 2004, S. 54)

Den großen Vorteil der funktionalen Methode sehen wir in der besonderen Qualität, mit der allgemeine Aussagen über den Untersuchungsgegenstand gewonnen werden. „Allgemeinheiten können trivial sein. Will man die Ergiebigkeit von Verallgemeinerungen kontrollieren, muss man die Begriffe der allgemeinsten Analyseebene, die man benutzt, nicht als Merkmalsbegriffe, sondern als Problembegriffe anlegen." (Luhmann 1984, S. 33) Nicht Spiele miteinander zu vergleichen und nach Ähnlichkeiten und Analogien zu suchen, führt zu einem tragfähigen Spielbegriff, sondern das Erforschen der Frage, für welche Probleme Spielen eine Lösung ist.[21]

---

[21]Ein Beispiel für begriffsloses Aneinanderreihen möglicher Kennzeichen des Spiels findet sich in Cermak-Sassenrath (2010, S. 87–164).

Theorie, so gesehen, ist somit „nicht der Versuch der *einen* Erklärung für die Vielfalt der Phänomene, sondern ganz im Gegenteil der Versuch der Identifikation eines Prinzips (verstanden als soziologische Problemstellung), mit dessen Hilfe für die Vielfalt der Phänomene auch eine Vielfalt von Erklärungen gegeben werden kann" (Baecker 2007, S. 19 f.) Wir beziehen (im nächsten Abschnitt) das gesellschaftliche Phänomen Spiel auf das Problem des Umgangs mit Unerwartetem und stellen es als *eine* Lösung für dieses Problem vor. „Die Ergiebigkeit der funktionalen Methode und der Erklärungswert ihrer Resultate hängen davon ab, wie die Beziehung zwischen Problem und möglicher Problemlösung spezifiziert werden kann. Spezifizieren heißt: engere Bedingungen der Möglichkeit angeben [...]. (Luhmann 1984, S. 84) Damit ist die Aufgabe formuliert. Die Herausforderung liegt vor allem darin, das Problem zu erfassen. Das wurde im vorherigen Abschn. 2.1 vorbereitet. Jetzt steht die ludische Lösung an.

2.3 Selbstbefreiung: Vorübergehendes unverbindliches Tun als ob

„Wir kennen die Grenzen nicht, weil keine gezogen sind", sagt Wittgenstein (1984, S. 279) über das Spiel, während gleichzeitig alle, die Spiele beschreiben, das Ziehen einer Grenze als wesentliches Merkmal sehen, und Spielräume häufiger „als strikt umgrenzte und regulierte Sinnbereiche sozialer Wirklichkeit" (Thiedecke 2008, S. 297) charakterisiert werden. Wie passen die offenkundige Unterscheidbarkeit des Einzelfalls und die scheinbare Grenzenlosigkeit des Gesamtphänomens zusammen?

Interaktionen ereignen sich, das war unsere letzte Feststellung vor der allgemein-theoretischen Reflexion des Abschn. 2.2, im Rahmen irgendeiner gesellschaftlichen Normalität, die sich als „Signal-, Orientierungs- und Kontrollebene" (Link 2013, S. 359) mehr oder weniger stabil etabliert. Was in den Streubereich von Normalität fällt und wo er verlassen wird, kann mit unterschiedlicher Verbindlichkeit und Strenge geregelt sein, in jedem Fall handelt es sich um einen relevanten markierbaren Unterschied.

Expect the unexpected

Wenn Normalitäten als das allgemein zu Erwartende begriffen werden können, dann tritt das Unerwartete als ihre andere Seite auf. Erwartetes und Unerwartetes als schlichten Gegensatz zu verstehen, würde die Möglichkeit ignorieren, Unerwartetes zu erwarten. Es geht also um das Unerwartete in seiner doppelten

Bedeutung, womit man nicht rechnet und was nicht berechenbar ist. „Expect the Unexpected" tragen nicht nur Tomi Ungerers politische Karikaturen als Titel, es ist seit einigen Jahrzehnten ein ebenso bekannter wie normaler Slogan, zu dem die Suchmaschine Google im Juli 2019 mehr als 200 Mio. Treffer anzeigt. Diese Normalisierung des Unerwarteten ist aber selbst schon ein Merkmal zeitgenössischer gesellschaftlicher Verhältnisse (siehe Abschn. 7.4). Das Unerwartete auf irgendeine Weise gesellschaftlich zu integrieren, bildet eine generelle, historisch übergreifende Herausforderung – an der einerseits nichts Ungewöhnliches ist, die aber andererseits auf ganz unterschiedliche Weise, wie wir unter Abschn. 4.2 zeigen wollen, zum Problem werden kann.

Das ganz Gewöhnliche am Unerwarteten begegnet uns in der Kommunikation. Die Informationskomponente der Kommunikation[22] braucht zusammen mit dem Bekannten, das die Anschlussfähigkeit herstellt auch etwas Unerwartetes, sei es in der milden Form des noch nicht Bekannten oder in der scharfen Form des Sensationellen, weil die Mitteilung ohne das Unerwartete eine bloße Wiederholung und deshalb ohne Informationsgehalt wäre. „Eine Information, die sinngemäß wiederholt wird, ist keine Information mehr. Sie behält in der Wiederholung ihren Sinn, verliert aber ihren Informationswert." (Luhmann 1984, S. 102) Die Sorgfalt, die bei der Auswahl dessen, was man mitteilt und was man nicht mitteilt, generell empfohlen wird, verweist darauf, dass hier Potenziale liegen und Probleme lauern, die – ein richtiges oder falsches Wort zur richtigen oder falschen Zeit an die richtigen oder falschen Leute – sachliche, zeitliche und soziale Dimensionen haben.

Der Umgang mit Unerwartetem stellt ein prinzipielles gesellschaftliches Problem dar, das in einer doppelten Version auftritt: als Drohung, das ist seine finstere Seite, und als Versprechen, das ist seine verlockende Seite. Das Spiel ist eine Lösung für beide Versionen.

> Spielen ist eine Antwort auf Lockungen und Drohungen des Unerwarteten.

Damit ist das Spiel noch nicht begriffen, aber sein zentrales Moment erfasst. Spielen reagiert auf, sucht und produziert das Unerwartete. Das macht seine enge

---

[22]Genauer zum Kommunikationsbegriff unter Abschn. 3.1; den Informationsbegriff übernehmen wir von Gregory Bateson (1985, S. 582): „Was wir tatsächlich mit Information meinen – die elementare Informationseinheit –, ist ein Unterschied, der einen Unterschied ausmacht [...]."

Verwandtschaft mit dem Lernen aus, darin liegt das generelle Lernpotenzial des Spiels: Die immer wieder hervorgehobene natürliche Nähe zwischen Spielen und Lernen kommt aus dem Umgang mit Unerwartetem, der für die ludische Aktion unverzichtbar ist. Wo Überraschungen abhanden zu kommen drohen, weil Verlauf und Ausgang des Spiels vorhersehbar sind, etwa weil sehr schlechte auf sehr viel bessere Mitspieler treffen, unterbleibt das Spiel gewöhnlich. Wo Spiele organisiert stattfinden, werden Vorkehrungen getroffen, die Unvorhersehbarkeit ihres Ausgangs möglichst sicher zu stellen, indem die Teilnahme reguliert wird. Typisch in diesem Zusammenhang ist die Aufteilung in Klassen mit Aufstiegs- und Abstiegsmöglichkeiten.

Zahlreiche weitere Indizien verweisen auf den Umgang mit dem Unerwarteten: Serious Games spielen das Unerwartete durch, um in der Normalität besser mit ihm umgehen zu können. In Games wird Unerwartetes erzeugt, um die Spannung zu steigern oder den Gegner zu überraschen. Nehmen wir ein so prominentes ludisches Aktionsmuster wie das Tennisspiel: Spielerinnen und Spieler, die auf „Spiel, Satz und Sieg" aus sind, werden versuchen, im Rahmen der Regeln Unerwartetes zu tun. Wie viele Kegel werden umfallen, welches Blatt werde ich auf der Hand halten, wie viele Trümpfe haben andere, mit welchen Spielzügen ist zu rechnen, wo bleibt die Kugel liegen und der Automat stehen, wie werden die Würfel fallen… immer ist es das Offene, das Ungewisse, das Unerwartete, um das sich die ludische Aktion dreht. Zugleich bleibt das Risiko, das der Umgang mit Unerwartetem birgt, kontrolliert, weil – hier greifen wir vor – die ludische Aktion außerhalb des normalen Alltagsgeschehens stattfindet, zu dem sie keine direkte Verbindung und für das sie deshalb keine oder nur sehr eingeschränkte Folgen hat. Ob ein Spiel gut oder schlecht ausgeht, bleibt konsequenzlos – solange es nicht auch noch etwas anderes als ein Spiel ist.

Ein voraussetzungsvolles Unterfangen

In der Interaktion als sozialer Primärform ist das Unerwartete zunächst das Unwahrscheinliche, weil sie, wie gezeigt, auf das Erwarten von Erwartungen ausgerichtet ist. Es ist unwahrscheinlich, gleichwohl nicht ausgeschlossen, dass interagierende Personen auf die Idee kommen, sich jenseits des Normalverhaltens einen Freiraum für Unerwartetes zu schaffen, mit dem sie die Begegnung suchen oder das sie selbst erzeugen. Es ist unwahrscheinlich, aber nicht ausgeschlossen, dass sie sich von persönlichen Gewohnheiten und gesellschaftlichen Verhaltensmustern lösen, ihre Sicht-, Sprech- und Handlungsweisen neu bestimmen und auf diese Weise mit Eigensinn ausstatten, sei es in der leichten Bedeutung von eigenem Sinn, sei es in der gesteigerten von Eigenständigkeit, sei es in der massiven von Widerständigkeit[23]. Aus eigenem Entschluss aus dem Normalverhalten so heraus zu treten, dass sowohl eine problemlose Rückkehr als auch der immer wieder neue Ausstieg möglich sind – im Wieder liegt die Wiederholung, im Neu der Anfang –, ist ein voraussetzungsvolles Unterfangen. Unter welchen Bedingungen kann es gelingen?

- Man kann schlechterdings niemanden zwingen, selbstbestimmt zu agieren. Deshalb machen die Beteiligten *freiwillig* oder gar nicht mit.
- Soweit in der selbst geschaffenen Zone der Anormalität Sprech- und Handlungsweisen vorkommen, die auch als Normalverhalten bekannt sind und praktiziert werden, müssen sie im Modus des Tuns als ob ausgeführt werden. Andernfalls würden bekannte faktische Folgen solchen Verhaltens eintreten, ein Biss würde verletzen.
- Die Beteiligten werden, wenn sie nicht für verrückt erklärt werden wollen, nach außen hin deutlich machen müssen, dass sie es nicht Ernst meinen. Ihr momentanes Verhalten muss als in sich abgeschlossen gekennzeichnet werden. Es *darf* nicht verbunden sein mit dem, was vorher geschah, und *muss folgenlos* bleiben für das, was nachher geschehen wird, *soll* aber wiederholbar sein. „Spielen heißt in der Gegenwart sein." (Maturana und Verden-Zöller 1994, S. 159), weil es zwar *im* Spiel ein Vorher und Nachher gibt, aber nicht *für* das Spiel. Der riskante Umgang mit Unerwartetem findet gleichsam in einer Schutzzone statt: Das Spiel gerät unter Kontrolle außer Kontrolle. „Spiele hinterlassen keine*** Spuren und haben also kein Gedächtnis. Jedes Spiel bildet einen Neuanfang." (Krämer 2005a, S. 15)
- Das Normalverhalten zu überschreiten, heißt nicht, die Gesellschaft zu verlassen. Auch nichtnormales Verhalten steht unter Beobachtung und Kommentierung, muss sogar damit rechnen, dass beides besonders intensiv geschieht.
- Eine Unverbindlichkeitserklärung ist immer dann unabdingbar, wenn sich die interagierenden Personen *öffentlich* aus der Normalität verabschieden. Tun sie es geheim, ein typischer Fall ist die Bildung einer kriminellen Vereinigung, gelten ganze andere Bedingungen. Normalverhalten öffentlich aufzukündigen, kann nur als Episode gut gehen, das heißt, der Anfang muss markiert werden („das Spiel beginnt"), für den Ausstieg muss das Spiel selbst ein Ende finden oder sich ein Ende setzen lassen.

---

[23]In dieser dritten Bedeutung haben Negt und Kluge (1993) dem Eigensinn eine dreibändige Publikation gewidmet.

- Wenn es mehr als ein vorübergehender anderer Umgang mit sich selbst oder mit Materialien sein soll, also wenn es interaktiv geschieht, werden die Beteiligten an den elementaren Voraussetzungen von Sozialität nicht vorbeikommen. Sie werden Erwartungserwartungen aufbauen müssen. Sollen Stabilität und Wiederholbarkeit gewährleistet sein, werden Strukturen entstehen, sogar Regeln geschaffen. Es handelt sich dann um erfundene, auf freien Entscheidungen basierende Regeln, welche die Beteiligten entweder selbst vereinbaren oder vorfinden und aus freien Stücken befolgen. Muster zu etablieren, Aktionsformate zu übernehmen, zwar neu anfangen zu können, aber nicht jedes Mal alles neu erfinden zu müssen, macht es auch in Zonen der Anormalität einfacher und bequemer.

Indem sie diese Voraussetzungen erfüllen, verständigen sich interagierende Personen darauf – zu spielen. Ein Spiel, eine ludische Aktion, findet statt, sofern freiwillige Teilnahme, Unverbindlichkeit, Tun als ob, Umgang mit Unerwartetem, eine zeitliche, oft, auch örtliche Markierung immer wieder neu gegeben sind.

> Spielen heißt, im Modus eines unverbindlichen Tuns als ob freiwillig, zeitlich, oft auch räumlich markiert, immer wieder neu mit Unerwartetem umzugehen.

Ein Spiel kommt erst zustande, wenn sich diese Komponenten zusammenfügen. Die ludische Aktion erweist sich als eine anspruchsolle Komposition, s. Abb. 2.1.

In den Worten Huizingas (1956, S. 20) findet sich Vieles von dieser Komposition wieder: „Der Form nach betrachtet kann man das Spiel also zusammenfassend eine freie Handlung nennen, die als ‚nicht so gemeint' und außerhalb des gewöhnlichen Lebens stehend empfunden wird und trotzdem den Spieler völlig in Beschlag nehmen kann, an die kein materielles Interesse geknüpft ist und mit der kein Nutzen erworben wird, die sich innerhalb einer eigens bestimmten Zeit und eines eigens bestimmten Raums vollzieht [...]." Was bei Huizinga unterbelichtet bleibt, ist der Umgang mit dem Unerwarteten. Unter Abschn. 4.2 wird dargelegt, wie sich der Funktionswandel des Spiels gerade an der Art des Umgehens mit Unerwartetem zeigt: Schutz vor dem Unerwarteten in der tribalen Gesellschaft; Kokettieren mit Unerwartetem im wohl geordneten Kosmos der Oberschicht der Ständegesellschaft; Einladung zum Umgang mit Unerwartetem in der modernen Gesellschaft; eskalierende Verwirklichung des Unerwarteten in der digitalen Gesellschaft.

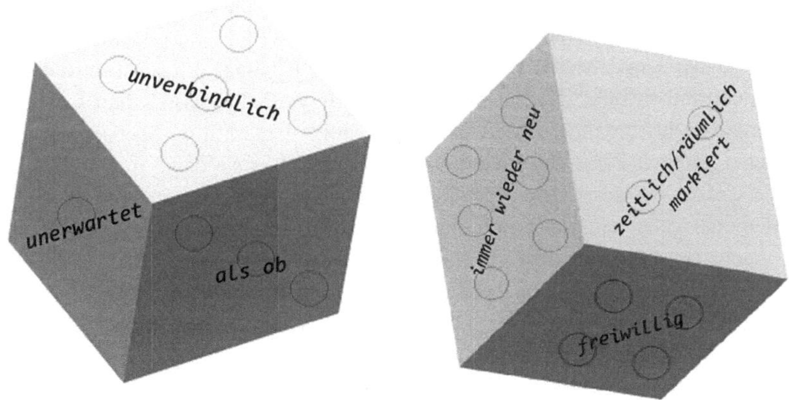

Abb. 2.1   Die Komponenten eines Spiels, in einer Würfelform dargestellt. (Quelle: Eigene Darstellung)

In den gesellschaftlichen Verhältnissen des frühen 21. Jahrhunderts, die ein auffällig expandierendes Spielgeschehen aufzuweisen haben, muss die Aussage, Spielen sei unwahrscheinlich, Widerspruch ernten. Deshalb sei noch einmal betont und zum Teil wiederholt, wie wenig selbstverständlich es ist, dass ludische Aktionen stattfinden können.

- Neben allem, was sonst zu tun ist, muss Zeit für unverbindliches Tun als ob frei sein.[24]
- Es bedarf der Verständigung mit anderen, mindestens aber mit sich selbst, sich auf ein bestimmtes unverbindliches Tun als ob einzulassen, das über zu erwartende Normalitäten hinausgeht.
- Eine bestimmte Art und Weise der Ausführung der ludischen Aktion muss entweder als Muster vorliegen (Game) und/oder im Spiel selbst kreiert werden (Play).
- Ein Anfang muss gesetzt, ein ausdrücklich markiertes Ende gefunden, eine Wiederholungsmöglichkeit als Neustart eröffnet werden.

---

[24]Ein Manager des Lego-Konzerns: „Die größte Konkurrenz, die wir erleben, rührt allerdings daher, dass die Zeit der Kinder immer mehr verplant wird." (zit. n. Kaminski 2010, S. 221)

Der Begriff des Spiels, wie er jetzt vorliegt und die weiteren Analysen anleitet, basiert auf der Unterscheidung zwischen Spiel und Normalität. „Offensichtlich koloriert der Gegenbegriff die Seite der Unterscheidung, die im Zentrum der Aufmerksamkeit steht" (Luhmann 1991b, S. 70), weshalb Wissenschaft sich aufgefordert sieht, ihr unterscheidendes Bezeichnen daraufhin zu beobachten, mit welcher anderen Seite sie operiert, wohl wissend, dass sie dabei in eine unendliche Geschichte gerät. Die Operation des Unterscheidens könnte nur an einen Haltepunkt gelangen, wenn sich eine Einheit des Unterschiedenen finden ließe, die nicht selbst wieder eine Unterscheidung ist. Weil sich aber auch eine Einheit nur via Unterscheidung bezeichnen lässt, bleibt – jedenfalls aus der Perspektive des operativen Konstruktivismus – stets ein „blinder Fleck", „der in jeder Beobachtung als Bedingung ihrer Möglichkeit vorausgesetzt ist" (ebda, S. 65). Die Bezeichnung der anderen Seite des vorgeschlagenen Spielbegriffs zu bezeichnen, kann nicht mehr sein, als eine wissenschaftlich gebotene Einladung an Kritiker.

2.4 Selbstfesselung: Erlebnisqualitäten im Nichts-ist-Unmöglichen

Wir haben bisher das Befreiende am Spiel beschrieben. Aber was ist das Fesselnde? Niemand wird dem normalen Gang der Dinge den Rücken kehren, niemand wird aus der normalen Konversation einer Interaktion in eine ludische Aktion wechseln, ohne sich davon etwas zu versprechen. Die Möglichkeit, sich aus sozialen Bindungen zu befreien, ohne sie aufzugeben, Erwartungen, Ansprüche, Zumutungen anderer auszuschalten und sich anschließend wieder einzuklinken, ohne dass außer der vergangenen Zeit sich etwas geändert hätte, kann durchaus vielversprechend sein. Aber temporäre Exklusion ist auch unter anderen Bezeichnungen bekannt wie Pause, Auszeit, Urlaub. Der Exklusionsaspekt alleine vermag – auch wenn er von Kritikern des Spiels meist stark betont wird – die Attraktivität ludischer Kommunikation nicht zu erklären.

Spielen heißt, mit Drohungen und Lockungen des Unerwarteten im Modus des unverbindlichen Tuns als ob vorübergehend freiwillig umzugehen, so haben wir unsere Analyse zusammengefasst. Um das Fesselnde am Spiel zu rekonstruieren, ist mehr nötig, als auf seine einzelnen Komponenten zu schauen, es muss als Komposition begriffen werden.

Plötzlich ist keine Katze eine Katze
Die Kommunikation über Lebewesen, Ereignisse und Dinge unterscheidet sich
von der Wahrnehmung vor allem auch dadurch, dass sie über Lebewesen, Ereignisse und Dinge sowohl in einer Ja- als auch in einer Nein-Fassung sprechen
kann. Wo nichts ist, hat die Wahrnehmung keine Chance, während die Kommunikation ganz selbstverständlich über keine Katze sprechen kann. Man kann
annehmen, „dass diese Ja-Nein-Codierung mit der Fortsetzbarkeit der Kommunikation zusammenhängt und eine der wesentlichen Möglichkeiten ist, diese Fortsetzbarkeit in jeder Situation zu garantieren" (Luhmann 2005, S. 100). Aus keiner
Katze eine existierende Katze zu machen, einen Katzenkörper hervorzuzaubern,
wo weit und breit keiner wahrzunehmen ist, gelingt aber auch der Kommunikation nicht – es sei denn, sie findet als ludische statt. Dann nämlich kann so getan
werden, als ob sich eine Katze plötzlich mitten unter uns befindet und wir darauf
zu achten haben, wie sie sich verhält. Das Spiel kann frei entscheiden, was es als
Realitäten gelten lässt und was nicht. Das Spiel kann zu allem Ja und zu allem
Nein sagen, den Zwergpudel in ein menschenfressendes Monster verwandeln,
Fahrradfahrer auf dem Mond landen, Tote lebendig werden oder sie als aktive
Tote weiter mitwirken lassen.

Im Spiel entsteht ein Möglichkeitsraum, der, Einverständnis der Mitspielenden
vorausgesetzt, für alles offen ist, wozu die Spielenden gedanklich, kommunikativ
und operativ fähig sind.[25] Und, das ist ein überragender Gesichtspunkt, es sind
die Spielerinnen und Spieler selbst, die darüber bestimmen, welche Möglichkeiten gespielt werden, und anhand welcher Kriterien, sie sich für oder gegen
Möglichkeiten entscheiden.

Erlebnisorientierung
Freiwillig Teilnehmende und selbstbestimmt Agierende praktizieren in einem
offenen Möglichkeitshorizont unverbindliches Tun als ob – was werden sie tun?
Wozu sie Lust haben. Erlebnisorientierung bestimmt die Auswahl der Möglichkeiten. Das Leben zu erleben, passiert allen jederzeit. Wie es zum Erlebnis wird,
hat Gerhard Schulze erforscht. „Erlebnisse werden nicht vom Subjekt empfangen,
sondern von ihm gemacht. Was von außen kommt, wird erst durch Verarbeitung

---

[25]Auf den „elementaren Überschusscharakter" des Spiels weist vor allem Hans-Georg
Gadamer hin (2012, S. 38). Das Spiel als Möglichkeitsraum (des Kindes) hat Donald Winnicott (1987) mit besonderer Gründlichkeit herausgearbeitet.

zum Erlebnis. Die Vorstellung der Aufnahme von Eindrücken muss ersetzt werden durch die Vorstellung von Assimilation, Metamorphose, gestaltender Aneignung." (Schulze 1993, S. 44)

Erlebnisse, argumentiert Schulze, seien nicht einfach Eindrücke, die erlebte Situationen bei einer Person hinterlassen, sodass nur für angenehm-aufregende Umstände gesorgt werden müsse. Mit der Bereitstellung situativer Zutaten – er nennt Konsumgüter, Reisen, Veranstaltungen, Kontakte – sei es meist nicht getan (ebda S. 42 f.). Jedoch: Die Eindruckstheorie des Erlebnisses sei einseitig, aber nicht abwegig. Um nicht selbst einseitig zu werden, müsse die Verarbeitungstheorie des Erlebnisses auch Raum lassen für die Bedeutung der Situation.[26] Subjekt (Bewusstsein und Körper) und Situation wirken zusammen. So subjektiv Erlebnisse auch sind, und die riesige Vielfalt der Spiele legt Zeugnis davon ab, es bilden sich auch alltagsästhetische Schemata heraus. Schulze identifiziert drei Schemata, die Erlebnismuster prägen und damit auch Konsequenzen dafür haben, was von wem gespielt wird. Schulze unterscheidet das Hochkultur-, Trivial- und Spannungsschema (ebda, S. 142–157), wobei ihm wichtig ist, dass die drei Schemata nicht als Alternativen gegeneinander stehen, sondern Kombinationsmöglichkeiten bieten, aus welchen die einzelnen Personen ihren persönlichen Stil herausbilden.

> „Wegen seiner langen Tradition ist das Hochkulturschema besonders klar sozial herausgearbeitet. [...] Worte wie ‚Bildungsbürger', ‚Intellektueller' oder ‚kultiviert' haben eine umgangssprachliche Bedeutung, die sich am besten dadurch beschreiben lässt, was entsprechende Leute tun: ‚gute' Bücher lesen, nachdenken und diskutieren, schreiben, klassische Musik hören, Ausstellungen und Museen besuchen, ins Theater gehen und ähnliches." (ebda, S. 142 f.) Schönes Erleben findet hochkulturell geistig, nicht körperlich statt. Psychische Erlebnisqualitäten stehen im Vordergrund: „Verklärung, Versenkung, Verinnerlichung, Betroffenheit, meditative Ruhe, Ergriffensein und ähnliches." (ebda, S. 143)

> Zugleich ist ein Bündel alltagsästhetischer Tendenzen zu beobachten, das als schönes Erlebnis an erster Stelle die Gemütlichkeit kennt und „das sich als Hinweis auf ein ‚Trivialschema' interpretieren lässt. [...] Zum traditionellen Symbolkosmos des Trivialschemas gehört in Deutschland der röhrende Hirsch und die Zigeunerin, das Liedgut des Gesangvereins, Trachtenumzug und Blasmusik, schunkelnde Bierseligkeit beim Schützenfest, das bestickte Sofakissen, die umhäkelte Klopapierrolle im Fonds des Autos, Lore-Roman, Fürstenhäuserklatsch, Andenken aller Art, Rundreisen zu den Schlössern des Bayernkönigs, die Herbstwaldtapete, das in Kupfer getriebene Pferdekopfrelief auf Teakholz." (ebda, S. 150)

---

[26]Schulzes Erlebnistheorie reformuliert im Kern den Rezipienten-Turn der Kommunikationstheorie, der das Verstehen in das kommunikative Zentrum rückt.

„Spannung kommt am klarsten in den Musikstilen zum Ausdruck: Rock, Funk, Soul, Reggae, Pop, Blues, Jazz und anderes. Das Publikum dieser Musik lässt sich Dynamik nicht nur von anderen vormachen, sondern praktiziert sie auch selbst. Es bevölkert die Diskotheken, Kneipen, Spielhallen und Kinos. Ausgehen, unterwegs sein bis spät in die Nacht hinein, Abwechslung von Szenen und Personen bringt Bewegung in den Alltag. […] Im schönen Erlebnis des Spannungsschemas spielt der Körper eine zentrale Rolle. Die physikalisch messbare Intensität von Reizen hat sich immer mehr zum eigenen Stilmittel entwickelt. Lautstärke, Geschwindigkeit, Hell-Dunkel-Kontraste und Farbeffekte sind oft bis zu einer Intensität gesteigert, wo die bloße sinnliche Erfahrung schon die ganze Aufmerksamkeit beansprucht.“ (ebda, S. 154)

Jenseits solcher Schematisierungen mit durchaus beachtlichem Informationswert und Orientierungsgehalt ist die Frage nach Lust am Spiel einerseits leicht zu beantworten: „Denn Spielspaß hat – so ist es aus der Forschung zum Unterhaltungserleben etwa beim Lesen oder beim Fernsehen bekannt – sehr viel mit der subjektiven Sinnkonstruktion der Rezipienten respektive Spieler zu tun.“ (Klimmt 2006, S. 65 f.) Andererseits macht es dieser einfache Umstand, dass es in hohem Maße auf Befindlichkeiten der jeweiligen Spielenden ankommt, so schwer, konkret zu werden und die Erlebnisqualitäten im einzelnen zu erfassen, welche die Motivation und das Nicht-mehr-loslassen-können bewirken. Die wissenschaftliche Forschung, eine kompakte Übersicht findet sich bei Vorderer (2006), unternimmt große Bemühungen, angespornt nicht zuletzt von massiven wirtschaftlichen Interessen der Spiele-Industrie.

Unterhaltsames Gelingen
Zu den bekannteren Erklärungsangeboten gehören „4 Keys 2 Fun“ von Nicole Lazzaro (2004), die sie auf ihrem Blog so zusammenfasst: „The 4 Fun Keys create games' four most important emotions: 1. Hard Fun: Fiero – in the moment personal triumph over adversity. 2. Easy Fun: Curiosity. 3. Serious Fun: Relaxation and excitement. 4. People Fun: Amusement.“ Die vier Schlüssel öffnen die Tür zu den beiden Schlüsselerlebnissen des Gelingens und des Sich-Unterhaltens. „Wir sind dann motiviert zu spielen, wenn es ‚um etwas geht‘.“ (Juul 2015, S. 24) Auch beim Umgang mit Gewohnten kann man scheitern, erlebt es aber als böse Überraschung. Der Umgang mit Unerwartetem hingegen wirft von Anfang an die spannende Frage auf, ob er gelingt oder misslingt. Sich dieser Frage auszusetzen, ist eine Quelle ludischen Engagements. Intrinsisches Interesse, argumentieren Zech und Dehn (2017, S. 19) hängt „nicht vom Erfolg oder einer äußerlichen Belohnung ab, sondern von der Erfahrung etwas bewirken zu können. Das Gelingen bezieht daher das Subjekt im Sinne seiner Selbstwirksamkeitserfahrung

ein, ist ein Glücken, ein Vermögen menschlicher Handlungsfähigkeit, das sich selbstbestimmte Ziele gesetzt hat und diese realisieren kann." Im Gegensatz dazu steht, „dass Erfolg in der modernen Gesellschaft nichts anderes als ein ‚Sein für Anderes' (Theodor W. Adorno) ist" (Neckel 2004, S. 64). Erfolgsvernarrtheit bedeutet äußerliche Abhängigkeit, Freude am Gelingen innere Genugtuung. Damit diese aufkommt, darf es nicht aussichtslos sein, aber auch nicht zu einfach gehen.

> „Es ist leicht zu erkennen, welche Spiele mein Mann am liebsten mag. Wenn er schreit ‚Ich hasse es!', dann weiß ich, dass er es zu Ende spielen und den zweiten Teil kaufen wird. Wenn er nicht schreit, dann weiß ich, dass er es in einer Stunde weglegen wird." (zit. n. Juul 2015, S. 23)

Der zweite zentrale Begriff, der ausdrücklich eingeführt wird oder zumindest im Hintergrund mitschwingt, heißt Unterhaltung. Das ist wenig überraschend, denn Unterhaltung weist zwei Grundeigenschaften auf, die auch im Kontext Spiel hervortreten – allerdings für Mitspielende und für Publika auf unterschiedliche Weise – zum einen Unverbindlichkeit und zum anderen die Ausrichtung an Erlebnisqualitäten. Unterhaltung zielt wie das Spiel nicht auf Anschlusshandeln, sie genügt sich selbst. Als Kommunikationsweise geht es der Unterhaltung um die Erlebnisqualität des Verstehens, um das angenehme Erleben der Rezipienten (vgl. Früh und Stiehler 2003). Nicht nur lachend, auch weinend oder mit Gänsehaut kann man sich gut unterhalten fühlen. „‚Lehrreich und unterhaltsam' – ‚instructiv et amusant' – wurde zum Slogan und Verkaufsargument der im 19. Jahrhundert neu entstehenden Spieleindustrie" (Strouhal und Schädler 2010, S. 15) Trotzdem bleibt die Differenz beachtlich, ob es um das ludische Erleben selbst geht oder um die Unterhaltung eines Publikums. Sobald die Unterhaltung des Publikums zum extern auferlegten Zweck des Spiels wird, kann für die Spielenden der Spaß schnell aufhören (siehe Abschn. 6.2 und 6.3).

Das Spiel schafft in drei Hinsichten optimale Voraussetzungen für positive Erlebnisqualitäten. Die Selbstexklusion mit der tempörären Befreiung aus Bindungen, die Öffnung eines Nichts-ist-Unmöglichkeitsraumes sowie das selbstbestimmte Agieren erlauben die uneingeschränkte Orientierung am eigenen Erleben. Diese Voraussetzungen ermöglichen die Immersion, das völlige Aufgehen im Spiel, das immer wieder zitierte Flow-Erlebnis (Csikszentmihalyi 1965), das *World of Warcraft* so viel attraktiver macht als zum Beispiel World of Schooling. Erlebnisorientierung und Emotionalität werden im Zusammenhang mit Computerspielen differenzierter zu erörtern sein (siehe Kap. 5).

Gefesseltes Publikum

Unter dem Gesichtspunkt der Immersion lassen sich sowohl die Akteurs- wie die Zuschauerrolle beobachten. Spiele fesseln auch Publika. Sein Darstellungs- und Vorführungscharakter ist dem Spiel nicht äußerlich. „Spiel ist also letzten Endes Selbstdarstellung der Spielbewegung." (Gadamer 2012, S. 39) An diesem Darstellungseffekt ist zunächst nichts besonderes, denn grundsätzlich lädt jedes Verhalten dazu ein, als Vorführung beobachtet, vielleicht sogar als Inszenierung wahrgenommen zu werden (siehe Abschn. 2.2). Denn „im Handeln ist eine Darstellung der handelnden Person involviert […]." (Gebauer und Wulf 1998, S. 10). Auf die Kommunikation unter Anwesenden trifft der Inszenierungscharakter in besonderer Weise zu. Es zeichnet die Interaktion aus, dass die Teilnehmer „sowohl die Möglichkeit der Darstellung von etwas haben (performance) als auch die Möglichkeit des Zuschauens". In jeder Interaktion sind die Personen gleichzeitig Darsteller und Zuschauer und müssen dabei auch das „Zuschauen darstellen und sich als Darsteller dabei zuschauen, wie lange die anderen wohl noch akzeptieren, was er ihnen bietet". (Baecker 2005, S. 110)

Dass „Inszenierungsgesellschaft" (Willems und Jurga 1998) zu einer wissenschaftlichen Beschreibungskategorie werden konnte, zeigt die Bedeutung dieses performativen Aspekts (vor allem für die Moderne) an.

Die Publikums-Frage lautet, welches Verhalten Aufmerksamkeit bekommt, ob es sie nun sucht oder zu vermeiden trachtet. Da es mit Unerwartetem umgeht, stehen die Chancen des Spiels, Aufmerksamkeit zu finden, im Vergleich zum Normalverhalten wesentlich besser. Im Spiel treten Ungewissheiten, Überraschungen, Spannungsmomente zuverlässiger auf, und der Erlebniswert, der die Spielenden reizt, lockt auch Zuschauer an: Ludische Aktionen sind prädestiniert, präsentiert zu werden. Ihre performative Anmutung mag sehr stark oder auch nur schwach hervortreten, vorhanden ist sie stets.[27] „Das Wort ‚Spiel' scheint seine Bedeutung aus- und aufzuführen, es spielt mit den Sprechenden und dient den Sprechenden zugleich als Spiel." (Deuber-Mankowsky 2015, S. 35 f.)

---

[27]„Die Familienähnlichkeit von ‚Spiel' und ‚Performanz' auszuloten bleibt eine Forschungsaufgabe; doch eines zumindest zeichnet sich ab: Aus der Warte einer Reflexion über das ‚Spiel' treten Engführungen am Performanzkonzept zutage, die sich ‚im Namen des Spiels' dann auch korrigiere lassen. Denn die mit der Idee des Performativen verbundene demiurgische Privilegierung und Auszeichnung des Machens, Erzeugens und Hervorbringens, mit welcher die Denkfigur des ‚homo generator' gerade auch für unser Zeichenhandeln etabliert wird, kann sich an der Spielerfahrung brechen […]." (Krämer 2005a, S. 10)

Die kritische Frage lautet, wann es kippt. Die Ökonomisierung des Spiels (siehe Abschn. 6.2) wird auch durch dessen Aufmerksamkeitswert ausgelöst, denn er macht sowohl Publikum zahlungsbereit als auch die Publikumsbeteiligung verkäuflich an die Werbung. Als Effekt tritt ein, dass Spiele auf Aufmerksamkeitssteigerung hin getrimmt werden mit gesundheits- oder sogar lebensbedrohlichen Folgen für Teilnehmer. Das Spiel gerät in einen Sog, den der französische Situationist Guy Debord (1978) in den 1960er Jahren als „société du spectacle" analysiert hat. „Mit seiner Einsicht, dass sinnliche, vor anderen Personen aufgeführte und begierig von Blicken aufgenommene Spektakel in das Zentrum der gegenwärtigen Gesellschaft gerückt sind, trifft Debord den Kern der Umstrukturierung von Öffentlichkeit und Privatleben, die sich seit den 60er Jahren bis heute vollzogen hat." (Gebauer 2002, S. 1)

In welcher Gesellschaft spielen wir eigentlich?
Die Attraktivität des Spiels für Teilnehmer wie für Zuschauer kommt aus dem Erlebniswert des Spielgeschehens, der sich nicht zuletzt aus Unterschieden zu dem erwarteten Normalverhalten speist. Deshalb muss immer auch mitreflektiert werden, in welcher Gesellschaft gespielt wird, welche Erwartungen die jeweilige gesellschaftliche Normalität dominieren. Darauf wird im Sinne einer Art Kompensationstheorie häufiger punktuell hingewiesen, allerdings nicht selten vor allem moralisierend. Konsequent ausgearbeitete Analysen, die solche Zusammenhänge beschreiben, kennen wir nicht.

Zum Beispiel ist für die moderne Gesellschaft zu fragen, ob nicht gerade auch von der Regelhaftigkeit der Games eine hohe Anziehungskraft ausgeht. Wenn (wie im Kap. 7 erörtert) das Unerwartete zur gesellschaftlichen Normalität gehört, im Alltag laufend reproduziert und damit Unsicherheit durchgängig erzeugt wird, kann es attraktiv sein, einfache und klare Verhaltensregeln zu haben. „Im Unterschied zu einem Fußballspiel, bei dem die Regeln vor Spielbeginn festgelegt sind, ist beispielsweise in den Spielen ‚Eine Liebesbeziehung eingehen', ‚Elternsein', ‚seinen Job ausüben' etc., die wir alltäglich zu spielen haben, keineswegs klar, welche Spielregeln zur Anwendung kommen; sie liegen häufiger weder offen, noch sind sie oder die Kriterien für gute oder schlechte Spielzüge allgemeinverbindlich oder unveränderbar." (Simon 1991, S. 144) Das Strapazieren der Spiel-Metapher verkennt allerdings, dass die Leichtigkeit des Spiels gewiss auch, aber nicht hauptsächlich aus der Klarheit der Verhaltensregeln kommt: Nur im Spiel darf das so angeleitete Verhalten problemlos böse enden, weil es *unverbindlich* ist.

Literatur

Baecker, D. (1993). Das Spiel mit der Form. In Ders. (Hrsg.), *Probleme der Form* (S. 148–158). Frankfurt a. M.: Suhrkamp.

Baecker, D. (2005). *Form und Formen der Kommunikation*. Frankfurt a. M.: Suhrkamp.

Baecker, D. (2007). *Wozu Gesellschaft?* Berlin: Kadmos.

Bateson, G. (1985). *Ökologie des Geistes*. Frankfurt a. M.: Suhrkamp.

Breiner, T. C., & Kolibius, L. D. (2019). *Computerspiele im Diskurs: Aggression, Amokläufe und Sucht*. Wiesbaden: Springer.

Cermak-Sassenrath, D. (2010). *Interaktivität als Spiel. Neue Perspektiven auf den Alltag mit dem Computer*. Bielefeld: transcript.

Csikszentmihalyi, M. (1965). *Das flow-Erlebnis. Jenseits von Angst und Langeweile: Im Tun aufgehen*. Stuttgart: Klett-Cotta.

Debord, G. (1978). *Die Gesellschaft des Spektakels*. Hamburg: Edition Nautilus.

Deines, S. (2012). Formen und Funktion des Spielbegriffs in der Philosophie. In R. Strätling (Hrsg.), *Spielformen des Selbst. Das Spiel zwischen Subjektivtät, Kunst und Alltagspraxis* (S. 23–38). Bielefeld: transcript.

Deuber-Mankowsky, A. (2015). Spiel und zweite Technik. Walter Benjamins Entwurf einer Medienanthropologie des Spiels. In C. Voss & L. Engell (Hrsg.), *Mediale Anthropologie* (S. 35–62). Paderborn: Fink.

Früh, W., & Stiehler, H.-J. (2003). *Theorie der Unterhaltung. Ein interdisziplinärer Diskurs*. Köln: von Halem.

Fuchs, P. (1994). Der Mensch – das Medium der Gesellschaft? In Ders. & A. Göbel (Hrsg.), *Der Mensch – das Medium der Gesellschaft?* (S. 15–39). Frankfurt a. M.: Suhrkamp.

Gadamer, H.-G. (1965). *Wahrheit und Methode. Grundzüge einer philosophischen Hermeneutik*. Tübingen: Mohr.

Gadamer, H.-G. (2012). *Die Aktualität des Schönen. Kunst als Spiel, Symbol und Fest*. Stuttgart: Reclam (Erstveröffentlichung 1977).

Gebauer, G. (2002). *Sport in der Gesellschaft des Spektakels*. Sankt Augustin: Adademia.

Gebauer, G., & Wulf, C. (1998). *Spiel, Ritual, Geste: Mimetisches Handeln in der sozialen Welt*. Reinbek b. Hamburg: Rowohlt.

Giddens, A. (1997). *Die Konstitution der Gesellschaft. Grundzüge einer Theorie der Strukturierung*, Frankfurt a. M.: Campus.

Goffman, E. (1983). *Wir alle spielen Theater. Die Selbstdarstellung im Alltag*. München: Piper (Erstveröffentlichung 1959).

Goffman, E. (1986). *Interaktionsrituale. Über Verhalten in direkter Kommunikation*. Frankfurt a. M.: Suhrkamp.

Hahn, A., & Jacob, R. (1994). Der Körper als soziales Bedeutungssystem. In P. Fuchs & A. Göbel (Hrsg.), *Der Mensch – das Medium der Gesellschaft?* (S. 146–188). Frankfurt a. M.: Suhrkamp.

Hörisch, J. (2013). Sich ein Bild machen oder „Im Bilde sein". Die guten alten Bilder und die digitale Bildrevolution. In G. S. Freyermuth & L. Gotto (Hrsg.), *Bildwerte. Visualität in der digitalen Medienkultur* (S. 15–24). Bielefeld: transcript.

Huizinga, J. (1956). *Homo Ludens. Vom Ursprung der Kultur im Spiel*. Reinbek: Rowohlt (Erstveröffentlichung 1938).

Juul, J. (2015). *Die Kunst des Scheiterns. Warum wir Videospiele lieben, obwohl wir immer verlieren*. Wiesbaden: Luxbooks.

Kaminski, W. (2010). Wenn Computerspiele und Spieler aufeinandertreffen. Oder: Die Veränderung des Spiels durch die Spieler. In C. Thimm (Hrsg.), *Das Spiel: Muster und Metapher der Mediengesellschaft* (S. 215–242). Wiesbaden: VS Verlag für Sozialwissenschaften.

Kieserling, A. (1999). *Kommunikation unter Anwesenden. Studien über Interaktionssysteme*. Frankfurt a. M.: Suhrkamp.

Klein, R. A. (2010). *Sozialität als Conditio Humana. Eine interdisziplinäre Untersuchung zur Sozialanthropologie in der experimentellen Ökonomik, Sozialphilosophie und Theologie*. Göttingen: Edition Ruprecht.

Klimmt, C. (2006). Zur Rekonstruktion des Unterhaltenserlebens beim Computerspielen. In W. Kaminski & M. Lorber (Hrsg.), *Computerspiele und soziale Wirklichkeit* (S. 65–79). München: kopaed.

Krämer, S. (2005a). Die Welt, ein Spiel? Über die Spielbewegung als Umkehrbarkeit. In Stiftung Deutsches Hygiene-Museum (Hrsg.), *Spielen. Zwischen Rausch und Regel* (S. 11–17). Ostfildern-Ruit: Hatje Cantz.

Krämer, S. (2005b). Die Welt – ein Spiel? Über die Spielbewegung als Umkehrbarkeit. http://userpage.fu-berlin.de/~sybkram/media/downloads/Die_Welt_-_ein_Spiel.pdf. Zugegriffen: 17. Sept. 2018.

Krotz, F. (2009). Computerspiele als neuer Kommunikationstypus: Interaktive Kommunikation als Zugang zu komplexen Welten. In T. Quandt, J. Wimmer & J. Wolling (Hrsg.), *Die Computerspieler. Studien zur Nutzung von Computergames* (S. 25–40). Wiesbaden: VS.

Lazzaro, N. (2004). Why we play games: Four keys to more emotion without story. https://xeodesign.com/xeodesign_whyweplaygames.pdf. Zugegriffen: 22. Jan. 2019.

Link, J. (2013). *Versuch über den Normalismus. Wie Normalität produziert wird*. Göttingen: Vandenhoeck & Ruprecht.

Luhmann, N. (1971). Sinn als Grundbegriff der Soziologie. In J. Habermas & N. Luhmann (Hrsg.), *Theorie der Gesellschaft oder Sozialtechnologie – Was leistet die Systemforschung?* (S. 25–100). Frankfurt a. M.: Suhrkamp.

Luhmann, N. (1984). *Soziale Systeme*. Frankfurt a. M.: Suhrkamp.

Luhmann, N. (1987). *Rechtssoziologie*. Opladen: Westdeutscher Verlag.

Luhmann, N. (1991a). Erleben und Handeln. In Ders. (Hrsg.), *Soziologische Aufklärung 3. Soziales System, Gesellschaft, Organisation* (S. 67–80). Opladen: Westdeutscher Verlag.

Luhmann, N. (1991b). Wie lassen sich latente Strukturen beobachten? In P. Watzlawick, & P. Krieg (Hrsg.), *Das Auge des Betrachters. Beiträge zum Konstruktivismus* (S. 61–74). München: Piper.

Luhmann, N. (1995). Die Form „Person". In Ders. (Hrsg.), *Soziologische Aufklärung 6. Die Soziologie und der Mensch* (S. 142–154). Opladen: Westdeutscher Verlag.

Luhmann, N. (2004). *Einführung in die Systemtheorie*. Heidelberg: Auer.

Luhmann, N. (2005). *Einführung in die Theorie der Gesellschaft*. Heidelberg: Auer.

Maturana, H. R., & Verden-Zöller, G. (1994). *Liebe und Spiel. Die vergessenen Grundlagen des Menschseins*. Heidelberg: Auer.

Meyer, C. (2015). „Metaphysik der Anwesenheit". Zur Universalitätsfähigkeit soziologischer Interaktionsbegriffe. In B. Heintz & H. Tyrell (Hrsg.), *Interaktion –*

Organisation – Gesellschaft. Anwendungen, Erweiterungen, Alternativen (S. 321–345). Sonderheft der Zeitschrift für Soziologie. Stuttgart: Lucius & Lucius.

Neckel, S. (2004). Erfolg. In U. Bröckling, S. Krasmann, & T. Lemke (Hrsg.), *Glossar der Gegenwart* (S. 63–70). Frankfurt a. M.: Suhrkamp.

Negt, O., & Kluge, A. (1993). *Geschichte und Eigensinn* (Bd. 1–3). Frankfurt a. M.: Suhrkamp.

Plaice, R. (2009). Das Spiel als das Dynamische. Der Begriff des Spiels zwischen Moderne und Postmoderne. In T. Anz & H. Kaulen (Hrsg.), *Literatur als Spiel. Evolutionsbiologische, ästhetische und pädagogische Konzepte* (S. 359–370). Berlin: De Gruyter.

Rautzenberg, M. (2018). Spiel. In B. Beil, T. Hensel & A. Rauscher (Hrsg.), *Game studies* (S. 267–281). Wiesbaden: Springer VS.

Rothacker, E. (1965). *Die Schichten der Persönlichkeit*. Bonn: Bouvier.

Scheuerl, H. (1990). *Das Spiel. Untersuchungen über sein Wesen, seine pädagogischen Möglichkeiten und Grenzen* (Bd 1). Weinheim: Beltz (Erstveröffentlichung 1954).

Schiller, F. (2000). *Über die ästhetische Erziehung des Menschen: In einer Reihe von Briefen*. Stuttgart: Reclam (Erstveröffentlichung 1795).

Schimank, U. (2005). *Differenzierung und Integration der modernen Gesellschaft. Beiträge zur akteurzentrierten Differenzierungstheorie 1*. Wiesbaden: VS Verlag.

Schneider, W. L. (2004). *Grundlagen der soziologischen Theorie. Band 3: Sinnverstehen und Intersubjektivität – Hermeneutik, funktionale Analyse, Konversationsanalyse und Systemtheorie*. Wiesbaden: VS Verlag.

Schulze, G. (1993). *Die Erlebnisgesellschaft. Kultursoziologie der Gegenwart*. Frankfurt a. M.: Campus.

Schulze, G. (2005). Das Leben, ein Spiel. Spiel und Wahrheit sind kein Gegensatz. In Stiftung Deutsches Hygiene-Museum (Hrsg.), *Spielen. Zwischen Rausch und Regel* (S. 139–150). Ostfildern-Ruit: Hatje Cantz.

Simon, F. B. (1991). Innen- und Außenperspektive. Wie man systemisches Denken im Alltag nützen kann. In P. Watzlawick & P. Krieg (Hrsg.), *Das Auge des Betrachters. Beiträge zum Konstruktivismus* (S. 139–150). München: Piper.

Stichweh, R. (2010). Theorie und Methode in der Systemtheorie. In R. John, A. Henkel & J. Rückert-John (Hrsg.), *Die Methodologien des Systems. Wie kommt man zum Fall und wie dahinter?* (S. 15–28). Wiesbaden: VS Verlag für Sozialwissenschaften.

Strouhal, E., & Schädler, U. (2010). Das schöne, lehrreiche Ungeheuer. Strategien der Eingemeindung des Spiels in der Kultur der Bürgerlichkeit – Eine Einleitung. In U. Schädler & E. Strouhal (Hrsg.), *Spiel und Bürgerlichkeit. Passagen des Spiels I* (S. 9–21). Wien: Springer.

Thiedecke, U. (2008). Spiel-Räume. Zur Soziologie entgrenzter Exklusionsbereiche. In H. Willems (Hrsg.), *Weltweite Welten. Internet-Figurationen aus wissenssoziologischer Perspektive* (S. 295–317). Wiesbaden: VS Verlag.

Thiedecke, U. (2010). Spiel-Räume: Kleine Soziologie gesellschaftlicher Exklusionsbereiche. In C. Thimm (Hrsg.), *Das Spiel: Muster und Metapher der Mediengesellschaft* (S. 17–32). Wiesbaden: VS Verlag für Sozialwissenschaften.

Thon, J.-N. (2007). Kommunikation im Computerspiel. In S. Kimpeler, M. Mangold & W. Schweiger (Hrsg.), *Die digitale Herausforderung. Zehn Jahre Forschung zur computervermittelten Kommunikation* (S. 171–180). Wiesbaden: VS Verlag für Sozialwissenschaften.

Vorderer, P. (2006). Warum sind Computerspiele attraktiv? In W. Kaminski & M. Lorber (Hrsg.), *Computerspiele und soziale Wirklichkeit* (S. 55–63). München: kopaed.

Walker, W. (2019). *NLP in Theorie und Praxis*. Berlin: Unveröffentlichtes Manuskript.

Walther, B. K. (2003). Playing and gaming. Reflections and classifications. In *Games studies* (Bd. 3, Issue 1). http://gamestudies.org/0301/walther/. Zugegriffen: 28. Juni 2019.

Watzlawick, P., Beavin, J. H., & Jackson, D. D. (2003). *Menschliche Kommunikation. Formen, Störungen, Paradoxien*. Bern: Huber (Erstveröffentlichung 1969).

Willems, H., & Jurga, M. (Hrsg.). (1998). *Die Inszenierungsgesellschaft. Ein einführendes Handbuch*. Wiesbaden: Springer VS.

Wimmer, J. (2016). Computerspiele als Gegenstand qualitativer Forschung in der Kommunikationswissenschaft. In S. Averbeck-Lietz & M. Meyen (Hrsg.), *Handbuch nicht standardisierte Methoden in der Kommunikationswissenschaft* (S. 543–557). Wiesbaden: Springer VS.

Winnicott, D. W. (1987). *Vom Spiel zur Kreativität*. Stuttgart: Klett-Cotta.

Wittgenstein, L. (1984). Philosophische Untersuchungen. In Ders. (Hrsg.), *Tractatus logico-philosophicus. Tagebücher 1914–1916. Philosophische Untersuchungen* (Werkausgabe Bd. 1, S. 225–580). Frankfurt a. M.: Suhrkamp.

Zech, R., & Dehn, C. (2017). *Qualität als Gelingen. Grundlegung einer Qualitätsentwicklung in Bildung, Beratung und Sozialer Dienstleistung*. Göttingen: Vandenhoeck & Ruprecht.

Der Spiel-Diskurs: Konsens-, Kontakt-, Kontrapunkte 3

Zusammenfassung

Von A wie Abenteuer über B wie Bewegung bis Z wie Zufall gibt es eine große Anzahl von Wörtern, die mit dem Spiel in Wechselbeziehung stehen. Dieser Beziehungsreichtum des Spiels schlägt sich in einer bunten Fülle von wissenschaftlichen Zugängen zum Spiel nieder. Jetzt geht es darum, den im zweiten Kapitel entwickelten Spielbegriff in diesem ludischen Diskurs zu verankern, Anschlussstellen zu identifizieren, Übereinstimmungen zu notieren, Differenzen zu benennen, Dissens zu begründen: Zum Beispiel, weshalb das Spiel der Wellen kein Spiel der Wellen ist, und warum eine Schraube nicht spielt, auch wenn sie zulasten ihrer Befestigungsfunktion Spiel hat. Die ludische Aktion wird als pragmatische Paradoxie beschrieben. Dabei wird die Triade des Realen, Imaginären und Fiktiven um das Ludische ergänzt, einer Wirklichkeitsform, in der ein Kuss ein Kuss und kein Kuss ist. Vor dem Hintergrund der Beobachtung, dass das Spiel mehr und mehr zum letzten Wort sowohl der Geistes- wie der Naturwissenschaften wird, wird argumentiert: Beim Spiel handelt es sich um ein Sekundärphänomen, erst etablierte Normalität löst Motive aus, sich aus ihr zu befreien.

Spielen begreifen wir als freiwillige Teilnahme an einem zeitlich markierten Umgang mit Unerwartetem im Modus des unverbindlichen Tuns als ob. Die Frage ist, ob unter dem Dach dieses Spielverständnisses die Merkmale des Spiels Platz finden, die im metaludischen Diskurs als allgemein anerkannte gelten dürfen. Für einige, etwa für Freiwilligkeit, liegt es auf der Hand, weil sie in der hier favorisierten Begriffsbestimmung des Spiels ausdrücklich vorkommen. Für andere, wie die Regelhaftigkeit vieler Spiele, bedarf es einer besonderen Reflexion. Darüber hinaus sollen in diesem Kapitel auch einzelne Diskurslinien aufgegriffen werden,

Abb. 3.1 Wortwolke des semantischen Spiel-Feldes im Pacman Look. (Quelle: eigene Darstellung)

an vorderster Stelle Ludwig Wittgensteins „Sprachspiel", am Rande auch Theodor W. Adornos negative Auffassung von Spielregeln.

Ziel ist es, die funktionale Theorie, wie sie im zweiten Kapitel erarbeitet wurde, im Diskurs über das Spiel zu verankern[1], indem Anschlussstellen identifiziert, Übereinstimmungen notiert und Differenzen benannt werden. Soweit es gelingt, soll möglichst auch nachvollzogen werden, worin Dissens begründet ist.

Von A wie Abenteuer über B wie Bewegung bis Z wie Zufall gibt es eine größere Anzahl von Wörtern, die mit dem Spiel in Wechselbeziehung stehen. Sie werden genannt, wenn von Spiel die Rede ist, oder es wird ein Hinweis auf Spielen gegeben, sobald sie vorkommen. Ohne Anspruch auf Vollständigkeit lässt sich eine solche das Spiel umgebende Wortwolke skizzieren (s. Abb. 3.1).

Einige der Wörter aus dem semantischen Spiel-Feld sind bis hierher bereits aufgetaucht, andere werden in diesem Kapitel dazukommen, weitere werden in den Folgekapiteln Erwähnung finden. Sie dem Verständnis des Spiels als

---

[1]Einen Überblick über Spieltheorien Buytendiks (1933), Plessners (1934), Huizingas (1956), Scheuerls (1990) und Finks (1960) bietet Kolb (1990).

eines freiwilligen, zeitlich, oft auch räumlich markierten, immer wieder neuen Umgangs mit Unerwartetem im Modus eines unverbindlichen Tuns als ob zuzuordnen und sie theoretisch einzuordnen, ist die durchgängig zu leistende Aufgabe.

3.1 Was heißt „Tun als ob“ und „unverbindlich“? Mit einem Exkurs über das Sprachspiel

Unverbindlichkeit und Tun als ob bilden sicherlich die beiden Merkmale, die in Beschreibungen des Spiels nicht nur regelmäßig, sondern auch prominent vorkommen.

> „Spielen gilt als ein Verhalten, das durch einen gewissen ‚Un-Ernst‘ und eine ‚Un-Echtheit‘ gekennzeichnet ist, gilt als ein ‚Tun-als-ob‘, als ein neutralisiertes Tun, das [...] uns in unserer Tat nicht bindet, das ‚unverbindlich‘ bleibt, gleichsam ein bloßes Ausprobieren von Möglichkeiten ist, ohne Folgen unausweichlicher Art zu hinterlassen.“ (Fink 1960, S. 77 f.)

Meistens werden Unverbindlichkeit und Tun als ob synonym gebraucht, gehen zumindest fließend ineinander über. Unverbindliches Tun als ob ist jedoch kein Pleonasmus, es handelt sich um zwei unterschiedliche Qualitäten, die sich auch bei Gregory Bateson (1985, S. 248) wiederfinden, wenn er „zwei Besonderheiten des Spiels“ benennt, „a) dass die im Spiel ausgetauschten Mitteilungen oder Signale in gewissem Sinn unwahr oder nicht gemeint sind; und b) dass das, was mit diesen Signalen bezeichnet wird, nicht existiert“. Diese beiden Besonderheiten lassen sich unschwer als Unverbindlichkeit und Tun als ob lesen.

Das Als ob wurzelt in der Kommunikation
Der wissenschaftliche Klassiker zum Thema „Als ob“ ist Hans Vaihingers 800-Seiten-Werk „Die Philosophie des Als Ob“, in den Grundzügen im Winter 1876/1877 „rasch niedergeschrieben“, wie er selbst sagte, 1911 publiziert.[2] Das Buch (Vaihinger 1982) ist in unserem Kontext deshalb so interessant, weil das Thema Spiel darin nicht vorkommt. Läge es nicht ohnehin auf der Hand, wäre

---

[2]Eine gute Einordnung der „Philosophie des Als ob“ in den Fiktionalitätsdiskurs findet sich bei Andreas Galling-Stiehler (2017, S. 127–131), der die Figur des Als ob von Immanuel Kant geprägt sieht und mit Vaihinger hervorhebt, dass ihr, ausgedrückt mit „als“, ein Vergleich zugrunde liegt. „Dieses ‚ob‘ führt dann zur Fiktion“ (ebda, S. 129).

Vaihingers Text ein starkes Indiz dafür, dass der Stellenwert des Als ob im Erleben und Handeln über das Spiel weit hinausreicht und zusammen mit „wie wenn" ein unverzichtbares Element wissenschaftlichen Denkens, aber auch alltäglichen Sprechens ist. „Wenn man über *Als* und *Als Ob* nachdenkt, gerät der sinnhafte Aufbau der sozialen Welt bald zu einem Dschungel. Es wimmelt in dieser Welt von lauter überraschend vieldeutigen *Als'* und *Als Obs,* an denen wir uns wie an Lianen über den Sumpf hangeln, ohne aber zu wissen, welche uns halten und welche reißen wird [...]." (Ortmann 2004, S. 29) Wir sehen die Wurzeln des Als ob in der Kommunikation und wollen an dieser Stelle deshalb genauer auf den Kommunikationsbegriff Luhmannscher Provenienz eingehen, zumal er darüber hinaus auch für andere Aspekte im Kontext Spiel aufschlussreich ist.

Kommunizieren heißt, auf Luhmanns Abstraktionsniveau formuliert, die Differenz zwischen Information und Mitteilung zu verstehen (vgl. Luhmann 1984, S. 191 ff.).[3] Sinnliche Wahrnehmung und Kommunikation finden beide im Medium Sinn statt, wobei auf Dauer nur geteilter Sinn brauchbar ist, wer auf eigenbrötlerischen Bedeutungen beharrt, gerät in Verdacht, „nicht mehr alle Tassen im Schrank" zu haben. Ob eine Kuh primär als Schlachtvieh, Milcherzeuger oder Heiligtum wahrgenommen wird, hängt vom Sinnhorizont, vom kulturellen Kontext ab.[4] Wahrnehmung wiederum operiert ohne die Differenz zwischen Information und Mitteilung. Sinnlich-sinnhaft Wahrgenommenes kann zur Information werden, ohne dass eine Mitteilung dazwischen tritt. Der Blick nach oben auf einen dunklen, wolkenverhangenen Himmel ist informativ. Sinnliche Wahrnehmung mag sich täuschen und dabei trotzdem (für) wahr nehmen, aber sie täuscht niemand anderen. Kommunikation hingegen kann die Differenz zwischen Information und Mitteilung dafür nützen, um, grob gesagt, Lügen zu verbreiten und bei Starkregen vom herrlichen Urlaubswetter schwärmen.

---

[3]Kommunikation kommt nur zustande, wenn die Differenz von Information und Mitteilung „beobachtet, zugemutet, verstanden und der Wahl des Anschlussverhaltens zu Grunde gelegt wird" (Luhmann 1984, S. 196).

[4]In den USA gibt es seit einigen Jahren den Cow Appreciation Day. Anlässlich des Internationalen Tages der Kuh am 12. Juli 2019 hat eine bayerische PR-Agentur das Kartenspiel „Kuhle Kühe" präsentiert. Online https://www.wortundspiel.com/66-kuhle-kuehe-von-game-factory-zum-internationalen-tag-der-kuh-am-12-juli-2019.

Aufrichtigkeit ist nicht kommunizierbar
Kommunikation, das ist neben der Differenz zur Wahrnehmung die zweite wichtige Unterscheidung, kommt natürlich nicht ohne Bewusstsein zustande, aber *erlebte* Gedanken und Gefühle sind etwas anderes als *mitgeteilte*. Gibt es doch keine Gewähr dafür, dass mitgeteilte Gedanken dem tatsächlich Gedachten entsprechen – Aufrichtigkeit ist nicht kommunizierbar. „Man braucht nicht zu meinen, was man sagt (zum Beispiel, wenn man ‚guten Morgen‘ sagt). Man kann gleichwohl nicht sagen, dass man meint, was man sagt. Man kann es zwar sprachlich ausführen, aber die Beteuerung erweckt Zweifel, wirkt also gegen die Absicht." (Luhmann 1984, S. 207 f.) Ebenso wenig ist garantiert, dass mitgeteilte Gefühle auch erlebt werden oder wurden. Ohne dass sie vom Platz getragen werden, haben Spieler im Stadion des Gegners mit ihrem Schmerzensschrei beim Heimpublikum wenig Aussicht auf Glaubwürdigkeit; sie stehen unter Generalverdacht, dass ihr Schrei ein Als ob anstelle realer Schmerzen repräsentiert. In der Psyche schließen Gedanken an Gedanken an, lösen Gefühle Gedanken aus und Gedanken Gefühle. In der Kommunikation hingegen wird über Gedanken und Gefühle berichtet, sie werden mitgeteilt oder auch nicht. Kommunikativ schließen Mitteilungen an Mitteilungen an, Gedanken und Gefühle kommen als Themen vor, sie werden ausgedrückt, manchmal stark emotionalisiert, trotzdem sind sie nur Mitteilungen, nicht die Gedanken und Gefühle selbst.

Die vier Buchstaben B a l l rollen und hüpfen nicht
Wie wird aus der Information (der Absender) eine Mitteilung? Wie wird aus der Mitteilung eine Information (der Rezipienten)? Sollen Egos Informationen für Alter wahrzunehmen sein, müssen sie in eine Mitteilung verwandelt werden und hinter diesen Unterschied gibt es kein Zurück. Mitteilungen überbrücken die Differenz zur Information mit Hilfe von Zeichen, die Zeichen sind jetzt das Wahrgenommene. „Die Bedeutung dieser Zeichentechnik ist kaum zu überschätzen" (Luhmann 1984, S. 220). Zeichen machen es möglich, real Abwesendes im Medium Sinn zu thematisieren, also Aufmerksamkeit darauf zu lenken und anzuregen, dass das real Abwesende sich via Verstehen der Zeichen auch im Bewusstsein anderer als Vorstellung vergegenwärtigt. So kann es trotz Abwesenheit zum gemeinsamen Thema werden. Die vier wahrgenommenen Buchstaben BALL rollen und hüpfen nicht, aber sie können, gemeinsam geteilten Sinn unterstellt, die Vorstellung von einem Ball hervorrufen, somit einen Als-ob-Ball die Stelle eines realen Balls übernehmen lassen. Dazu ist es erforderlich, die Zeichen mittels eines Mediums in den Wahrnehmungsbereich und damit in den Sinnhorizont von

Adressaten zu befördern[5], sodass sich in der Mitteilung Zeichen, Medium und Thema zu einer Komposition verbinden (genauer dazu Arlt und Arlt 2013).

Analytisch befinden wir uns hier an einer Kreuzung, die dem Argumentationsgang mehrere Abzweigungen anbietet, die ausgeschildert sind mit Richtungshinweisen wie Sprache, Sinn, Imagination. Das Problem ist, dass auch diese Seitenwege zu Gesichtspunkten führen, die im metaludischen Diskurs eine beachtliche Rolle spielen. Wir begeben uns deshalb nacheinander auf jeden dieser Wege, wenn auch jeweils nur für wenige Trippelschritte. Anschließend kehren wir auf unseren Argumentationsgang zurück.

Exkursion

„Animal symbolicum"
Sprache als basales Kommunikationsmedium ist mehr als ein Nacheinander von Signalen. Wie einzelne punktuelle Schritte keinen Tanz, so ergeben Signale keine Sprache.[6] Sprache ist an zwei flexible Netzwerke gebunden, die produziert und laufend reproduziert werden müssen: zum einen, Grammatik genannt, ein regelgeleitetes Netzwerk aus Zeichen; zum anderen, Kultur genannt, ein Netzwerk aus geteilten Bedeutungen, das in der Zeichenlehre unter Semantik fällt.[7] Die für Sprache brauchbaren Zeichen können keine (richtiger: nur ausnahmsweise) Signale sein, weil deren Bedeutung streng limitiert ist; was ausgesprochen unpraktisch wird, sobald sich etwas ändert, denn dann passt das Signal nicht mehr. Eine rote Ampel bei Erdbeben verliert ihre Bedeutung; schon bei Martinshorn und Blaulicht erfährt sie einen Bedeutungswandel. Wenn Anschlussfähigkeit trotz sich verändernder Situationen gegeben sein soll, müssen die Zeichen als Symbole funktionieren, die einen Spielraum für Deutungen lassen und für

---

[5]In einem unzulässigen Kurzschluss haben Kommunikationstheorien deshalb Informationsleistungen als Transportleistungen angesehen und Medien die Aufgabe zugeschrieben, eine Information möglichst störungsfrei von A nach B zu übertragen.

[6]Zum möglichen Zusammenhang von Tanz und Sprache vgl. Steinig (2006).

[7]Pragmatik meint die situationsbezogene praktische Verwendung, so dass sich, sehr vereinfacht, diese drei Dimensionen ergeben: Grammatik, wie füge ich Zeichen korrekt aneinander? Semantik, welche Bedeutung haben die Zeichen? Pragmatik, was ist angesichts der verwendeten Zeichen zu tun?

Bedeutungswandel in sich verändernden Kontexten offen sind.[8] Der Übergang von einzelnen Signalen zur Sprache macht den homo sapiens zu einem „animal symbolicum" (Cassirer 1996, S. 51) – und profiliert ihn als soziales Wesen, weil nur mit anderen geteilte Bedeutungen Sinn machen.

Sinn umschließt Aktuelles und potenzielles
Ihre Bedeutung haftet den wahrgenommenen Zeichen nicht an wie ein Preisschild der Ware. Das Vorstellungsvermögen, das mit der Kommunikation eingeübt wird, kann auch dafür gebraucht werden, sich Vorstellungen zu machen, die nicht dem gewohnten Sinn folgen, sondern eigenen Sinn produzieren. Das wird *praktisch* an Missverständnissen deutlich, *theoretisch* wird es einsichtig, wenn man mit Luhmann Sinn als Einheit der Differenz von Aktualität und Potenzialität versteht: „die Aktualität des Erlebens mit der Transzendenz seiner anderen Möglichkeiten zu integrieren", genau dies leiste Sinn (Luhmann 1971, S. 31). Sobald diese Qualität von Sinn, in jedem Fall offen zu sein für andere Bedeutungen, berücksichtigt wird, bekommt man das Gewicht der Frage zu spüren, wie gesellschaftlich geregelt und durchgesetzt wird, was als jeweils aktuell gültige, „normale" Bedeutung sowohl von Wahrnehmungen als auch von Mitteilungen Zustimmung findet. Sichtbar wird, dass sich Macht nicht nur im Zugriff auf das Wort ausdrückt, während die anderen zu schweigen und zuzuhören haben; sondern dass „die entscheidende Frage in der Kommunikation lautet: Wer kann/darf wem in welcher Situation attestieren, er/sie habe ‚richtig verstanden'?" (Schmidt 2003, S. 117)[9]

Nachvollziehbar wird, wie relevant es ist, mit Bedeutungen spielen zu können, und wie wenig es sich mit Machtambitionen verträgt, wenn für andere, konkurrierende und konfligierende Bedeutungen Geltung beansprucht wird. Sich einen Stock als Schwert, eine Mütze als Königskrone, einen Eimer voll Sand als geraubten Schatz vorzustellen, ist prinzipiell möglich; es kann mit einem Lächeln hingenommen werden, sofern es nur unverbindlich und zwischenzeitlich begrenzt geschieht – trotzdem ist es

---

[8]Ausgearbeitet findet sich der Symbolbegriff in der Handlungstheorie des symbolischen Interaktionismus, der mit Namen wie Herbert Blumer, George Herbert Mead und Erving Goffman verbunden ist.

[9]Vgl. Michel Foucault (z. B. 1978).

praktisch unwahrscheinlich, denn Sinn, wir wiederholen uns, ist kommunikativ nur als geteilter zu gebrauchen. Will man nicht nur mit sich selbst spielen, entsteht die Notwendigkeit, dass solche eigenartigen Sinnbildungen von Anderen geteilt und aufrecht erhalten werden, weil das Spiel sonst nicht zustande kommt oder zusammenbricht.

Zwischen gewohntem Sinn und ludischem Eigensinn bestehen offene Grenzen. Deshalb muss sich jedes einzelne Spiel erkennbar abgrenzen, will es nicht der Möglichkeit Vorschub leisten, als Spiel gar nicht (an)erkannt zu werden.

„Kinder sind die Großmeister der Fiktion, so wie das kleine Mädchen, dass mir auf dem Spielplatz eine Portion Sand als Eis anbietet, worauf ich mit Genießermiene so tue, als ob diese beiden Sandkugeln der Gipfel des Eisgenusses wären. Nach einiger Zeit wird das Mädchen ungeduldig, möchte das Förmchen neu füllen. Sie gibt mir zu verstehen, dass ich den Inhalt ausleeren soll. Ich erwidere, dass ich dieses wunderbare Eis doch nicht einfach ausschütten könne, worauf sie mit einem Lächeln sagt: ‚Ist doch nur Sand.'" (Schulz 2014, S. 174)

Imago, lateinisch das Bild
Kommunikation macht aufgrund ihres Zeichengebrauchs Imagination zum Alltagsphänomen, bindet Erleben und Handeln an Imaginationen. Mit der Entwicklung zur Medien- und Kommunikationsgesellschaft wird es zur Alltagserfahrung, wie immer öfter Imaginationen an die Stelle von Realitäten treten. Der französische Medientheoretiker Jean Baudrillard hat darauf mit Kritiken reagiert, die unter Titeln erschienen wie „Kool Killer oder der Aufstand der Zeichen" (1978a) und „Agonie des Realen" (1978b).

Der Begriff der Imagination erfasst zutreffend, dass zeichenbasierte Verständigung erfordert, ein Bild des Bezeichneten im Bewusstsein aufzurufen und zwar sowohl auf Sender- wie auf Rezipientenseite, divergierende Vorstellungen und Missverständnisse aller Art inklusive. Das Als ob, das real Abwesendes repräsentiert, tritt als Bild auf! Seine Aussagekraft kommt aus einer – nicht wahrnehmbaren – Visualisierung. Man erkennt hier die große Bedeutung der Bildhaftigkeit für die ludische Aktion. „Ein Gegenstand ist nur insofern Spielobjekt, als er *Bildhaftigkeit* besitzt. Die Sphäre des Spiels ist die Sphäre der Bilder und damit die Sphäre der *Möglichkeiten* und der *Phantasie.*" (Buytendijk 1933, S. 129). Daran wird im Zusammenhang mit

Computerspielen zu erinnern sein, denn sie transformieren Imaginationen nicht nur in wahrnehmbares und kommunikativ geteiltes, sondern sogar in interventionsoffenes, beteiligungsfreundliches Geschehen.

Wittgensteins Sprachspiel
Wir kommen auf unseren Argumentationsgang zurück, den wir mit der Feststellung verlassen hatten, dass die Mitteilung eine Komposition ist aus Zeichen, Medium und Thema, und versuchen Wittgensteins Sprachspiel nachzuzeichnen. Zeichen stehen in einer doppelten Beziehung, nämlich zum Bezeichneten (Signifikat, zum Beispiel irgendein Ball) und zum Bezeichnenden (Signifikant, zum Beispiel die vier Buchstaben Ball). Das Bezeichnete ist das Gemeinte, dessen Stelle das Zeichen einnimmt. Die (hör- oder sichtbare) Bezeichnung löst eine Vorstellung von dem Gemeinten aus.

Trotz des Umstandes, dass es verschiedene Sprache gibt, konnte sich lange Zeit die Vorstellung halten, die Wittgenstein mit Hinweis auf Augustinus am Beginn der „Philosophischen Untersuchungen" so beschreibt: „Jedes Wort hat eine Bedeutung. Diese Bedeutung ist dem Wort zugeordnet. Sie ist der Gegenstand, für welchen das Wort steht." (Wittgenstein 1984, S. 237) Angenommen wurde, dass zwischen dem Bezeichneten, in unserem Beispiel dem Ball, und der Bezeichnung „Ball", nicht nur eine Konvention sich eingeschliffen hat, sondern eine feste Bindung besteht. Die andere Auffassung, der auch Wittgenstein folgt, wird von Ferdinand de Saussure am klarsten formuliert: „Das Band, welches das Bezeichnete mit der Bezeichnung verknüpft, ist beliebig." (Saussure 1967, S. 79) Sprachliche Zeichen seien zwar konventionell, aber arbiträr.

„Das Wort ‚beliebig' erfordert hier eine Bemerkung. Es soll nicht die Vorstellung erwecken, als ob die Bezeichnung von der freien Wahl der sprechenden Person abhinge […]; es soll besagen, dass es *unmotiviert* ist, d. h. beliebig im Verhältnis zum Bezeichneten, mit welchem es in Wirklichkeit keinerlei natürliche Zusammengehörigkeit hat." (ebda, S. 80)

Diese Befreiung der Sprache im Sinne ihrer Unabhängigkeit von allem, was sie anspricht, ist eine wichtige Voraussetzung für Wittgensteins Begriff des Sprachspiels, aber nicht die einzige. Die andere nicht minder wichtige ist, dass er die Bedeutung sprachlicher Zeichen an deren Gebrauch knüpft. „Die Bedeutung eines Wortes ist sein Gebrauch in der Sprache." Wittgenstein 1984, S. 262)

Um in seinem Bild zu bleiben: Erst durch die Spielzüge, wie sie in der Alltags-kommunikation praktiziert werden, verdichtet sich der Sinn zu einer aktuellen Bedeutung, die sich in den nächsten Spielzügen verschieben und in anderen Spielen eine andere sein kann. Zur Unverbindlichkeit der Zeichen kommt eine Tendenz zur Unvorhersehbarkeit ihrer jeweiligen Bedeutung.

Wie so oft dient auch hier das Schachspiel als Referenz. „Für Wittgenstein als auch Saussure geht von dem Schachspiel eine große Attraktion aus, um sprachliche Zusammenhänge zu erklären." (Neuenfeld 2005, S. 124)

> „Jede einzelne Spielfigur darf nur nach bestimmten Regeln gezogen werden, woraus sich zwar vor Beginn des Spiels eine bestimmte Wertigkeit der einzelnen Figuren ergibt, so dass der Turm aufgrund seines größeren Bewegungsradius wertvoller erscheint als ein Bauer. Aber erst im Spiel selbst ergibt sich aus der jeweiligen Stellung die konkrete Bedeutung der einzelnen Figur. So kann ein Bauer innerhalb einer Schachpartie zur spielentscheidenden Figur werden, da er sich in jede Figur des Spiels verwandeln darf, wenn er nur die gegnerische Grundlinie erreicht." (ebda)

Es zeigt sich, der Begriff Sprachspiel informiert uns nicht über das Spiel, sondern mithilfe allgemein bekannter ludischer Merkmale, nämlich Unverbindlichkeit und Unvorhersehbarkeit, über Sprache im besonderen und soziale Beziehungen im allgemeinen.

> „Wittgenstein eröffnet in seiner philosophischen Untersuchung mit dem Sprach-spielbegriff nichts Geringeres als das grenzenlose Feld menschlichen Handelns in Verbindung mit Sprache. Das Apriori des Sprachspiels wird zum Fundament der Sozialsysteme [...]. Indem Sprache den Sozialzusammenhang begründet und zugleich die Wirklichkeit als eine bedeutsame, da interpretierte uns vor Augen stellt, sind wir von Anfang an im Spiel der Sprache gefangen. Und da sich soziale Systeme grundsätzlich über Kommunikation strukturieren und auf Kommunikation aufgebaut sind, lässt sich jedes einzelne und sei es noch so kleine Teilsystem fortan als Spiel verstehen." (ebda, S. 121)

Die hier schon implizierte Generalisierung der Spiel-Metapher diskutiert das siebte Kapitel.

Flamingobälle und Ballquadrate.
Unverändert beschäftigen uns die kommunikativen Wurzeln des Als ob, die sprachliche Blüten treiben können. Sprache kann sich (wie ein Bild) nicht nur zeitlich, sondern auch sachlich vom sinnlich Wahrnehmbaren lösen. Es sind zum einen Mitteilungen möglich, die nicht an die Stelle sinnlicher Wahrnehmung

treten, sondern von ihr abstrahierend Begriffe bilden wie Obst, Waffe oder Rheinländer. Zum anderen können Vorstellungen mitgeteilt werden, die über das sinnlich Wahrnehmbare und als realistisch Anerkannte hinaus weiter gesponnen wurden, Realitätsbezüge abgestreift und Fiktionen entwickelt haben.[10] Mit der Imagination entsteht ein Spielraum, sie ins Fiktive zu transformieren, inklusive der Möglichkeit, so zu tun, als ob Fiktives real wäre. Mehr noch, „mit Hilfe von Sprache kann etwas gesagt werden, was noch nie gesagt worden ist" (Luhmann 1997, S. 215), so wie Bilder etwas zeigen können, das noch nie gesehen wurde. Sprache kann nicht nur Wirklichkeit in den Formen des Narrativen und des Fiktionalen erzeugen, sie kann sogar Bezeichnungen zur Welt bringen, die (noch) keinen sozialen Bezug haben, also von niemandem verstanden werden, und von einem Klarinettenball, Flamingobällen und Ballquadraten sprechen. Damit betreten wir das Spielfeld.

Triade des Realen, Fiktiven und Imaginären
Die ludische Aktion impliziert erstens Kommunikation mit all ihren Potenzialen. Zweitens sagen wir mit Udo Thiedecke, dass „mit dem Spiel eigene Kommunikationen innerhalb der Kommunikationen der Gesellschaft entstehen" (Thiedecke 2010, S. 18). Ludische Kommunikation zeichnet es aus, dass sie mit der einfachen Opposition von Realität und Fiktion nicht zu fassen ist.[11] Das Spiel nimmt Bezug auf Realitäten, erlaubt sich aber die Freiheit, andere Vorstellungen damit zu verbinden, zum Beispiel einen Stuhl als Bahnwaggon zu sehen und zu benutzen. Das Spiel bezieht sich auf Fiktionen, nimmt sich aber die Freiheit, sie als realistische Vorstellungen zu sehen und zu behandeln. Wolfgang Iser hat im Bezug auf Literatur dafür plädiert, „das geläufige Oppositionsverhältnis durch die Triade des Realen, Fiktiven und Imaginären abzulösen" (Iser 1991, S. 19). Als Erzählung wird sowohl das tatsächliche Geschehen als auch die erfundene Geschichte als auch jede Mischung aus beidem – imaginär. Ludische Kommunikation mixt sich aus Realitäten, Imaginationen und Fiktionen ihre eigene Wirklichkeit in

---

[10]In seiner „kurzen Geschichte der Menschheit" spricht Harari (2015, S. 37) von einer „kognitiven Revolution", die es möglich macht, „dass wir uns über Dinge austauschen können, die es gar nicht gibt. Soweit wir wissen, kann nur der Sapiens über Möglichkeiten spekulieren und Geschichten erfinden. […] Nur der Mensch kann über etwas sprechen, das gar nicht existiert und noch vor dem Frühstück sechs unmögliche Dinge glauben. Einen Affen würden Sie jedenfalls nie im Leben dazu bringen, Ihnen eine Banane abzugeben, indem Sie ihm einen Affenhimmel ausmalen und grenzenlose Bananenschätze nach dem Tod versprechen."
[11]Vgl. auch Bateson (1985, S. 251).

variablen Mischungsverhältnissen. Serious Games mixen die Anteile anders als Simulationsspiele und ganz anders als Action Adventures.

Es bedarf nicht der Erfahrung der Virtualität, um zu Natascha Adamowskys kritischer Nachfrage zu alten Unterscheidungsmustern zu gelangen.

> „Es erweist sich als fraglich, ob der Versuch einer Grenzziehung nach altem Muster zwischen ‚Sein‘ und ‚Schein‘, ‚fiktiv‘ und ‚real‘, ‚wahr‘ und ‚falsch‘ überhaupt noch erfolgreich sein kann. Vielmehr ist zu überlegen, ob nicht größere Möglichkeiten in Phänomenbeschreibungen liegen, die den Gegensatz von ‚Virtualität‘ versus ‚Realität‘ durch Mischungsgrade dessen ersetzen, was jeweils für das eine und das andere in wechselnden Kontexten gehalten wird.“ (Adamowsky 2000, S. 44)

Unter der Perspektive Fiktionalität wird leicht vernachlässigt, dass Spielen bei aller Scheinhaftigkeit des Als ob und aller Unverbindlichkeit des Tuns innerhalb seiner sozialen Umwelt stattfindet. Das Spiel vermag seinen Eigensinn gegen seine Umwelt durchzusetzen – aber *innerhalb* seiner Umwelt, es kann sich nicht abkoppeln. Wo soll die Ausführung, wo soll das Tun des Tuns als ob herkommen, wenn nicht aus dem gesellschaftlichen Kontext, in dem gespielt wird? Wo soll der Informationsfundus der ludischen Kommunikation liegen, wenn nicht im gesellschaftlichen Wissenshaushalt? Wie könnte das Spiel „der Weg der Kinder zur Erkenntnis der Welt“ (Maxim Gorki) sein, käme die Welt darin nicht vor? Von daher wird das Spiel immer auch ein Spiegel der Gesellschaft sein[12] (siehe unter Abschn. 4.2). „In Spielhandlungen zeigt sich die Art und Weise, wie sich die Gesellschaft organisiert, Entscheidungen trifft, wie sie ihre Hierarchien konstruiert, Macht verteilt, wie sie Denken strukturiert. Sie nehmen Elemente und Strukturen der sozialen Ordnung auf, machen diese sichtbar, verändern sie und wirken auf sie zurück.“ (Gebauer und Wulff 1998, S. 192) Wie sehr das Spiel gegenwärtig gültigen Sinn auch auf die leichte Schulter nehmen, verdrehen, auf den Kopf stellen mag, er bleibt sein Ausgangs- und Ankerpunkt. Das unverbindliche Tun als ob entfaltet sich *im* gesellschaftlichen Sinnhorizont.

Unverbindlich: Als ob nichts gewesen wäre
Außerhalb des Spiels bestehen zwischen verbindlichem und unverbindlichem Verhalten so viele Übergänge wie Grautöne zwischen Weiß und Schwarz. Es variiert stark, inwieweit Personen und Organisationen sich an das gebunden fühlen,

---

[12]Eine Parallele zu Sciene-Fiction zu ziehen, liegt nahe: „Wer glaubt, Science-fiction habe mit der Zukunft zu tun, ist naiv“, steht auf dem Backcover von William Gibsons Romans „Idoru“ (Gibson 1999).

was ihnen als Erwartungen von außen entgegentritt und was sie selbst vorher gesagt und gemacht haben. „Die Bindung der Unverbindlichkeit" (Sander 1998) wird in der Moderne zu einem großen sozialwissenschaftlichen Thema, weil Verhalten weitaus häufiger als in traditionalen Gesellschaften gewählt werden kann – und muss. Dabei werden bestehende Verbindungen gelockert oder gekappt und neue Verbindungen geknüpft, die sozialen Beziehungen flexibilisieren sich (siehe Abschn. 7.2). Aber diese Art der Unverbindlichkeit erzeugt Bindungen, denn mit der Wahl, mit der Entscheidung für das eine und gegen das andere, legt man sich fest. Dirk Baecker hat diesen Aspekt am Beispiel des Dandys George Brayn Brummell (1778–1840) veranschaulicht:

> „Berühmt geworden ist die Geschichte von Beau Brummell, der eines Tages mit seiner Kutsche durch die schottische Seenlandschaft fuhr, an einem Aussichtspunkt ausstieg, sich einen Überblick verschaffte und sich an den hinter ihm stehenden Diener wandte und ihn fragte, ‚Which lake do I prefer', ‚Welcher See gefällt mir am besten?' Eine solche Entscheidung zu treffen, sich festzulegen auf eine Präferenz, geziemte sich nicht für einen wirklichen Herren. Man würde sich ja festlegen, an Spielraum verlieren, für andere erkennbar werden und damit nicht mehr Herr seiner selbst sein." (Baecker 2010, S. 36)

Die Unverbindlichkeit des Spiels bietet die Gelegenheit für sozial folgenloses Erleben *und* Handeln – wenngleich die Tatsache, *dass* jemand spielt, zu einem sozial markierten Umstand werden kann. In letzter Instanz erwächst Verbindlichkeit im sozialen Umgang aus dem gewohnten Sinn, aus gemeinsam geteilten Bedeutungen: Ein Stuhl ist ein Stuhl, kein Eisenbahnwaggon. Er ist ein Artefakt, das wie Sessel und Bänke zum Sitzen, nicht zum Transportieren hergestellt wurde. Für diesen Zweck ist seine Bauweise funktional, er ist ein Mittel, das Gastgeber anbieten können, sofern sie das Ziel haben, dass ihre Gäste sich setzen. Das Spiel braucht sich, wie die Kinder des Gastgebers vielleicht gerade demonstrieren, um den gewohnten Sinn nicht zu kümmern; zum Güterzug umfunktioniert, sind die Stühle anderweitig im Gebrauch. Das Spiel ist nicht an das allgemeine Verständnis gebunden – es wäre allerdings ohne das allgemeine Verständnis nicht existent, es lebt von seiner „Alterität"[13] –, seine Akteure kehren jedoch in

---

[13]Wir übernehmen den Begriff von Freyermuth (2015, S. 304 ff.), wo er jedoch nur für digitale Spiele gebraucht und vor allem nur binär verstanden wird, als ob es zu einem Anderen nur ein einziges Eine geben könne – während wir gerade dafür argumentieren, dieses binäre Denken in Pluralität aufzulösen und das Spiel als ein Anderes unter diversen Anderen zu denken. Tobias Unterhuber (2013) lässt in einem „Gedankensplitter" über „Heterotopie und Spiel – eine Annäherung" eine ähnliche Überlegung anklingen.

der Regel am Ende der Spielzeit zu den gewohnten Bedeutungen zurück, als ob nichts gewesen wäre.

Gebrochene Schläger sind auch noch nach dem Spiel kaputt
Sozial folgenlos heißt nicht, dass das Spielgeschehen nicht für spielexterne Zwecke nutzbar gemacht werden kann, zum Beispiel um zu lernen, um etwas für seine Gesundheit zu tun oder um Geld zu verdienen. Es können hybride Formen entstehen (siehe ausführlich unter Abschn. 6.2 und 6.3), der besonders vieldiskutierte Fall ist das Glücksspiel, das alle Merkmale einer ludischen Aktion aufweist – bis auf die Unverbindlichkeit. Dass seine sozialen Folgen so offensichtlich hervortreten, macht seine Kontrolle zu einem (politischen) Dauerthema.

Sozial folgenlos heißt vor allem nicht, ohne Folgen für physische, psychische, artifizielle Umwelten des Spiels. Der Schläger, der bricht, ist auch nach dem Spiel kaputt. Der Computerspieler, der es zu einem RSI-Syndrom[14] kommen lässt, wird sich als Patient in einer Arztpraxis wiederfinden. Schüler, die nach nächtlichem Daddeln übermüdet und unaufmerksam im Unterricht sitzen, riskieren pädagogische Sondermaßnahmen. Auswirkungen auf die Spielenden beschäftigen die Spieleforschung mehr als alles andere, denn es stellt sich sofort die Anschlussfrage, welche Folgen die physischen und psychischen Wirkungen des Spiels auf das anschließende Verhalten der Akteure außerhalb des Spiels haben. Aber man bekommt seinen Eigensinn nicht in den Blick, wenn das Spiel nicht zunächst unabhängig von den Spielenden, überhaupt unabhängig von seinen Umwelten begriffen wird – auch wenn es ohne diese gar nicht stattfinden könnte.

3.2 Gängige Merkmale des Spiels im theoretischen Licht

Die gängigsten Kennzeichen des Ludischen, die immer wieder Erwähnung finden, sind Zweckfreiheit, Unvorhersehbarkeit, Regelhaftigkeit und Fiktionalität. Sie wurden im Kontext der Entwicklung des Spielbegriffs (vor allem unter Abschn. 2.3) schon kurz angesprochen, im Folgenden sollen sie gründlicher auf unsere Theorie der ludischen Aktion zurückbezogen werden.

---

[14]Repetitive Strain Injury, kurz RSI Sydrom, aus „Mausarm" genannt, bezeichnet Beschwerden im Hand-, Arm-, Schulter und Nackenbereich aufgrund wiederholter Beanspruchung und Belastung.

Zweckfreiheit erschließt sich einerseits unmittelbar. Unverbindliches Tun kann sich nicht an einen Zweck binden, es muss sich wie Spaziergehen oder Wasserplantschen selbst genügen. Die Unverbindlichkeit der ludischen Aktion verträgt sich problemlos damit, dass innerhalb des Spielverlaufs häufig und ganz selbstverständlich Ziele verfolgt, sogar Strategien entwickelt werden. Das generelle Label Zweckfreiheit erzeugt, wenn es nicht unter den Aspekt der Unverbindlichkeit eingeordnet wird, Rechtfertigungsbedarf angesichts des Engagements, sogar der Verbissenheit, mit der nicht selten Spielerinnen und Spieler ihre Ziele zu erreichen versuchen.

Damit Zweckfreiheit so besonders auffällig wird wie im Fall des Spiels, muss andererseits Zwecken und Zielen ein genereller Status der Selbstverständlichkeit zukommen. Wird es als völlig normal angesehen, dass Zwecke verfolgt werden, dann werden Handlungen automatisch zu Mitteln, diese zu erreichen.

> „Wenn der Zweck als vorgestellte Wirkung gedacht wird, macht diese Perspektive das Handeln zum Mittel. Handeln kann dann, wenn man es überhaupt als rational ansieht, nur noch Mittel sein." (Luhmann 1973, S. 16)

Angesichts dieser Normalität wundert man sich dann und steht einigermaßen ratlos vor Handlungen, die offenkundig keine Mittel sind, sich selbst genügen, „zweckfrei" sind. Dass Spielen einen Beigeschmack des Wunderlichen, Verdächtigen nicht los wird, hängt auch mit dieser Schwierigkeit zusammen (von der die Arbeitsgesellschaft tief geprägt ist), zwecklose Handlungen ernst nehmen zu können.

Unvorhersehbarkeit, das ist eine moderne Grunderfahrung, gehört zu den unvermeidlichen Folgen freien Entscheidens. Freiheit und Berechenbarkeit sind nicht gleichzeitig zu haben, wie sehr sich mathematische Spieltheorien und Big-Data-Glaskugeln auch darum bemühen. Nicht nur die Teilnahme beruht auf freier Entscheidung, auch die Ausführung des Spiels hängt – im Rahmen der Regeln – von freien Entscheidungen ab.

> „Wir können nur dann von einem Spiel sprechen, wenn der Spieler über eine autonome Entscheidungsfreiheit verfügt. Er und nur er allein entscheidet [sie auch; Anm. d. Verf.], welche Karte er ausspielt, welche Spielfigur er wohin bewegt oder auf welche Zahl er seinen Einsatz setzt." (Buland 2008, S. 10)

Deshalb kann man nicht wissen, wie es verläuft und wie es ausgeht, deshalb kann aus demselben Aktionsmuster jedes Mal ein anderes Spielgeschehen hervorgehen.

Unvorhersehbarkeit ist kein Alleinstellungsmerkmal des Spiels, aber an ludischen Aktionen fällt die Unvorhersehbarkeit des Verlaufs und Ausgangs besonders auf. Unverbindlichkeit ist nämlich ein Förderprogramm für Risiko, eine schwer abzulehnende Einladung, sich auf Unvorhersehbarkeiten einzulassen, sogar Zufälle als Steigerung der Ungewissheit absichtlich einzubauen und die Spannungsmomente auszukosten, bis sich entschieden hat, wie die Würfel gefallen sind, ob Glück oder Pech, Gelingen oder Scheitern dabei herauskommen.

Regelhaftigkeit sticht wie die Unvorhersehbarkeit – im Vergleich zur Normalität – am Spiel nur stärker hervor, deshalb wird sie als eines seiner Kennzeichen so betont. Spielregeln verlieren ihre Auffälligkeit, wenn man das Spiel als ein Feld sinnhaften Erlebens und Handelns unter anderen versteht. Dann ist nämlich klar, dass die ludische Aktion kein erwartungsfreier Raum sein kann, dass die Erwartungen der Akteure aufeinander abgestimmt werden müssen, wenn Spielen möglich sein soll. Aber es muss über Regeln zugleich gesagt werden, dass sie das Spiel nicht führen, sondern nur reglementieren, „dass sie wesentliche Teile des spielerischen Handelns nicht vorschreiben. Sie definieren das Spiel nicht." (Gebauer 2002, S. 90)

> Nach dem Regelbuch alleine „wäre ein Picknick im Grünen, vorausgesetzt es fände auf einem mindestens 90m langen und 45m breiten Rasenstück mit bestimmten Kreidezeichen und zwei Toren statt, mit 22 Gästen und drei Gastgebern und einem kugelförmigen Lederball in der Mitte nicht von einem Fußballspiel zu unterscheiden." (ebda, S. 89)

Man würde sich sehr wundern, hielte es jemand für ein auffälliges Kennzeichen oder auch nur für bemerkenswert, dass es in der Wirtschaft, im Recht oder in der Medizin Regeln gibt. Unterschiede zwischen ludischen und als normal geltenden Strukturen bestehen darin, dass Strukturen auf anderen gesellschaftlichen Feldern als tiefer verankert, teilweise als unumstößlich, tendenziell sogar als unsichtbar, weil „normal", erlebt werden. Der Entscheidungscharakter von Spielregeln hingegen liegt offen zutage. Die Entscheidungsfreiheit erlaubt zusammen mit der Unverbindlichkeit des Spiels einen souveränen Umgang mit den Regeln und deren Geltung. Die Spielenden können jederzeit gemeinsam – auf die Gemeinsamkeit kommt es an, andernfalls wird man zum Spielverderber – vereinbaren, anders zu spielen, zu unterbrechen oder aufzuhören, es sei denn, das Spiel ist äußeren Zwecken unterworfen, die dadurch missachtet würden (siehe Abschn. 4.3).

„Vergnügtsein heißt Einverstandensein"
Julia Christ (2017) hat nachgezeichnet, wie Theodor W. Adorno die Regelhaftigkeit von Spielen als falsches Spiel ablehnt. „Die Praxis des Spiels, die Adorno positiv setzt, richtet sich eindeutig gegen das Spielen nach Spielregeln." (ebda, S. 285) Wer nach vorgegebenen Regeln spiele, mache sich der bloßen Wiederholung dessen schuldig, was schon da ist.[15] Weil, was schon da ist, für Adorno „das Falsche" war, wird selbst das Befolgen von Spielregeln zu dessen Bestätigung. In dem bekannten Text „Kulturindustrie. Aufklärung als Massenbetrug" aus der 1944 publizierten „Dialektik der Aufklärung" liest es sich beispielsweise so:

> „Vergnügtsein heißt Einverstandensein. Es ist möglich nur, indem es sich gegenüber dem Ganzen des gesellschaftlichen Prozesses abdichtet, dumm macht und von Anbeginn den unentrinnbaren Anspruch jedes Werks, selbst des nichtigsten, widersinnig preisgibt: in seiner Beschränkung das Ganze zu reflektieren. [...] Es ist in der Tat Flucht, aber nicht, wie es behauptet, Flucht vor der schlechten Realität, sondern vor dem letzten Gedanken an Widerstand, den jene noch übriggelassen hat." (Horkheimer und Adorno 1991, S. 153)

Hinter Adornos Kritik steckt ein gutes Gespür dafür, dass Games, also regelgeleitete Spiele, den Willen zu spielen nicht in derselben Weise ausdrücken wie das Play. An Games teilzunehmen, bedient mehr die Konsumseite des Spiels. Ein fertiges Spielmuster wird, durchaus mit Engagement und Fantasie, ausgeführt. Play stellt den Unterschied zur Normalität erst her: „In the beginning, one makes a distinction. This is done in order to play." (Walther 2003) und Play hat viel damit zu tun, diesen Unterschied aufrecht zu erhalten. „Nothing is more disturbing for play than the aggressive intermission of reality which at all times jeopardizes play *as* play or simply threatens to *terminate* the privileges of play. Then it's back to normal life." (ebda) Games nützen den Unterschied und bauen ihn aus, sie bilden den zweiten Schritt, der vergisst, dass es des ersten bedurfte. Im Kern kehren hier die beiden Pole wieder, zwischen denen Caillois das Spiel verortet

---

[15]Auch Walter Benjamin interessiert sich – neben der technischen Reproduzierbarkeit des Spielzeugs (vgl. Benjamin 1972b) – für die innere Tendenz des Spiels, auf Wiederholung zu drängen. „Nicht ein ‚So-tun-als-ob', ein ‚Immer-wieder-tun', Verwandlung der erschütterndsten Erfahrung in Gewohnheit, das ist das Wesen des Spiels. Denn Spiel, nichts sonst, ist die Wehmutter jeder Gewohnheit. Essen, schlafen, anziehen, waschen, müssen dem kleinen zuckenden Balg spielhaft, nach dem Rhythmus begleitender Verschen eingeimpft werden. Als Spiel tritt die Gewohnheit ins Leben, uns in ihr, ihren starrsten Formen noch, überdauert ein Restchen Spiel bis ans Ende." (Benjamin 1972a, S. 131)

hat. Sybille Krämer (2005, S. 2) hat sie nach unserem Verständnis besonders gut charakterisiert:

> „Den einen Pol bezeichnet er mit dem Namen *‚paidia‘:* Dies ist das Prinzip anarchischen Vergnügens, freier Improvisation, überschäumender Lebensfreude und unkontrollierter Phantasie. Den anderen Pol nennt er *‚ludus‘* und versteht darunter die gebieterische Konventionalität, die strenge Regularität, die trainierbare Vollzugskompetenz, die hindernissuchende und -überwindenden Meisterschaft im Spiel."[16]

Indem sie die Differenz zwischen dem ersten und dem zweiten Schritt, also zwischen Play und Game, einebnet und im Wort Spiel aufhebt, macht es die deutsche Sprache Gamern besonders leicht, die Grenzen zur Normalität für befestigt zu halten und sich in der Spielwelt einzurichten. Am Rollenspiel lässt sich nachvollziehen, welcher Aufwand zu betreiben ist, wenn beide Schritte gleichzeitig gemacht werden, eine Story, Charaktere und Skills für unverbindliches Tun als ob erfunden, weiter gesponnen und gegen alle Versuchungen aufrecht erhalten werden, in die Normalität von Raum und Zeit der Spielumwelt auszuweichen, obwohl man in der ludischen Aktion gerade nicht weiter weiß. „Play the game!"

Fiktionalität speist sich aus dem Als ob. Als „eine fiktive Betätigung, die von einem spezifischen Bewusstsein einer zweiten Wirklichkeit oder einer in bezug auf das gewöhnliche Leben freien Unwirklichkeit begleitet wird" (Caillois 1960, S. 16), kann das Spiel charakterisiert werden, weil es im Modus des Tuns als ob ausgeführt wird. Das Als ob bietet die Möglichkeit, Realitäten hinter sich und der Fantasie freien Lauf zu lassen (siehe Abschn. 2.3).

Solche hier besprochenen Merkmale des Spiels gelten generell. Es muss jedoch daran erinnert werden, dass das Verhalten von Personen und die Praxis der Interaktionen *in der Gesellschaft auf der Basis von Normalitätserwartungen* sich vollziehen und das Spiel darin seinen Ausgangspunkt hat. Das heißt, in anderen Gesellschaften mit anderen Normalitäten werden andere Spiele gespielt.

---

[16]George Herbert Mead nutzt die Unterscheidung zwischen Play und Game, um den Prozess der kindlichen Identitätsbildung zu beschreiben. Dabei versteht er Play als „nachahmendes Spiel. Ein Kind spielt ‚Mutter‘, ‚Lehrer‘, ‚Polizist‘; wir sagen, dass es verschiedene Rollen einnimmt […] Wenn wir ein solches Spiel mit der Situation in einem organisierten Spiel, einem Wettkampf, vergleichen, erkennen wir den entscheidenden Unterschied: Das spielende Kind muss hier bereit sein, die Haltung aller in das Spiel eingeschalteten Personen zu übernehmen, und diese verschiedenen Rollen müssen eine definitive Beziehung zueinander haben." (Mead 2013, S. 192 f.)

Wir können die Grundfunktion des Spiels gesellschaftstheoretisch allgemein begreifen, aber wir können nicht sagen, welche ludischen Praktiken ausgeübt und wie sie bewertet werden, ohne zu wissen, mit welcher Gesellschaft wir es zu tun haben. Im vierten Kapitel unter Abschn. 4.2 sprechen wir diese Frage genauer an.

3.3 Die ludische Aktion als pragmatische Paradoxie

Nach dem disziplinierten Abarbeiten gängiger Merkmale öffnen wir den Themenkorridor für freilaufende Gedanken. Funktion des Spiels ist es, so haben wir sie auf den Punkt gebracht, einen sozialen Aktionsraum zu erzeugen, der temporär und räumlich begrenzt unverbindliches Tun als ob im Umgang mit Unerwartetem gestattet. Oder in den Sinndimensionen reformuliert: Der Eigensinn des Spiels liegt darin, dass es *zeitlich,* oft auch *räumlich* klar markiert stattfindet, *sozial* freiwillig und unverbindlich ist, *sachlich* sich um Unerwartetes dreht und dabei so getan wird als ob. Es sagt zu wenig aus über das Spiel, wenn man es erfasst als „das Medium, dessen Leistung darin besteht, einen Korridor in das Außeralltägliche zu öffnen" (Szabo 2018, S. 100). So sehr es gute Laune macht, das Spiel unter eine Theorie des Vergnügens zu subsumieren und mit Oktoberfest und Disneyland gleichzustellen, ein Beitrag zum besseren Begreifen ist es eher nicht. Man kann sich den Eigensinn des Spiels klarer vor Augen führen, wenn man die ludische Aktion als eine pragmatische Paradoxie begreift. Was ist damit gemeint?

Der Rubikon wird nicht überschritten
Überhaupt nichts spricht dafür, dass im Spiel alle Denk-, Sprech- und Handlungsweisen unterbleiben, die außerhalb des Spiels vorkommen. Dafür müssten die Spielerinnen und Spieler sich und ihre Welt für die Spielzeit völlig neu erfinden. Ganz im Gegenteil deutet alles darauf hin, dass der Stoff, aus dem Spiele sind, zunächst aus dem gewohnten Sinn- und Erfahrungshorizont entnommen und für das Spiel umgestaltet wird. Wo normales Verhalten in das Spiel übernommen und dort simuliert wird, muss es in den Modus des unverbindlichen Tuns als ob transformiert werden: „Solange wir nur ‚spielen', überschreiten wir keinen Rubikon – weder im Krieg noch in der Liebe." (Fink 1960, S. 78).

„Innerhalb des Spielrahmens geschieht eine Handlung, die das, was sie darstellt, *ist* und auch wieder *nicht ist.* Ein Kuss im Spiel ist ein Kuss, aber er ist doch nur eine

Spielhandlung – er ist zum einen eine Handlung der Liebe, zum anderen eine Handlung der Nicht-Liebe, nämlich als Handlung eines Schauspiels." (Gebauer und Wulf 1998, S. 193).[17]

Ein gespielter Kuss bindet nicht, ein gespielter Biss bleibt ohne Folgen, er verursacht keine Wunde. Gregory Bateson hat diese Transformation, die sich im Spiel ereignet, besonders gründlich analysiert und zeichentheoretisch reformuliert. Was im Spiel gesagt und getan wird, funktioniert als ein Zeichen, das für etwas Bestimmtes steht und zugleich nicht steht, weil das Bezeichnete nicht so verstanden wird, wie es normalerweise verstanden wird: Gespieltes Beißen sei zugleich Beißen und Nicht-Beißen. Die Aussage „das ist ein Spiel" gewinnt somit „etwa folgendes Aussehen: ‚Diese Handlungen, in die wir jetzt verwickelt sind, bezeichnen nicht, was jene Handlungen, für die sie stehen, bezeichnen würden.' Das spielerische Zwicken bezeichnet den Biss, aber es bezeichnet nicht, was durch den Biss bezeichnet würde." (Bateson 1985, S. 244).

Wo küssen und nicht küssen dasselbe ist
Fritz B. Simon hat den Begriff der pragmatischen Paradoxie erläutert: „Eine Paradoxie entsteht dann, wenn ein Satz gerade dann wahr ist, wenn er falsch ist, und gerade dann falsch, wenn er wahr ist. Eine pragmatische Paradoxie entsteht, wenn dieser Satz eine Handlungsaufforderung ist. Sie wird gerade dann befolgt, wenn sie nicht befolgt wird, und nicht befolgt, wenn sie befolgt wird." (Simon 2007, S. 70) In der ludischen Kommunikation bedeutet die Aufforderung sich zu küssen, gleichzeitig sich küssen sollen und sich nicht küssen sollen; indem die Aufforderung ausgeführt wird, wird sie nicht ausgeführt, und indem sie nicht ausgeführt wird, wird sie ausgeführt. Die Spieler haben kein Problem mit der Paradoxie, sie lösen sie mithilfe der Zeit, indem sie einen Zeitraum definieren, innerhalb dessen paradoxes Verhalten als normal gilt. Statt nur ein Entweder-Oder für möglich zu halten, küssen oder nicht küssen, oder sich in eine Weder-Noch-Haltung zurückzuziehen und in Tatenlosigkeit zu erstarren, schaffen sie einen Rahmen, in dem beides, küssen wie nicht küssen, dasselbe ist, und dieser Rahmen heißt: wir spielen. Für Schauspieler sind pragmatische Paradoxien

---

[17]Jo Wüllner möchte wissen, wie es kommt, „dass so viele Film-Liebespaare nach dem simulierten Sex in den Realitymodus übergewechselt sind." Die ludische Wirklichkeit muss nicht die beste aller Wirklichkeiten sein. Offenbar gibt es Fälle, in denen Realität mehr Spaß macht als Spiel.

Alltag: Die leidenschaftliche Kussszene, die sie auf der Bühne vorführen, ist keine gewesen, sobald der Vorhand fällt.[18] Mithilfe des Spiel-Rahmens wird der Unterschied, der normalerweise nur ein Entweder-Oder oder ein Weder- Noch zulässt, aufgehoben.

> „Wer nicht zwischen links und rechts unterscheidet, sondern beides als Richtung kategorisiert, wird keine Schwierigkeit haben, wenn ihm gesagt wird, er solle nach rechts und nach links gleichzeitig gehen. Was anderen als Widerspruch erscheint, versteht er als Tautologie: ‚Gehe in eine Richtung und gehe gleichzeitig in eine Richtung.‘“ (Siomon 2007, S. 73)

Pragmatische Paradoxien, die für Beobachter des Spiels so schwierig und für Spieler so leicht sind, dürften einer der Gründe sein, weshalb das Spiel öfter als ein „Dazwischen“, als „ein Sich-halten im Zwischen“ (Plessner 1961, S. 104) beschrieben wird.[19] Jesper Juul (2005) hat sich mit der Bezeichnung „Half-Real“ beholfen. Die pragmatische Paradoxie ist auch die Anschlussstelle, an welcher der Teufel ins Spiel kommt. Er ist ein „Super-Spieler“, „er ist im göttlichen Heilsplan der notwendige Zufall, das organisierte Chaos, welche sich in allen Geschwindigkeiten in alle Richtungen – und in keine Richtung – bewegt.“ (Villeneuve 1991, S. 93). Was wir „zum Teufel“ wünschen, „zu diesen Dingen, die wir nicht richtig fassen können und deshalb manchmal loswerden wollen (vor allem, wenn wir mit ihnen konfrontiert sind), gehören die Wechselfälle des Zufalls, die Kontingenz.“ (ebda, S. 83)

Abgrenzungen im Grenzenlosen
Es ist jetzt leicht einzusehen, dass Grenzenlosigkeit im Allgemeinen und klare Grenzziehung im konkreten Fall zwei Seiten des Spiels sind. Der alltagssprachliche Gebrauch der Bezeichnung Grenze legt den Akzent auf den Aspekt der Trennung und vernachlässigt dabei, dass es keiner Grenzziehung bedarf, wo keine

---

[18]Die bunten Illustrierten leben nicht schlecht von Spekulationen, ob die Beteiligten vielleicht so viel Gefallen daran finden, dass sich reale Liebesbeziehungen entwickeln, und wie viel Gefahr für bestehende Beziehungen vom Liebes-Spiel mit anderen Partnern und Partnerinnen ausgeht.

[19]„Auf diese Ambivalenz eines doppelten Zwischen: zwischen Wirklichkeit und Schein, zwischen Binden und Gebundensein reagiert der Mensch – mit Lachen.“ (Plessner 1961, S. 105)

Verbindungen existieren. „Grenzen sind nicht zu denken ohne ein ‚dahinter‘, sie setzen also die Realität des Jenseits und die Möglichkeit des Überschreitens voraus." (Luhmann 1984, S. 52) Funktion der Grenze ist es gerade, existierende, andernfalls begeh- und benutzbare Verbindungen zu unterbrechen. Aufgrund dessen ist es zeitlich, sachlich und sozial generell möglich, in den Verhaltensmodus des unverbindlichen Tuns als ob zu wechseln. Es mag geeignetere Zeitpunkte geben und weniger geeignete, es mag passendere Themen und weniger passende, es mag bereitwilligere und weniger bereitwillige Personen geben – im Prinzip steht dem unverbindlichen Tun als ob nichts im Wege. Allerdings muss es in jedem Einzelfall als solches kenntlich gemacht, die Sinngrenze wahrnehmbar gezogen werden.

Der Zauberkreis-Disput – entzaubert
An dieser Problemkonstellation scheitert die Diskussion um den sogenannten „magic circle": „A broad strokes definition: The magic circle is the idea that a boundary exists between a game and the world outside the game." (Zimmerman 2012). Das Bild des Zauberkreises hat im Kontext der Game Studies größere Debatten ausgelöst. Sich auf Huizinga[20] berufend waren es nicht nur, aber vor allem Katie Salen und Eric Zimmerman (2003), die diese Metapher stark machten.[21] Aus unserer Sicht ist magic circle eine gelungene, wenngleich Aufmerksamkeit heischende Bezeichnung für den einfachen Umstand, dass ein Spiel ohne Ausgrenzung aus dem, was als normal gilt, und ohne Eingrenzung eines eigenen Sinnkorridors kein Spiel wäre. In den Kontroversen über den Zauberkreis wird

---

[20]Die einschlägige Passage lautet: „Auffallender noch als seine zeitliche Begrenzung ist die räumliche Begrenzung des Spiels. Jedes Spiel bewegt sich innerhalb seines Spielraums, seines Spielplatzes, der materiell oder nur ideell, absichtlich oder wie selbstverständlich im voraus abgesteckt worden ist. Wie der Form nach kein Unterschied zwischen einem Spiel und einer geweihten Handlung besteht [...], so ist auch der geweihte Platz formell nicht von einem Spielplatz zu unterscheiden. Die Arena, der Spieltisch, der Zauberkreis, der Tempel, die Bühne, die Filmleinwand, der Gerichtshof, sie sind allesamt der Form und der Funktion nach Spielplätze, d. h. geweihter Boden, abgesondertes, umzäuntes, geheiligtes Gebiet, in dem besondere eigene Regeln gelten." (Huizinga 1956, S. 17)

[21]„I regularly get emails from budding game critics asking me if I think the magic circle ‚really ultimately truly‘ does actually exist. It seems to have become a rite of passage for game studies scholars: somewhere between a Bachelor's Degree and a Master's thesis, everyone has to write the paper where the magic circle finally gets what it deserves." (Zimmerman 2012)

zum einen der Umstand problematisiert, dass Spielhandlungen, Tätigkeiten wie Bisse und Küsse, Bewegungsarten wie Laufen und Springen, Sprachgewohnheiten wie Vokabular und Satzbau, aus normalen Kontexten kommen und deswegen von einem Zauberkreis nicht gesprochen werden dürfe. Zum anderen wird argumentiert, dass sich nichtludischer Sinn in Spiele einmischen könne (das Thema des sechsten Kapitels), so wenn Castranova (2005, S. 151) schreibt, „the existence of external markets makes every good inside the membrane just as real as the goods outside of it". In summa bleibt, aus der Zauberkreis-Kontroverse ist nichts Neues zu lernen.

Das Spiel der Wellen ist kein Spiel der Wellen
Das Spiel darf es sich erlauben, die Grenzen der Normalität zu überwinden, weil und indem es sich selbst Grenzen setzt oder ihm von außen eine Grenze gezogen wird. Nun gibt es einen Ansatz in der Spielforschung, der sich weniger für die Grenze interessiert, die vom Spiel markiert wird, als für das spielerische Überwinden normaler Begrenzungen. Aus dieser Perspektive wird nicht so sehr die limitierte ludische Tätigkeit gesehen, sondern vor allem die spielerische Bewegung. Spiel haben und ein Spiel machen, aus diesem sprachlichen Spielraum, das Verbum spielen transitiv und intransitiv verwenden zu können, wird (nicht nur) von Scheuerl der Schluss gezogen:

> „Nur die jahrhundertelange Gewöhnung, bestimmte Tätigkeitsformen von Subjekten ‚Spiele' zu nennen, verleitet dazu, die im Wortklang mindestens ebenso ‚eigentlich' mitschwingende Anschauung eines reinen Bewegungsphänomens zu überhören." (Scheuerl 1990, S. 118)

Die Improvisationsmöglichkeiten, die sich im Spiel entfalten – „es spielt", „etwas hat Spiel" –, werden hier als eigentliches Wesen des Ludischen gedeutet, das aus der vita activa in die vita contemplativa verlagert und als „ein reines Bewegungsphänomen" aufgefasst wird, „dessen in scheinhafter Ebene schwebende Freiheit und innere Unendlichkeit, Ambivalenz und Geschlossenheit in zeitenthobener Gegenwärtigkeit nur der Kontemplation zugänglich ist." (ebda, S. 126)

Immer unter der Voraussetzung, dass Spielen angemessen begriffen ist als freiwilliger Umgang mit Unerwartetem im Modus eines unverbindlichen Tuns als ob, ist dem Spielverständnis, das es primär von (scheinbar) willkürlichen Bewegungsabläufen her bestimmt, entgegen zu halten: Das Spiel der Wellen ist kein Spiel der Wellen, vielmehr beschreibt ein Beobachter die Wellenbewegungen als Spiel. Die Gegenfrage wäre, was machen Wellen, wenn sie nicht spielen? Um die Verbindlichkeit der Wellenbewegungen zu erfahren, braucht es keinen Tsunami, aufkommender Sturm reicht aus. Eine Schraube spielt nicht, auch wenn sie sich dreht und zulasten ihrer Befestigungsfunktion Spiel hat. Das Lächeln, das um die Lippen spielt, kann gespielt sein, aber es ist nicht das Lächeln, das spielt. Die deutsche Sprache ist sehr großzügig im metaphorischen Gebrauch des Spiels, auch was sich eingespielt hat oder als Beispiel dient, bewegt sich nur im randphänomenalen Bereich des Spiels.

Dennoch haben wir es mit zwei Gesichtern des Spiels zu tun, die, wie oben unter Abschn. 3.2 angesprochen, im Englischen anhand der Unterscheidung zwischen play und game auch benannt werden. Ohne Zweifel basiert play mehr auf frei gewählten Bewegungen, game hingegen mehr auf freien Entscheidungen: Gewinner entscheiden das Spiel für sich, die anderen sind ausgeschieden. Ob bewegen oder entscheiden, beidem vorausgesetzt ist die freiwillige Teilnahme. Ein „reines Bewegungsphänomen" als Spiel zu bezeichnen, mystifiziert – oder, und diese Perspektive verdanken wir einem Gespräch mit Rainer Zech, es drückt sich darin die Anerkennung aus, dass ein Wissenschaftsverständnis, das nichts sehen will außer Kausalitäten und auf seiner Suche nach den Ursachen der Ursachen auf einen aristotelischen unbewegten Beweger vorzustoßen hofft, vielleicht doch nicht das letzte Wort sein muss. An dessen Stelle scheint das Spiel zu treten.

Glasperlenspiele

Wenn man unter diesem Gesichtspunkt liest, fehlt es nicht an Beispielen dafür, dass das Spiel als finaler Bezugspunkt wissenschaftlicher Erkenntnis dient. Ein prominenter Fall ist der Gebrauch der Bezeichnung Spiel bei Jaques Derrida (1989), wenn er in dem Kapitel „Die Struktur, die Zeichen und das Spiel im Diskurs der Wissenschaften vom Menschen" aufgrund der Abwesenheit jeglichen Zentrums sich bezieht auf „eine Art von Nicht-Ort, worin sich ein unendlicher Austausch von Zeichen abspielt" und so „alles zum Diskurs wird" (S. 424) – und genau diesen Nicht-Ort zum Ort des Spiels erklärt. Vergleichbares sagt Stefan Matuschek zum Spielbegriff Martin Heideggers, wenn er schreibt:

„Im Innersten seiner Fundamental-Ontologie, dort, wo Heidegger zur Überwindung der Metaphysik das richtige Verständnis des Seins in eigene, neue Worte fassen will, die vom falschen Denken der Metaphysik befreien sollen, dort kommt er auf das Wort Spiel. Wie das Sein richtig zu denken sei, sagt am Ende der Vorlesung über den *Satz vom Grund* ein Variationswirbel der Formulierungen ‚ins Spiel bringen',

‚aufs Spiel setzen', ‚im Spiel bleiben', ‚mitspielen' und ‚sich in das Spiel fügen'. [...] In Analogie zum Geheimnis des Glaubens spricht Heidegger vom ‚Geheimnis des Spiels'. Das eine Wort wird zum emphatisch beschworenen Mysterium." (Matuschek 1998, S. 7)

Das wirklich Spannende liegt hinter dem Horizont der Spaltung von Geistes- und Naturwissenschaften. Albert Einstein werden unter vielen anderen diese beiden Zitate zugeschrieben: „Spiel ist die höchste Form der Forschung" und „Gott würfelt nicht": Forschung soll sich auf das Zufällige, auf das Unerwartete einstellen, während die Welt, die sie erforscht, als geordnete, Kausalitäten und Gesetzen folgende unterstellt wird. Den offenkundigen Widerspruch zwischen Methode und Gegenstand aufzulösen, dafür scheint auf allen Seiten der Wissenschaft die Bereitschaft zu wachsen – zugunsten des Würfelns oder des Glasperlenspiels, um den thematisch hier passenden Roman Hermann Hesses (2002) nicht zu vergessen.

Kinder trifft zunächst so gut wie alles unerwartet
Zurück auf alltägliches Terrain: Die Frage an Entwicklungspsychologen ist berechtigt, ab wann ein Kind spielt und bis wann es nur macht, was es eben macht („mit Essen spielt man nicht") als ein sich bewegendes Lebewesen, das den Unterschied zwischen Spielen und verbindlich-eindeutigem Tun noch nicht lernen musste.[22] „Und man muss die Kinderklapper des Archytas als eine gute Erfindung anerkennen, welche man den kleinen Kindern gibt, damit sie, mit ihr beschäftigt, keines von den Hausgeräten zerbrechen", schreibt Aristoteles (1968, S. 279) im vierten vorchristlichen Jahrhundert. Die besonders schöne Schilderung eines noch nicht erkannten Unterschieds zwischen verbindlichem Tun und unverbindlichem Tun als ob findet sich bei Goethe:

„Es war eben Topfmarkt gewesen, und man hatte nicht allein die Küche für die nächste Zeit mit solchen Waren versorgt, sondern auch uns Kindern dergleichen Geschirr im kleinen zu spielender Beschäftigung eingekauft. An einem schönen Nachmittag, da alles ruhig im Hause war, trieb ich im Geräms mit meinen Schüsseln und Töpfen mein Wesen, und da weiter nichts dabei herauskommen wollte, warf ich ein Geschirr auf die Straße und freute mich, daß es so lustig zerbrach. Die von Ochsenstein, welche sahen, wie ich mich daran ergötzte, daß ich so gar fröhlich in die Händchen patschte, riefen: Noch mehr! Ich säumte nicht, sogleich einen Topf, und auf immer fortwährendes Rufen: Noch mehr! nach und nach sämtliche

---

[22] Ähnlich argumentiert Weh (2010, S. 102 f.).

Schüsselchen, Tiegelchen, Kännchen gegen das Pflaster zu schleudern. Meine Nachbarn fuhren fort, ihren Beifall zu bezeigen, und ich war höchlich froh, ihnen Vergnügen zu machen. Mein Vorrat aber war aufgezehrt, und sie riefen immer: ‚Noch mehr!' Ich eilte daher stracks in die Küche und holte die irdenen Teller, welche nun freilich im Zerbrechen noch ein lustigeres Schauspiel gaben; und so lief ich hin und wider, brachte einen Teller nach dem andern, wie ich sie auf dem Topfbrett der Reihe nach erreichen konnte, und weil sich jene gar nicht zufrieden gaben, so stürzte ich alles, was ich von Geschirr erschleppen konnte, in gleiches Verderben. Nur später erschien jemand, zu hindern und zu wehren. Das Unglück war geschehen, und man hatte für so viel zerbrochene Töpferware wenigstens eine lustige Geschichte, an der sich besonders die schalkischen Urheber bis an ihr Lebensende ergötzten". (Goethe 1954, S. 12)

Dass Kinder und Spiele in einem Atemzug genannt werden, liegt an den Aspekten des Umgangs mit Unerwartetem und der Unverbindlichkeit. Kinder sind zunächst nicht sozialisiert, sie bilden Erwartungen erst nach und nach aus, sie trifft zuerst praktisch alles unerwartet. Ihr Verhalten ist in höchstem Maße Umgang mit Unerwartetem[23] und erweist sich aus einer Ex-post-Perspektive in der Tat als Probehandeln, das sich, ganz wie es Donald Winnicott analysiert und beschrieben hat, in Möglichkeitsräumen entfaltet. Überhaupt hat Winnicott, darauf hat uns Andreas Galling-Stiehler hingewiesen, in seinen Analysen der Mutter-Kind-Beziehung den „Spielraum" des Kindes anschaulich beschrieben. „Das spielende Kind lebt in einem Bereich, den es einfach nicht verlassen kann und in den es Übergriffe nicht einfach zulassen kann. [...] Beim Spielen bedient sich das Kind äußerer Phänomene im Dienste des Traumes und besetzt ausgewählte äußere Phänomene mit Traumbedeutung und Gefühl." (Winnicott 1987, S. 63)[24]

Aus der erwachsenen Alltagsperspektive wird kindliches Verhalten oft als unverbindlich, als „unmündig", als nicht ernst wahrgenommen. Pädago-

---

[23]„Die erste Haupteintheilung in der folgenden Darstellung ergibt sich nun daraus, dass ich zwischen solchen Trieben unterscheide, durch deren Einübung das Individuum zunächst einmal die Herrschaft über seinen eigenen psychophysischen Organismus gewinnt, ohne dass dabei schon die Rücksicht auf sein Verhalten zu anderen Individuen im Vordergrund stände, und solchen Trieben, die gerade darauf ausgehen, das Verhalten des Lebewesens zu anderen Lebewesen zu regeln." (Groos 1899, S. 6)

[24]Winnicott hat diesen Möglichkeitsraum auch verallgemeinert: „Ich halte es für sinnvoll, im menschlichen Leben einen dritten Bereich anzunehmen, der weder im einzelnen noch in der äußeren Welt der erlebbaren Realität liegt. Dieser dritte Lebensbereich ist nach meiner Auffassung durch ein schöpferisches Spannungsfeld gegeben." (ebda, S. 127) Hier rückt die Psychologie sehr nahe an die Soziologie heran.

gik instrumentalisiert das Spiel (siehe Abschn. 6.2), um dem Nachwuchs das Unerwartete abzugewöhnen, indem sie Kinder anhält, Praktiken zunächst unverbindlich zu imitieren und zu fingieren, Verhalten an Normalerwartungen auszurichten und dabei dann auch Spiel und Normalverhalten unterscheiden zu lernen.

3.4　Ohne Spiel keine Normalität oder ohne Normalität kein Spiel?

Begonnen hatten wir (unter Abschn. 2.1) mit dem Verweis auf die elementare Herangehensweise an das Spiel. Dieser Zugang wird von einigen Autoren radikalisiert hin zu Vorstellungen, die dem Spiel den Status des Menschseins an und für sich verleihen. Wie stellt sich diese Auffassung dar, wenn Spielen als Umgang mit Unerwartetem im Modus eines unverbindlichen Tuns als ob begriffen wird? In der Zuschreibung, die darauf hinausläuft, das Spiel zum eigentlichen Sinn des Lebens zu küren, drückt sich im Lichte dieses Spielbegriffs eine Überinterpretation aus, die sich davon verzaubern lässt, dass das Spiel sich vom Alltag emanzipiert, die Grenzen der Normalität auf selbst bestimmte Weise sprengt, Utopien Raum gibt – aber eben nur unverbindlich und im Modus des Als ob. Auszeichnungen und Bewertungen des Spiels, die es zur Grundlage des Menschseins, Grundgegebenheit des Lebens, primären Lebensäußerung machen, blenden aus, dass ein als normal verstandene Sozialität Voraussetzung, nicht Folge des Spiels ist. So formuliert zum Beispiel Friedrich Krotz (2009, S. 37): „Spielen ist, wie es Huizinga postuliert und detailliert begründet, die Basis für das Entstehen von Kultur und ihren Ausdifferenzierungen – hier werden Handlungssysteme erprobt, Probleme gelöst, Sinn produziert, Gewohnheiten und Traditionen geschaffen."[25] Aber Probleme lösen, Sinn produzieren, Gewohnheiten und Traditionen schaffen, das findet auch jenseits des Spiels überall und jederzeit in allen Sozialräumen statt und trägt zusammen genommen nicht weniger, sondern weit mehr zum Entstehen von Kultur bei als das Spiel alleine. Peter Schnyder argumentiert stärker:

---

[25]So wird Huizingas Spielverständnis typischer Weise zusammengefasst – eine vielleicht zu einseitig zugespitzte Darstellung. „Spiel ist nicht das ‚gewöhnliche‘ oder das ‚eigentliche‘ Leben. Es ist vielmehr das Heraustreten aus ihm in eine zeitweilige Sphäre von Aktivität mit einer eigenen Tendenz." (Huizinga 1956, S. 15) Man kann nur aus etwas heraustreten, was schon da ist, das heißt, Spielen wird hier nicht als Primär-, sondern als Sekundärphänomen beschrieben.

„Huizinga verabsolutiert auf problematische Art und Weise einen historisch kontingenten Arbeits- und Nützlichkeitsbegriff. Er stellt Arbeit und Spiel sowie Nützlichkeit und Spiel einander gegenüber. Zugleich argumentiert er, dass das Spiel am Ursprung der ganzen Kultur steht. Kultur entsteht bei ihm aus dem Spiel. Daraus ergibt sich ein Widerspruch. Man kann ja die Definition des Spiels nicht auf einer Abgrenzung von Nützlichkeit und Arbeit aufbauen und zugleich auf einen Ursprung zurückgehen, an dem das Ganze offensichtlich noch unvermischt ist." (Schnyder und Strouhal 2010, S. 170)

Auf einer höheren Abstraktionsebene formuliert Dirk Baecker: „Im Spiel konstituiert sich Sozialität als Reflexion auf sich selbst als das andere ihrer selbst. Im Spiel wird Sozialität als sie selbst erfahren, nämlich als kontingent, was soviel heißt wie: weder nötig noch unmöglich, oder anders; gegeben, aber abwendbar." (Baecker 1993, S. 154) Wenn nicht gemeint ist, dass Sozialität abwendbar sei, sondern damit gesagt wird, dass Sozialität in ihren jeweiligen Formen veränderbar ist, ist dem gut zu folgen. Sozialität in irgendeiner Normalform, diese Position wollen wir stark machen, ist der Möglichkeit zu spielen vorausgesetzt.

Ohne Graubrot keine Torte
Sozialität mag aus den Freiräumen kommen, die dessen Natur dem Menschen lässt und die er dazu nutzt, sein Zusammenleben zu Kultur zu verdichten. So verstanden, macht die Behauptung Sinn, dass Menschen, bei ihrer Geburt hilflos zappelnde und unverständlich schreiende Wesen, frei geboren sind. Doch dieser Verdichtungsprozess ist keineswegs nur Spiel, er ist Probehandeln, aber in hohem Maße verbindliches, kontinuierliches und keineswegs freiwilliges. Erst etablierte Normalität löst Motive aus, sich, zeitlich und örtlich begrenzt, aus ihr zu befreien. Ohne Graubrot keine Torte, ohne (irgendeine) Normalität kein Spiel. Nur wer auf dem gefestigten Boden eines normalen Lebens steht, wie immer dieses Gewohnte und Bewohnte auch aussehen mag, kann beginnen zu spielen. Wenn das geklärt ist, darf begonnen werden, nach Rückwirkungen des Spielens auf soziale Evolution zu fragen und über die Erklärungskraft unterschiedlicher Antworten zu streiten. Die grundsätzliche Umkehrung des Verhältnisses, die dem Ludischen den sozialen Primat zuschreibt, erscheint hingegen als eine Verklärung des Spiels durch diejenigen, die mehr wollen als die gerade gegebenen Möglichkeiten eines normalen Lebens. Wir sehen uns auf deren Seite, teilen aber nicht deren Funktionsbeschreibung des Spiels. Gewiss kann das Spiel mit Dirk Baecker als *früheste* Form reflexiver Sozialität verstanden werden; wäre es die *einzige,* zöge die Soziologie besser aus den Universitäten aus und in Kindergärten um.

Die Sichtweise, den sozialen Primat auf das Spiel zu legen, hat der Philosoph Helmuth Plessner zu Ende gedacht: „Die Wissenschaft fragt nicht: warum ist das Leben ernst, sie fragt: warum spielt es? Und die seltenen Versuche, das Spiel zur Basis zu nehmen und die Gedrücktheit des Daseins als den Verlust seiner ursprünglichen Leichtigkeit, einer im Grund immer noch möglichen Spielfreiheit aufzufassen, nimmt sie nicht ernst." (Plessner 1934, S. 8) Daraus der Wissenschaft *keinen* Vorwurf zu machen, bedeutet nicht, jedenfalls nicht notwendiger Weise, dem real existierenden Ernst eine Bestandsgarantie auszustellen.

Literatur

Adamowsky, N. (2000). *Spielfiguren in virtuellen Welten*. Frankfurt a. M.: Campus.

Aristoteles. (1968). *Politik*. O. O.: Rowohlt.

Arlt, F., & Arlt, H.-J. (2013). Der Siebenhürdenlauf erfolgreicher Kommunikation. In G. Bentele, M. Piwinger & G. Schönborn (Hrsg.), *Kommunikationsmanagement. Strategien, Wissen, Lösungen* (Loseblattwerk, Art.-Nr. 2.53, S. 1–28). Köln: Luchterhand.

Baecker, D. (1993). Das Spiel mit der Form. In Ders. (Hrsg.), *Probleme der Form* (S. 148–158). Frankfurt a. M.: Suhrkamp.

Baecker, D. (2010). Wie in einer Krise die Gesellschaft funktioniert. *Revue für postheroisches Management, 7*, 30–43.

Bateson, G. (1985). *Ökologie des Geistes*. Frankfurt a. M.: Suhrkamp.

Baudrillard, J. (1978a). *Kool Killer oder Der Aufstand der Zeichen*. Berlin: Merve.

Baudrillard, J. (1978b). *Agonie des Realen*. Berlin: Merve.

Benjamin, W. (1972a). Spielzeug und Spielen. In Ders. (Hrsg.), *Kritiken und Rezensionen* (Gesammelte Werke Bd. III, S. 127–132). Frankfurt a. M.: Suhrkamp (Erstveröffentlichung 1928).

Benjamin, W. (1972b). Kulturgeschichte des Spielzeugs. In Ders. (Hrsg.), *Kritiken und Rezensionen* (Gesammelte Werke Bd. III, S. 113–117). Frankfurt a. M.: Suhrkamp (Erstveröffentlichung 1928).

Buland, R. (2008). Die Kultur des Spiels – Einige Aspekte zur Einführung. In Badisches Landesmuseum Karlsruhe (Hrsg.), *Volles Risiko! Glücksspiel von der Antike bis heute* (S. 10–12). Karlsruhe: Badisches Landesmuseum.

Buytendijk, F. J. J. (1933). *Wesen und Sinn des Spiels*. Berlin: Kurt Wolff.

Caillois, R. (1960). *Die Spiele und die Menschen. Maske und Rausch*. Stuttgart: Carl E. Schwab.

Cassirer, E. (1996). *Versuch über den Menschen. Einführung in eine Philosophie der Kultur*. Hamburg: Meiner Felix Verlag (Erstveröffentlichung 1944).

Castranova, E. (2005). *Synthetic worlds: The business and culture of online games*. Chicago: University of Chicago Press.

Christ, J. (2017). *Kritik des Spiels – Spiel als Kritik. Adornos Sozialphilosophie heute*. Baden-Baden: Nomos.

Derrida, J. (1989). *Die Schrift und die Differenz*. Frankfurt a. M.: Suhrkamp (Erstveröffentlichung 1972).

Fink, E. (1960). *Spiel als Weltsymbol*. Stuttgart: Kohlhammer.

Foucault, N. (1978). *Dispositive der Macht. Über Sexualität, Wissen und Wahrheit*. Berlin: Merve.

Freyermuth, G. S. (2015). Der Weg in die Alterität. Skizze einer historischen Theorie digitaler Spiele. In B. Beil, G. S. Freyermuth & L. Gotto (Hrsg.), *New Game Plus. Perspektiven der Game Studies. Genres – Künste – Diskurse* (S. 303–355). Bielefeld: transcript.

Galling-Stiehler, A. (2017). *Tagtraumhaftes Heldentum. Psychoanalytische Lesarten der Auftragskommunikation*. Wiesbaden: Springer.

Gebauer, G. (2002). Wie regeln Spielregeln das Spiel? In Ders. (Hrsg.), *Sport in der Gesellschaft des Spektakels* (S. 89–95). Sankt Augustin: Academia.

Gebauer, G., & Wulf, C. (1998). *Spiel, Ritual, Geste: mimetisches Handeln in der sozialen Welt*. Reinbek b. Hamburg: Rowohlt.

Gibson, W. (1999). *Idoru*. München: Heyne.

Goethe, J. W. (1954). *Aus meinem Leben. Dichtung und Wahrheit* (Gesammelte Werke Bd. 6). Gütersloh: Bertelsmann (Erstveröffentlichung 1811–1814).

Groos, K. (1899). *Die Spiele der Menschen*. Jena: Gustav Fischer.

Harari, Y. N. (2015). *Eine kurze Geschichte der Menschheit*. München: Pantheon.

Hesse, H. (2002). *Das Glasperlenspiel: Versuch einer Lebensbeschreibung des Magister Ludi Josef Knecht samt Knechts hinterlassenen Schriften*. Frankfurt a. M.: Suhrkamp (Erstveröffentlichung 1943).

Horkheimer, M., & Adorno, T. W. (1991). *Dialektik der Aufklärung*. Frankfurt a. M.: Fischer (Erstveröffentlichung 1944).

Huizinga, J. (1956). *Homo Ludens. Vom Ursprung der Kultur im Spiel*. Reinbek: Rowohlt (Erstveröffentlichung 1938).

Iser, W. (1991). *Das Fiktive und das Imaginäre. Perspektiven literarischer Anthropologie*. Frankfurt a. M.: Suhrkamp.

Juul, J. (2005). *Half-real: Video games between real rules and fictional worlds*. Cambridge: Mit Press.

Kolb, M. (1990). *Spiel als Phänomen – Das Phänomen Spiel*. Sankt Augustin: Academia.

Krämer, S. (2005). Die Welt – ein Spiel? Über die Spielbewegung als Umkehrbarkeit. http://userpage.fu-berlin.de/~sybkram/media/downloads/Die_Welt_-_ein_Spiel.pdf. Zugegriffen: 17. Sept. 2018.

Krotz, F. (2009). Computerspiele als neuer Kommunikationstypus: Interaktive Kommunikation als Zugang zu komplexen Welten. In T. Quandt, J. Wimmer & J. Wolling (Hrsg.), *Die Computerspieler. Studien zur Nutzung von Computergames* (S. 25–40). Wiesbaden: VS.

Luhmann, N. (1971). Sinn als Grundbegriff der Soziologie. In J. Habermas & N. Luhmann (Hrsg.), *Theorie der Gesellschaft oder Sozialtechnologie – Was leistet die Systemforschung?* (S. 25–100). Frankfurt a. M.: Suhrkamp.

Luhmann, N. (1973). *Zweckbegriff und Systemrationalität*. Frankfurt a. M.: Suhrkamp.

Luhmann, N. (1984). *Soziale Systeme*. Frankfurt a. M.: Suhrkamp.

Luhmann, N. (1997). *Die Gesellschaft der Gesellschaft*. Frankfurt a. M.: Suhrkamp.

Matuschek, S. (1998). *Literarische Spieltheorie. Von Petrarca bis zu den Brüdern Schlegel*. Heidelberg: Universitätsverlag C. Winter.

Mead, G. H. (2013). *Geist, Identität und Gesellschaft*. Frankfurt a. M.: Suhrkamp (Erstveröffentlichung 1934).

Neuenfeld, J. (2005). *Alles ist Spiel. Zur Geschichte der Auseinandersetzung mit einer Utopie der Moderne.* Würzburg: Königshausen & Neumann.

Ortmann, G. (2004). *Als Ob. Fiktionen und Organisationen.* Wiesbaden: VS Verlag.

Plessner, H. (1934). *Das Geheimnis des Spielens. In Geistige Arbeit, Nr. 17, Ausgabe vom 5. 9. 1934,* Berlin: du Gruyter.

Plessner, H. (1961). *Lachen und Weinen. Eine Untersuchung nach den Grenzen menschlichen Verhaltens.* Bern: Francke.

Salen, K., & Zimmerman, E. (2003). *Rules of play: Game design fundamentals.* Cambridge: MIT Press.

Sander, U. (1998). *Die Bindung der Unverbindlichkeit. Mediasierte Kommunikation in modernen Gesellschaften.* Frankfurt a. M.: Suhrkamp.

Saussure, F. de (1967). *Grundfragen der allgemeinen Sprachwissenschaft.* Berlin: de Gruyter (Erstveröffentlichung 1931).

Scheuerl, H. (1990). *Das Spiel. Untersuchungen über sein Wesen, seine pädagogischen Möglichkeiten und Grenzen* (Bd. 1). Weinheim: Beltz (Erstveröffentlichung 1954).

Schmidt, S. J. (2003). *Kognitive Autonomie und soziale Orientierung. Konstruktivistische Bemerkungen zum Zusammenhang von Kognition, Kommunikation, Medien und Kultur.* Münster: LIT.

Schnyder, P., & Strouhal, E. (2010). „Die probalistische Revolution hat am Spieltisch begonnen". Ein Gespräch. In U. Schädler & E. Strouhal (Hrsg.), *Spiel und Bürgerlichkeit. Passagen des Spiels I* (S. 167–182). Wien: Springer.

Schulz, J. (2014). Faktisch – praktisch – gut. Kulturkritik als Verbraucherschutz. In A. Galling-Stiehler, E. von Haebler, F. Hickmann & J. Schulz (Hrsg.), *Als Ob. Produktive Fiktionen* (S. 172–177). Berlin: Ästhetik & Kommunikation.

Simon, F. B. (2007). Management von Paradoxien. *Revue für postheroisches Management, 1*(07), 68–75.

Steinig, W. (2006). *Als die Wörter tanzen lernten. Ursprung und Gegenwart von Sprache.* Heidelberg: Springer Spektrum.

Szabo, S. (2018). *Ausseralltägliche Welten. Oktoberfest, Disneyland, Computerspiele. Sozioanalyse des Vergnügens.* Marburg: Büchner.

Thiedecke, U. (2010). Spiel-Räume: Kleine Soziologie gesellschaftlicher Exklusionsbereiche. In C. Thimm (Hrsg.), *Das Spiel: Muster und Metapher der Mediengesellschaft* (S. 17–32). Wiesbaden: VS Verlag für Sozialwissenschafen.

Unterhuber, T. (2013). Heterotopie und Spiel – eine Annäherung. In Paidia. Zeitschrift für Computerspielforschung. http://www.paidia.de/heterotopie-und-spiel-eine-annaherung/.

Vaihinger, H. (1982). *Die Philosophie des Als-ob: System der theoretischen, praktischen und religiösen Fiktionen der Menschheit auf Grund eines idealistischen Positivismus; mit einem Anhang über Kant und Nietzsche.* Aalen: Scientia (Erstveröffentlichung 1911).

Villeneuve, J. (1991). Der Teufel ist ein Spieler oder: Wie kommt ein Eisbär an die Adria? In H. U. Gumbrecht & K. K. Pfeiffer (Hrsg.), *Paradoxien, Dissonanzen, Zusammenbrüche. Situationen offener Epistemologie* (S. 83–95). Frankfurt a. M.: Suhrkamp.

Walther, B. K. (2003). Playing an gaming. Reflections and classifications. In *Game studies* (Bd. 3, Ausgabe 1). http://gamestudies.org/0301/walther/. Zugegriffen: 30. Juli 2019.

Weh, I. (2010). Limitierte symbolische Generalisierungen als Merkmal des Spiels – eine Studie zur Unterscheidung rekursiver Erwartungen in Spiel- und Alltagshandlungen.

Dissertation TU Chemnitz. https://monarch.qucosa.de/api/qucosa%3A19435/attachment/ATT-0/. Zugegriffen: 11. Aug. 2019.

Winnicott, D. W. (1987). *Vom Spiel zur Kreativität*. Stuttgart: Klett-Cotta.

Wittgenstein, L. (1984). Philosophische Untersuchungen. In Ders. (Hrsg.), *Tractatus logico-philosophicus. Tagebücher 1914–1916. Philosophische Untersuchungen* (Werkausgabe Bd. 1, S. 225–580). Frankfurt a. M.: Suhrkamp.

Zimmerman, E. (2012). Jerked around by the magic circle – Clearing the air ten years later. In *Gamasutra*, February 7, 2012. https://www.gamasutra.com/view/feature/135063/jerked_around_by_the_magic_circle_.php. Zugegriffen: 15. März 2019.

Funktionswandel und Variationen des Spiels

4

Zusammenfassung

Für die grenzenlose Variationsbreite des Spiels stellt sich die Aufgabe, ihr sowohl in historischer als auch in systematischer Perspektive gerecht zu werden. In der historischen Dimension werden, unterlegt mit Einzelbeispielen, Orientierungshinweise zum Funktionswandel des Spiels gegeben. Dabei wird die Konstruktion übernommen, Gesellschaftsgeschichte in die vier Formationen tribal, ständisch, modern, digital einzuteilen. In seinem Umgang mit Unerwarteten fungiert das Spiel in der Stammesgesellschaft primär als *Schutz.* Für die Oberschicht der Ständegesellschaft ist es ein *Kokettieren* mit der festgefügten Ordnung, für die Unterschicht ein *Rückzugsort.* In der Moderne wird das Spiel zur *Einladung,* mit Unerwartetem umzugehen. In der digitalen Gesellschaft *eskaliert* es die virtuelle *Verwirklichung* des Unerwarteten. In systematischer Perspektive werden drei Grunddifferenzierungen ludischer Aktionen herausgearbeitet, das Spielen mit sich selbst, mit Anderen sowie mit Themen, Zeichen und Medien, wobei unterschieden wird zwischen Dingmedien, natürlichen und artifiziellen, Erfolgsmedien wie Macht und Liebe sowie Verbreitungsmedien wie Sprache, Schrift und Funk. Exkurse zu Sport, Kunst und Technik ergänzen die Systematik.

„Da Spiel in schlechthin allen Bereichen auftauchen kann, müsste man, um einen Grundriss aller menschlichen Spielmöglichkeiten zu gewinnen, einen Grundriss des gesamten menschlichen Lebens zeichnen." (Scheuerl 1990, S. 126)

Versucht man, sich das Handlungsrepertoire eines Menschenlebens im Mitteleuropa des beginnenden 21. Jahrhunderts vorzustellen, vergegenwärtigt man sich dann, dass im Prinzip jede Handlung auch in eine ludische Aktion verwandelt,

© Springer Fachmedien Wiesbaden GmbH, ein Teil von Springer Nature 2020   77
F. Arlt und H.-J. Arlt, *Spielen ist unwahrscheinlich,*
https://doi.org/10.1007/978-3-658-29107-5_4

also mit Unerwartbarkeiten aufgeladen und im Sinn des unverbindlichen Tuns als ob ausgeführt werden könnte, und nimmt schließlich noch zur Kenntnis, dass im Spiel weitaus mehr Handlungen möglich sind als im Rahmen normalen Verhaltens innerhalb der verschiedenen gesellschaftlichen Bereiche – dann bekommt man eine Ahnung von der potenziellen Vielfalt des Spiels.

Für die Variationsbreite ludischer Aktionen stellt sich die Mammutaufgabe, ihr sowohl in historischer als auch in systematischer Perspektive gerecht zu werden. Dafür können *Orientierungshinweise* auf der Basis des vorgelegten Spielbegriffs gegeben werden, der es als freiwilligen, zeitlich, oft auch räumlich markierten, immer wieder neuen Umgang mit Unerwartetem im Modus eines unverbindlichen Tuns als ob modelliert. Eine Gesamtdarstellung, was immer das heißen mag, ist nicht zu leisten. Historisch soll der Funktionswandel des Spiels anhand einer Konstruktion nachgezeichnet werden, die Gesellschaftsgeschichte in die vier Formationen tribal, ständisch, modern, digital einteilt. Systematisch werden anschließend drei Grunddifferenzierungen ludischer Aktionen herausgearbeitet, nämlich erstens das Spielen mit sich selbst, zweitens mit Anderen sowie drittens mit Themen, Zeichen und Medien; beim Spiel mit Medien wird zwischen Erfolgs-, Ding- und Verbreitungsmedien unterschieden.

4.1 Ludische Aktionsvielfalt, historisch und systematisch

> „Keine Katze hat zwei Schwänze. Eine Katze hat einen Schwanz mehr als keine Katze. Also hat eine Katze drei Schwänze." (Vielzitierte Logelei)

Auf dem Abstraktionsniveau, auf dem Funktion und Eigensinn der ludischen Aktion aus der sozialen Interaktion entwickelt wurden, erfährt man nichts über die Vielfalt des Spiels, nur etwas darüber, dass das Aktionsspektrum tendenziell unbegrenzt ist. Es ist auf dieser Analyseebene noch nicht zu sehen, was in Sachen Spiel alles möglich ist, in welchen Variationen es auftritt, woran teilgenommen und was ausgeführt werden kann. Mannigfaltige Teilnahmemöglichkeiten am Spiel haben sich auch in vormodernen Zeiten geboten. Es liegen zahlreiche historische Beschreibungen darüber vor, welche Spiele zum Beispiel im morgenländischen Kulturraum, in der griechischen und römischen Antike, im Mittelalter, in Renaissance, Barock und Rokoko beliebt waren.[1]

---

[1]Groos (1899), Hagemann (1919), Väterlein (1976), Fittà (1998), Hartung (2003) und Puk (2014).

„Für die Spieltheoretiker war die Frage, wie die Fülle der Erscheinungen zu gliedern sei, schon immer ein methodisches Kernproblem" (Scheuerl 1990, S. 126), allerdings „macht sich unter den neueren Spieltheoretikern allen Klassifizierungsversuchen gegenüber eine gewisse Resignation bemerkbar" (ebda, S. 129). Die empirisch beobachtbaren Spielaktionen werden nach *Großfamilien* unterschieden wie analoge oder digitale Spiele, wie „paida, die Tumult und Ausgelassenheit", oder „dem ludus, der Berechnung und Kombination" (Caillois 1960, S. 41) ist; zudem werden sie in *Gattungen* aufgeteilt wie Bewegungsspiele, Leistungsspiele, Spiele mit Darstellungscharakter, Spiele mit Schaffenscharakter (Scheuerl 1990, S. 131 ff.) oder mit Caillois (ebda, S. 19 f.) in vier Hauptrubriken, „je nachdem, ob innerhalb des jeweiligen Spiels das Moment des Wettkampfs, des Zufalls, der Maskierung oder des Rausches vorherrscht. Ich bezeichne sie als Agon, Alea, Mimicry und Ilinx"; und sie werden nach *Arten* aufgelistet wie Wort-, Rate-, Karten-, Brett-, Ball-, Geduld-, Tanz-, Hüpf-, Versteck-, Zauberspiele (vgl. Gööck 1964).

Spiele im Wandel
Nähere Begründungen für die Auswahl der Kategorien, anhand deren unterschieden wird, bleiben meist aus. „In dem einen Fall nimmt man das Instrument des Spiels als Kriterium der Einteilung, in einem anderen die hauptsächliche Eigenschaft, die das Spiel erfordert, in einem dritten Fall geht man von der Anzahl der Spieler und der Atmosphäre der Partie aus [...]" (Caillois, S. 18). Die Kategorien machen gleichwohl irgendwie Sinn, eine gewisse Plausibilität liegt auf der Hand, real existierende Spiele lassen sich zuordnen.

In der Literatur findet sich die häufige und durchgehend akzeptierte Betrachtungsweise, dass in anderen Kulturen andere Spiele vorkommen (Huizinga 1956, S. 166 ff.; Sutton-Smith 1978, S. 103 ff.) sowie gleiche Spielmuster adaptiert und modifiziert werden. Für „die Revolution der Kartenspiele" zum Beispiel empfiehlt Thierry Depaulis „eine handliche Periodisierung: von 1400 bis 1600 simple Kombinationsspiele, die weitgehend auf Wetten beruhen; von 1600 bis 1800 das Aufkommen einer bedeutenden Zahl von strategischeren Stichspielen; ab 1800 Zunahme der Typen oder Klassen und immer komplexere Regeln." (Depaulis 2010, S. 162; vgl. auch Sackson 1986)

Gerade für Adaptionen gibt es viele historische Beispiele, die, theoretisch gesehen, das asymmetrische Verhältnis von Normalität und Spiel (siehe Abschn. 3.4) belegen. Alle Entgrenzungen der ludischen Aktion finden *in* den Grenzen der Gesellschaft statt, in der gerade gespielt wird. Wie sehr man das den Spielen ansieht, wissen Ethnographie und Kultursoziologie in „dichten Beschreibungen" (Geertz 1987) zu berichten.

„In der Antike ist das Mühlebrett ein Labyrinth, auf dem man einen Stein, das heißt die Seele, zum Ausgang hin stößt. Mit dem Christentum streckt und vereinfacht sich die Zeichnung. Sie reproduziert den Plan einer Basilika, denn es geht darum, die Seele in Form des Steines bis zum Himmel, zum Paradies, zur Glorie gelangen zu lassen [...]. In Indien spielte man Schach mit vier Königen. Das Spiel wurde vom Okzident übernommen. Unter dem zwiefachen Einfluss des Madonnenkults und der höfischen Liebe wurde einer der Könige in eine Königen oder eine Dame verwandelt, die alsdann die beherrschendste Figur wurde, während der König sich auf die Rolle des idealen, aber für die Partie belanglosen, gleichsam passiven Daseins beschränkt hat." (Caillois 1960, S. 91)[2]

Die Normalitäten, die vom Spiel im Modus des unverbindlichen Tuns als ob überschritten sowie mit Unerwartbarem angereichert werden, holen das Spiel immer wieder ein, indem ludische Aktionsmuster an veränderte Normalitäten angepasst werden – diese Konstellation regt sehr dazu an, vor allem dem Adaptionsprozess wissenschaftliche Aufmerksamkeit zu schenken.

Muster: Von Trictrac zu Backgammon
Die Evolution oft sehr alter Spielmuster zu erforschen und dabei deren Veränderungen auf Normalitäten der jeweiligen Gesellschaft zu beziehen, eröffnet viele Beschreibungs- und Deutungsmöglichkeiten und liefert aufschlussreiche Informationen. So zum Beispiel, wenn Ulrich Schädler aus spielhistorischer Sicht den Niedergang von Trictrac[3], „dieses im 17. und 18. Jahrhundert hochgeachteten Spiels", und den parallelen Aufstieg des damit eng verwandten Backgammon nachvollzieht. „Dieses Phänomen führt schlaglichtartig vor Augen, dass die politischen, sozialen und ökonomischen Umwälzungen, die zwischen 1770 und 1830 Europa veränderten, sich auch auf die Sphäre des Spiels ausgewirkt haben." (Schädler 2010, S. 35).

„Nicht unwesentlich dürfte dafür gewesen sein, dass das Trictrac besonders mit der tragenden Gesellschaftsschicht des Ancien Régime verbunden war. [... Während] das Backgammon der sich nun bahnbrechenden, im Allgemeinen als ‚bürgerlich‘ bezeichneten ökonomisch-rationalen Denkweise entgegenkommt, der die Qualitäten des Trictrac geradezu diametral gegenüberstehen. Ebenso wie das Denken

---

[2]Das Schachspiel wird häufiger „als Spiegel der Kultur" dargestellt, indem Gestaltung und Regeln beispielsweise in Indien, China, Japan und Europa miteinander verglichen werden; siehe Petschar (1993).

[3]Eine Spielanleitung findet sich unter https://www.gamedesign.de/trictrac.

des modern-kapitalistischen Erwerbsmenschen und Leistungsethikers ist das Back-gammon von Werten wie Effizienz, Rationalität und Zeitökonomie gekennzeichnet." (ebda, S. 49 f.)

Blinde Kuh

Dorothea Alkema (2010) zeichnet den Wandel des Blindekuhspiels nach, das „in eine umfangreiche Gruppe von ‚Spielen mit verbundenen Augen'" gehört, die den Umgang mit dem Unerwarteten als direkte Spielidee haben. Blinde Kuh ist eines der „ältesten und vertrautesten" Spiele, schreibt Sigrid Metken, es ist nicht nur in Europa bekannt, „sondern auch bei den Arabern, Persern, Japanern und sogar einigen Naturvölkern" (Metken 1991, S. 53). Spiele mit verbundenen Augen „dokumentieren eine aufschlussreiche Faszination für Dunkelheit und Des-orientierung, Täuschung und Irrtum, Misstritte und Missgeschicke, Unordnung und Verwirrung" und das „Vergnügen der Sehenden am hilflosen, täppischen Fehlgehen der ‚Geblendeten', die vor ganz bestimmte Aufgaben gestellt werden, an denen sie ohne orientierendes Sehvermögen fast zwangsläufig scheitern müs-sen." (Alkema 2010, S. 183) Die Autorin interpretiert den Wandel des Blindekuh-spiel im Kontext von Aufklärung.

„Im Blindekuhspiel treffen also nicht nur vernünftig-besonnene und töricht-un-vernünftige Verhaltensweisen aufeinander, sondern auch eine Welt, die sich durch distanzierte Wahrnehmung und die wahrgenommene Distanz zwischen Subjekten und Dingen auszeichnet und in der Erkenntnis und Objektivität möglich sind, und eine solche, in der diese Distanz vermindert ist, in der die Wahrnehmung von Ent-fernungen schwierig und unsicher ist und in der die Wahrnehmung auf Berührungen und Vermischungen mit dem Wahrgenommenen angewiesen ist." (ebda, S. 191).

Die Beispiele veranschaulichen die Aktionsvielfalt des Ludischen. Für Unter-scheidungen und Zuordnungen liegen die beiden Sinnkategorien zeitlich und sachlich auf der Hand. Bieten sich auf der Basis der vorgestellten funktionalen Theorie des Spiels historische und systematische Ordnungskriterien an?

4.2 Spielen in der tribalen, ständischen, modernen, digitalen Gesellschaft

Wenn die Person als Sozialform des Einzelmenschen und die Gesellschaft die beiden relevanten Umwelten des Spiels bilden, dann finden in anderen Gesell-schaften mit anderen Personen, das ahnt man ohne jede Theorie, auch andere ludischen Aktionen statt. Nun ist man allerdings eine Antwort schuldig, wie sich eine Gesellschaft von einer anderen unterscheiden lässt. Ohne auf alternative Ordnungsvorstellungen einzugehen, wird eine in der Theorie sozialer Systeme erprobte Einteilung übernommen, welche drei Gesellschaftsformationen identifiziert, die tribale, die antike und die moderne. „Um die Variable der Gesellschaft schärfer stellen zu können" spricht Dirk Baecker (2018, S. 11) „von der in der Mündlichkeit gehaltenen Stammesgesellschaft, der antiken Schriftkultur und der modernen Buchdruckkultur".

Schwieriger ist die Frage zu beantworten, ob und wie es nach der Moderne weiter geht (siehe den Einstieg in das siebte Kapitel). Baecker spricht von einer Gesellschaft 4.0 oder von der „nächsten Gesellschaft".

> „Die nächste Gesellschaft ist seit dem ersten Auftreten der elektronischen Medien mit dem Telegraph (ab 1837 an Eisenbahnlinien, um die Information schneller werden zu lassen als die Züge), dem Telefon (ab 1900), dem Rundfunk (ab 1919/20) und dem Kino (ab 1926) zwar gute hundert Jahre alt, doch haben die Erfindung und Durchsetzung des Computers (ab 1941), des Fernsehens (ab 1950), des PCs (ab 1976), des Internets (ab 1989), des Smartphones (ab 1994) und des Internets der Dinge (aktuell) die Sachlage noch einmal so grundlegend verändert, dass es zu früh wäre, eine Theorie dieser Gesellschaft zu schreiben." (ebda, S. 12)

Vielleicht ist es auch noch zu früh, der nächsten Gesellschaft, wenn es sich denn nicht nur um eine Variation der Moderne handelt, einen spezifischeren Namen zu geben. Digitale Gesellschaft bietet sich, sodass im Weiteren tribal, antik beziehungsweise ständisch, modern und digital als Unterscheidungen genutzt werden.

Die ausdrückliche Zuordnung des Spiels zu den vier genannten Gesellschaftsformationen hat Udo Thiedecke (2008, 2010) skizziert. Eine konsequente Ausarbeitung dieses Ansatzes – wie sie Baecker (2007, S. 28–55) für Organisationen vorgelegt und inzwischen (2018) für mehrere andere Themen von Politik über Moral bis Witz vorgestellt hat – ist uns nicht bekannt. Im Folgenden wird versucht, auf der bisherigen Abstraktionsebene den Funktionswandel des Spiels im Kontext der vier Gesellschaftsformen zu erfassen. Eine solche Übersicht übersieht alle feinen und die meisten groben Unterschiede – „Historiker, die zu Recht auf Differenzierung bestehen, kann man nur um Verständnis bitten" (Baecker 2018, S. 10) –, sie kommt, gemessen am vielfarbigen richtigen Leben, in der Tat als „graue Theorie" daher; ihr Angebot ist Orientierungswissen.

Zauberer und Schamanen
Tribal Die Person in Stammesgesellschaften gehört zeitlebens einer Familie an, die ein bestimmtes Territorium bewohnt, oder sie ist ausgeschlossen, gehört nicht

zur Gesellschaft.[4] Die tribale Gesellschaft ist segmentär differenziert, weitgehend gleichrangige und gleichartige Familien leben zusammen, wobei die Dominanz von Verwandtschafts- und Territorialprinzip wechseln kann. „Segmentäre Gesellschaften sind […] darauf eingestellt, dass sie so bleiben, wie sie sind. […] Eine andere Ordnung ist für sie undenkbar, und Ansätze dazu müssen ihnen als Unrecht, als Abweichungen, als gefährlich, als zu vermeiden und zu bekämpfen erscheinen." (Luhmann 1997, S. 654) Das Unerwartete kommt über sie. Das Unvertraute, nicht Erwartbare, das ihnen als Naturgewalt entgegentritt – „die prähistorischen Menschen waren unauffällige Tiere, die genauso viel oder so wenig Einfluss auf ihre Umwelt hatten wie Gorillas, Libellen oder Quallen" (Harari 2015, S. 12) – beginnt bereits außerhalb des kleinen bewohnten Territoriums und kann jederzeit von außen, oben, unten hereinbrechen.

Magie als vorreligiöses Denken, oder mit den Worten von Claude Levi-Strauss (1973) „wildes Denken", ist die Art und Weise, wie tribale Gesellschaften versuchen, sich mit dem Unvertrauen vertraut zu machen, dem Unerwarteten vielleicht ein Stück Vorhersehbarkeit abzuringen, auch indem sie Tiere und Geister personalisieren. Stammesgesellschaften erfinden kultische, rituelle Aktionen, zeitlich und räumlich begrenzt, die sie außerhalb ihres Normalverhaltens im Modus des Als ob ausführen. Das Als ob zeigt sich im Ritus, etwa „am Beispiel der Gahuku-Gama von Neuguinea, die Fußballspielen gelernt haben, die aber mehrere Tage hintereinander so viele Partien spielen, wie nötig sind, damit sich die von jedem Lager verlorenen und gewonnen genau ausgleichen" (Levi-Strauss 1973, S. 45); es zeigt sich auch am Gebrauch von Masken: „Die Maske soll nicht irreführen, sie soll verzaubern. Die Maske erlöst gewissermaßen von der unentrinnbaren Festheit und Fixiertheit unserer Lebenssituation […]. Der Zauber der Maske ist ältestes Requisit des menschlichen Spiels" (Fink 1960, S. 159 f.). Einen Umgang mit dem Unvertrauten zu pflegen, wird nicht jedem zugetraut, es bedarf magischer Kräfte. Wer den Eindruck zu erwecken vermag, über sie zu verfügen, kann als Medizinmann, Zauberer, Schamane wirken.

„Der abgegrenzte Raum unseres Schamanen ist das, das ursprünglich ein *templum* ist: In diesem Tempel findet nun das Kultspiel statt. Gerufen wird der Geist, der sich durch den Schamenen darstellt. Nicht ‚spielt‘ der Schamane den Geist – das wäre neuzeitlich gedacht –, nein, der Geist spielt den Schamanen, so wie der Musiker die Geige spielt. Im ursprünglichen Verständnis wohnt die Kultgemeinde der

---

[4]Diese und die folgenden Aussagen über Person und Gesellschaft verstehen sich im Kontext der Theorie sozialer Systeme.

Performance ihrer Götter und Dämonen bei, die sich im Medium des Schamanen zeigen. Ob das geschehen wird, ist völlig ungewiss. Wie es geschehen wird, weiß niemand. Das Spiel ist spannend, unberechenbar. Zumal auch niemand weiß, was wohl der Geist oder der Gott zu sagen haben wird." (Hüther und Quarch 2018, S. 135 f.)

Zusammen mit anderen Praktiken, wie Opfer zu bringen, haben ludische Aktionen in tribalen Gesellschaften die Primärfunktion, Schutz vor dem Unerwarteten aufzubauen. Diese Funktion taucht in Fasnachtsbräuchen bis heute auf, während der Karneval eher die ständische Spieltradition des kokettierenden Umgangs mit der Obrigkeit wieder aufnimmt.

Hofnarren und Gaukler
Ständisch Ständegesellschaften kommen von asiatischen Kastensystemen über die griechische und römische Antike bis zum europäischen Mittelalter in unterschiedlichen historischen Ausformungen vor, „zentralisierte politische Herrschaft und eine durch eine Priesterschaft verwaltete Religion" (Luhmann 1997, S. 680) kennzeichnen sie durchgehend.

Die Person hat in der stratifizierten Gesellschaft zuerst und vor allem einen Rang. Sie ist daneben auch Familienmitglied, aber die Familien gehören ihrerseits einer höheren oder einer niedrigeren Schicht an und vererben diese Zugehörigkeit. Gesellschaftlich blockiert Rang Verwandtschaft – bis heute gilt es als erwähnenswert, wenn Bürgerliche in Königsfamilien einheiraten –, ungleichrangige und ungleichartige Beziehungen charakterisieren die ständische Gesellschaft. Ober- bzw. unterschichtintern weisen Verhältnisse und Verhalten eine gewisse Homogenität auf, zwischen den Schichten aber bestehen unabänderliche körperliche, mentale und moralische Differenzen. „Die physischen Eigenschaften einer Person sind nach Auffassung des 16. Jahrhunderts ein Besitz, der dem Körper auf dem Wege der Vererbung durch Samen überliefert wird. [...] Der adlige Körper ist zuerst biologisch überlegen und aufgrund dieser Überlegenheit auch moralisch höher gestellt." (Gebauer 2002a, S. 695)

Die hierarchische Ordnung, eingebettet in einen religiösen Sinnhorizont, der rigide Vorgaben macht, was als gut und böse, wahr und unwahr, schön und hässlich zu gelten hat, sperrt sich gegen alles Unerwartete, lässt es aber als Willkür der Herrschenden zu. Stratifizierte Gesellschaften gehen von einer kosmischen Ordnung aus, in der alles seine Bestimmung hat. Was Menschen als unerwartet erscheinen mag, haben sie nur noch nicht als Teil der großen Ordnung erkannt. Man kennt zwar die Zukunft nicht, doch da sie vorherbestimmt ist, braucht man nicht zu versuchen, sie zu beeinflussen. Freiwillige Teilnahme an einem unverbindlichen Tun als ob scheint in der Standesgesellschaft keine naheliegende Option zu sein, aber als Möglichkeit, Unerwartetes unverbindlich in diese

Gesellschaft hineinzutragen, geht vom Spiel Attraktivität, zugleich auch eine Provokation aus. Das Spiel findet statt, jedoch mit sehr unterschiedlichen Akzentuierungen in Ober- und Unterschicht.

„Die stratifizierte Gesellschaft spielt je nach Handlungsperspektive (oben oder unten) Ordnungs- oder Zufallsspiele – dort, wo man die Geschicke bestimmt, z. B. das Ordnungsspiel Schach, um sich sozial relativ folgenlos in Rangkämpfen einzuüben." (Thiedecke 2010, S. 32).

> „Bereits die Minneliteratur des Mittelalters und verschiedene Ritterspiegel sahen darin [im Schach; Anm. d. Verf.] geradezu eine ideale und ehrenhafte Fertigkeit, die es neben dem Reiten, dem Fechten, dem Turnieren und dem Tanz zu beherrschen galt." (Kuster 2016, S. 11)

Der Oberschicht hilft das Spielen jedoch auch, einen Raum zu schaffen, der mehr zulässt als die stark ritualisierten Verhaltensweisen „bei Hofe". Wie Hofnarren, Gaukler und Komödianten erkennen lassen, ist es in der Oberschicht in erster Linie ein – unverbindliches und deshalb als Spaß hinnehmbares – Kokettieren mit der Ordnung, dem Gewohnten und Erwarteten, das in ludischen Aktionen zum Ausdruck kommt. Übergänge zu Kränkung, Ketzerei, Hexerei sind fließend, Henker und Scheiterhaufen in Reichweite.

Eine Geschichte der Verbotsmaßnahmen

Der Unterschicht, aus der es kein Entkommen gab, trat das Unerwartete vor allem als Willkür der Herrschenden entgegen. Für sie war Spielen Rückzug in eine Schutzzone, in der das Unerwartete ein freundliches, heiteres Gesicht hatte, in der man sich sogar Hoffnung machen konnte auf unerwartetes Glück. Selbst wenn es nicht um Geld und Gut geht, liegt darin ein Erlebnis, das sich lohnt.[5] Um Geld kann nur spielen, wer es hat. Diesem Anreiz zum Glücksspiel entspricht die obrigkeitliche Reaktion, ihm selbst zu frönen – quod licet iovi, non licet bovi –, es aber immer moralisch, oft auch rechtlich für die Unterschicht zu diskriminieren.

> „Aleator – Würfler, Hasardspieler – zu sein, war eine Invektive, mit der Cicero in öffentlichen Reden Gegner wie Verres, Catilina und Mark Anton angriff. Die Bezichtigung, dem Glücksspiel ergeben zu sein, gehörte wie der Vorwurf des Alkoholismus oder devianten Sexualverhaltens zum gängigen Repertoire der Diffamierung im politischen Leben des alten Rom." (Hattler 2008, S. 29 f.)

---

[5] „Wir kaufen nicht wirklich Lose, um einen Stoffsmartie als Schlüsselanhänger zu gewinnen; wir kaufen Lose, weil wir den Moment lieben, in dem wir sie öffnen und das Glück uns voll in unseren Händen hält." (Adamowsky und Quack 2005, S. 32)

Die offizielle Geschichte des Spiels insgesamt, insbesondere aber Glücksspiels wird in der ständischen Gesellschaft vor allem als eine Geschichte der Verbotsmaßnahmen geschrieben. Das kann nicht überraschen, denn eine Gesellschaft, die soziales Handeln, Denken inklusive, so strikt ordnet und diese Ordnung einem übermenschlichen Willen zuschreibt, will auch das Überschreiten von Normalitäten ordentlich geregelt oder eben verboten wissen. „Kaum war ein Wettspiel erfunden und verbreitet, wurde es auch schon verboten. In diesem Punkt waren sich weltliche und geistliche Herrscher einig. [...] Die protestantischen Kirchen waren besonders spielfeindlich. Sie wollten sich nicht mit bloßen Spielverboten zufrieden geben, sie griffen zu stärkeren Mitteln und schufen den Spielteufel." (Buland 2008, S. 11)

Im Übergang zur europäischen Moderne, vom Spätmittelalter über Renaissance und Barock,

> „nimmt der Spielesektor Fahrt auf. Neben teils fiskalisch genutzten Lizenzen für öffentliche Glücksspielstätten expandieren neue Spielformen [...]: seit etwa 1370 die Spielkarten, fast zeitgleich die ersten Lotterien (zuerst in Genua, dann in Flandern und Brabant, in Städten des deutschsprachigen Raums usw.) und bald auch organisierte Wetten. Im 16. Jahrhundert ist die ökonomische Bedeutung dieser Dynamik evident. [...] Handel und Glücksspiel fanden im 16. Jahrhundert an der Antwerpener Börse zusammen, wo Kaufleute auf Listen für die Papstwahl und auf Wechselkursdifferenzen zwischen den spanischen und flandrischen Messen wetteten." (Zollinger 2016, S. 19)

Im 17. Jahrhundert beginnt die Blütezeit der Spielcasinos, deren Architektur die Abgrenzung des Spiels aus dem normalen Leben sichtbar machte.

> „Casinos unterhalten eine charakteristische Beziehung zu ihrer natürlichen oder bebauten Umgebung. Ihre Architektur und ihre geografische Lage grenzen sie radikal von den sie umgebenden Landschaften oder Stadtbildern ab: Man denke an die Themenarchitektur von Las Vegas, in der jedes Casino eine eigene, ästhetisch und symbolisch von den anderen unterschiedene Welt aufbietet – oder an das historische Monte Carlo [...]." (Boer und Sattler 2010, S. 315)[6]

---

[6]Wie sich digitale Normalitäten ludischen Aktionen annähern, thematisieren wir unter Abschn. 7.4. Hier bietet sich ein Hinweis auf den „Casino-Kapitalismus" an. „Fasst man die Transaktionen auf allen Arten von Finanzmärkten und in allen Regionen der Welt zusammen, so ergibt sich folgendes Bild: Im Jahr 2007 war das Volumen der Finanztransaktionen 73,5 Mal höher als das nominelle Welt-BIP. 1990 hatte diese Relation „lediglich" 15,3 betragen – seither sind somit die Finanztransaktionen fast fünf Mal rascher expandiert als die globale Wirtschaft." (Schulmeister 2009, S. 8)

Das Unerwartete: Problem und Lösung zugleich
Modern Die moderne Person ist ein freies und gleiches Individuum. Ihre Freiheit ist eine Freiheit des Dürfens; ob sie auch können, was sie dürfen, dafür werden die Personen letztlich selbst verantwortlich gemacht. Ihre Gleichheit ist eine rechtliche Gleichheit, die sich für die Ungleichheit der verfügbaren Ressourcen wenig interessiert. Auf der Vermisstenliste steht von Anbeginn „soziale Gerechtigkeit", gut ersichtlich an dem Umstand, dass es praktisch für jedes Gebrauchsgut und jede Dienstleistung parallel Billig- und Komfortangebote gibt. Am Ende des Tages bleibt als normale Lebenserfahrung, dass man mit Risiken und Chancen umgehen, dass jede Person selbst schauen muss, wie sie zurecht kommt: Man muss etwas zu bieten haben, am besten mehr und besseres als andere, um etwas zu bekommen.

Gesellschaftlich sind die Interaktionen in zwei vorherrschende, verschiedenartige Sozialformen eingebettet, die Organisation und den Markt. In Organisationen dominiert Hierarchie, auf Märkten, Waren-, Arbeits-, Immobilien-, Heiratsmärkten, die freie Auswahl. Konkurrenz prägt die Beziehungen sowohl zwischen Organisationen als auch zwischen Personen; funktionale Differenzierung, also gleichzeitige Autonomie und Abhängigkeit, bestimmt das Verhältnis der großen gesellschaftlichen Leistungsfelder wie Wirtschaft, Politik, Öffentlichkeit, Wissenschaft, Recht, Erziehung zueinander.

In der Summe entsteht eine polymorphe, von heterogenen, vielfach sich widersprechenden Erwartungen geprägte Normalität, in der das Unerwartete als Problem und als Lösung gleichzeitig vorkommt; als Problem aufgrund der Intransparenz und Unruhe der Märkte, als Lösung in der Form neuer, innovativer Angebote. Alle versuchen beides gleichzeitig, aus Erfahrungen zuverlässige Erwartungen abzulesen und mit Neuigkeiten zu überraschen, also mit Unerwartetem aufzuwarten. (Mehr zu modernen Verhältnissen findet sich im siebten Kapitel.)

Ludische Aktionen geraten in der Moderne in eine Umwelt, die sie einerseits einer permanenten Nützlichkeitsprüfung unterzieht und sie andererseits aufblühen lässt. Als moderne Grundfunktion des Spiels schält sich die Einladung zum Umgang mit dem Unerwarteten heraus und zwar unter den beiden Perspektiven des Lernens und der Kreation, also den Umgang mit dem Unerwarteten einzuüben und Unerwartetes zu schaffen.

Als Folgen moderner Sozialverhältnisse zeigt sich eine Abwertung von Gesellschaftsspielen: „Gesellschaftsspiele unter Erwachsenen werden gegen Ende des 19. Jahrhunderts häufig nur noch als geselliger Notbehelf aufgefasst, als unglückliches Mittel, eine peinliche Stockung der Konversation durch eine noch peinlichere Zwangsaktivität abzulösen." (Kühme 1997, S. 289). Aufgewertet wird der Wettkampf, die Alternative gewinnen oder verlieren rückt in das Zentrum. Insgesamt öffnet die heterogene Normalität die Türen für eine Pluralität des Spielens.

Ludische Aktionen verwirklichen das Unerwartete
Digital „Die Theorie darf nicht schlüssiger auftreten als die Gesellschaft, der sie gilt." (Baecker 2018, S. 12) Was sich als gesellschaftliche Normalitäten einer digitalen Gesellschaft entpuppen wird, kann heute nur impressionistisch, als Momentaufnahme eines Entwicklungsprozesses entworfen werden.

Die Person gehört unter den Bedingungen der Digitalität Netzwerken an, ihre soziale Qualität ist Anschlussfähigkeit. Die digitale Gesellschaft ist sehr viel mehr Kommunikationsgesellschaft als jede vor ihr, ihre sozialen Beziehungen sind somit zahlreicher, flüchtiger, unverbindlicher. Netzwerke werden, im Vergleich zu Organisationen, die Einschluss und Ausschluss eindeutig regeln, als Entgrenzung erlebt: Man ist sehr viel schneller drin und draußen; was man zu erwarten hat, wird ungewisser. Partizipation, Teilnahme bekommt einen Eigenwert, „weil sich immer mehr Menschen auf immer mehr Feldern und mithilfe immer komplexerer Technologien aktiv in die Verhandlung von sozialer Bedeutung einschreiben (müssen.) Sie reagieren so auf die Herausforderung einer chaotischen, überbordenden Informationssphäre und tragen zu deren weiterer Ausbreitung bei." (Stalder 2016, S. 203) (Digitale Verhältnisse werden im fünften und siebten Kapitel ausführlicher behandelt.)

Normalitäten und Spiele zu unterscheiden, wird schwieriger, zumal sie im Computer ein gemeinsames Medium haben. Für die Personen wird es unübersichtlich, in welchen Wirklichkeiten sie sich gerade bewegen, realen, imaginierten, fiktionalen, virtuellen, ludischen. Die digitale ludische Aktion verwirklicht das Unerwartete, sie bedeutet eine – erwünschte – Eskalation des Unerwarteten, das die virtuelle Welt, ob man will oder nicht, ohnehin laufend produziert, weil das Unwahrscheinlich sehr wahrscheinlich wird.

Zusammengefasst Das Spiel als vorübergehende freie Teilnahme an einem unverbindlichen Tun als ob, das Umgang mit dem Unerwarteten pflegt, wandelt seine Funktion im Kontext der gesellschaftlichen Evolution. Die Tab. 4.1 gibt einen Überblick: Im Verhältnis zum Unerwarteten fungiert das Spiel in der Stammesgesellschaft primär als *Schutz*. In der Ständegesellschaft hat es etwas Provozierendes, das sich als *Kokettieren* mit Unerwartetem in der Oberschicht und als *Rückzug* in der Unterschicht charakterisieren lässt. In der Moderne wird das Spiel zur allgemeinen *Einladung,* mit Unerwartetem umzugehen. In der digitalen Gesellschaft tritt es als eine eskalierende *Verwirklichung* des Unerwarteten auf.

Tab. 4.1 Funktionswandel des Spiels in unterschiedlichen Gesellschaftsformationen. (Quelle: eigene Darstellung)

Gesellschaftsform	Realitäten des Unerwarteten	Ludischer Umgang mit Unerwartetem
Tribal/segmentär	Unkontrollierbare Naturgewalt	Schutz
Ständisch/stratifiziert	*Oben:* Ausbruch aus der Ordnung *Unten:* Willkür der Herrschaft	*Oben:* Kokettieren mit der Ordnung *Unten:* Rückzugszone vor Willkür
Modern/funktional differenziert	Allgegenwärtige Risiken und Chancen	Einladung an alle
Digital/funktional vernetzt	Unwahrscheinliches gehört zur sozialen Normalität, bekommt Wahrscheinlichkeit	Eskalationen in allen Variationen

4.3 Mit sich selbst und mit Anderen spielen

„Out of the struggle with others, we create rhetoric, out of the struggle with ourselves, poetry." (William Butler Yeats, Anima Hominis, zit. N. Myers 2017, S. 169)

Was könnte einer sachlich-systematischen Ordnung des Spiels als Unterscheidungskriterium dienen? „Je mehr wir glauben, dass die Motive einer Unterscheidung in der Sache stecken, die sie sichtbar macht, desto unauffälliger wird der Beobachter, der die Unterscheidung trifft." (Baecker 1999, S. 220) Der folgende Ordnungsvorschlag kommt nicht „aus der Sache selbst", er stützt sich auf die funktionale Spieltheorie, wie sie aus der Interaktion entwickelt wurde, in der Alter und Ego ihre gegenseitigen Erwartungen aus freiem Entschluss auf den Umgang mit Unerwartetem einstellen und dabei den Modus des unverbindlichen Tuns als ob wählen. Wahrnehmung und Kommunikation wurden als konstitutiv für die Interaktion und aufgrund dessen auch für die ludische Aktion ausgemacht. Die Person und die Gesellschaft – die Gesellschaft sind immer die Anderen – bilden Umwelten des Spiels. Darüber hinaus soll einbezogen werden, dass man mit etwas spielt, wenn man spielt. „Es ist immer ein Spielen mit etwas und nicht nur lustbetonte Bewegung." (Buytendijk 1933, S. 79)

„Spielen ist immer ein Spielen mit etwas, das auch mit dem Spieler spielt, eine gegensinnige Beziehung, die zur Bindung verlockt, ohne doch so weit sich zu verfestigen, dass die Willkür des einzelnen ganz verlorengeht." (Plessner 1961, S. 102)

Die Summe dieser Vorgaben führt zu einem Ordnungsvorschlag, der das Spiel mit sich selbst, mit Anderen sowie mit Themen, Zeichen und Medien unterscheidet.

Auch unverbindliches Tun als ob, tut *etwas*

- mit sich selbst – mit dem Körper, dem Bewusstsein, der Identität der spielenden Person; die ludische Aktion kennt viele „Spielformen des Selbst" (Strätling 2012).
- mit Anderen – mit Menschen, Tieren, Göttern, Computern, sei es kooperativ oder kompetitiv;
- mit Themen, Zeichen und Medien – mit Themen im Sinn der beliebigen Wahl; mit materiellen und immateriellen Zeichen in Formen von Texten, Zahlen, Bildern; mit Medien in Form von Verbreitungsmedien wie Sprache, Schrift, Druck-, Funkmedien, und Computern, von Erfolgsmedien wie Geld, Macht, Wahrheit, Liebe, Aufmerksamkeit sowie von Dingmedien, natürlichen und artifiziellen, darunter extra angefertigtem „Spielzeug".

Solche Unterscheidungen zu treffen, schließt die Aufforderung ein, die Möglichkeiten der Praxis, nicht aus den Augen zu verlieren, ihre eigenen Wege zu gehen und alle Grenzen, die Beobachter ziehen, zu ignorieren. Jede Klassifizierung sieht sich damit konfrontiert, dass bislang unbekannte Kompositionen, Akzentverschiebungen, andere Gewichtungen laufend und zuhauf stattfinden.

Schon der Vorschlag, zwischen dem Spiel mit dem Körper und dem Spiel mit dem Bewusstsein zu unterscheiden tut so, als könne man mit seinem Körper bewusstlos spielen. Auch das Spiel mit der eigenen Identität ist als Spiel mit sich selbst eine Konstruktion, denn eine persönliche Identität ist ohne andere Personen nicht zu haben. Trotzdem halten wir es für informativ, solche Kompositionen ludischer Aktionen analytisch auseinander zu nehmen, die Beziehungen der Komponenten auf Führungsverhältnisse und Bedeutungswechsel hin zu beobachten: man bekommt mehr zu sehen. Jonglieren beispielsweise ist ein Spiel mit dem eigenen Körper unter Zuhilfenahme von Dingen. Stadt-Land-Fluss ist wie Schach gegen einen Computer ein Spiel mit anderen, das eine (mit Personen) bedarf darüber hinaus der Schriftzeichen, das andere (mit einem Automaten) im Bewegtbildformat der Figuren und des Brettes. Das Theaterspiel vereinigt alle drei Komponenten, primär erzählt sein Text eine Geschichte, aber erst das Zusammenspiel mit anderen und die körperliche Darstellung einer Rolle machen es zum ludischen Ereignis. Der Computer fällt auch hier schon auf, weil er sowohl als Mitspieler als auch als Verbreitungsmedium des Spiels vorkommt – und das, obwohl er gar nicht spielt, sondern nur rechnet, egal was; so wird er zum allzeit bereiten Mitspieler.

Ohne Zweifel lenkt die generelle Entwicklung hin zur Medien- und Informationsgesellschaft die Aufmerksamkeit für das Spielgeschehen insbesondere auf den Umgang mit Zeichen und Medien und dadurch auch auf Themen, auf Content. Zeichengebrauch und technischer Stand der Verbreitungsmedien haben mit der Digitalisierung ihr bisher höchstes Stadium erreicht. Es fasziniert, fantastische Bewegtbildwelten nicht nur als Zuschauer vor der Leinwand oder dem Bildschirm zu erleben, sondern dank des Computers in das audiovisuelle Geschehen einzutauchen. „Immersion" ist ein Begriff, der im Gefolge von Online-Games eine neue Karriere macht (vgl. Schweinitz 2006); er steht im Zusammenhang mit der basalen Kraft des Spiels zu fesseln (siehe Abschn. 2.4).

Unbeeindruckt von solcher Aktualität stellen wir das Spiel mit sich selbst an den Anfang. Welche Unterschiede in aktuellen Debatten wichtig werden, welche Gesichtspunkte gerade in den Vorder- oder in den Hintergrund treten, man denke nur an Polemiken zwischen sogenannten Ludologen und Narratologen im Kontext Computerspiel (vgl. Sallge 2010), kann für eine theoretisch-abstrahierende Betrachtungsweise nicht ausschlaggebend sein.

Hüpfen, tagträumen, verwandeln
Mit sich selbst „Man kann mit sich selbst nicht wie mit einer Naturtatsache umgehen" (Schulze 2003, S. 52) – eine Unmöglichkeit, die spielerisches Potenzial birgt. Kraft, Beweglichkeit und Geschicklichkeit des Körpers über dessen routinierten Gebrauch hinaus zu erproben, außergewöhnliche Bewusstseinszustände zu erleben sowie in Masken und Kostümen Rollen aus Träumen wie aus Alpträumen zu übernehmen, dabei eine andere Person zu werden, wechselnde Identitäten anzunehmen – ludische Aktionen machen in hohem Maße von den Möglichkeiten Gebrauch, mit sich selbst unverbindlich zu tun als ob.

Nimmt sich eine Person hingegen einen eigenen Freiraum für *verbindliches* Tun, kann sie als genial oder als innovativ, aber auch als gestört, wahnsinnig oder kriminell gelten und riskiert im negativen Fall soziale Exkommunikation.

Spielerische Selbstbetätigung kann sich körperlich beispielsweise hüpfend, springend, rennend und tanzend ausdrücken, bewusstseinsmäßig spekulierend, tagträumend und fantasierend äußern, identitär als Selbstverwandlung vollziehen. Leibhaftige Spielfiguren reichen von der Karnevalsprinzessin – digitale Rollenspiele sind eine Art Karneval forever and for everybody – über die Zirkusartistin bis zum Schamanen, dem „Mann der Besessenheit, des Rausches und der Ekstase" (Caillois 1960, S. 114), der Götter und Geister mit sich spielen lässt.

Sport, Bewegung und Simulation
Auch wenn die erste Assoziation zu Sport das Spiel mit anderen ist, als körperliche Aktivität, die sich jenseits erwarteter Bewegungsabläufe auf Unerwartetes einlässt, ist Sport (auch) ein Spiel mit sich selbst. Er hat seinen Höhepunkt in den Olympischen Spielen. Sport beginnt als Spiel mit sich selbst, setzt sich als

Spiel mit anderen fort und vereint im Mannschaftssport miteinander und gegeneinander. Das unverbindliche Tun als ob und das Sicheinlassen auf Unerwartetes sind ihm auch dann anzusehen, wenn Kraft, Schnelligkeit und Beweglichkeit nicht in ungewöhnlichen Ausmaßen gezeigt werden. Sportliche Bewegungen und Simulationen fallen auf. „Im Sport werden Bewegungen aufgeführt; dabei werden die Vorstellungen und Gefühle, die sich mit ihnen verbinden, in die Gegenwart der Aufführung gerufen. Was ihnen sonst noch zugeschrieben wird, Eigenschaften wie Spannung, Symboliken, Schönheit, wird von den Deutern des Sports in sie hineingelegt." (Gebauer 2002b, S. 135). Der Simulationscharakter faktischer Kampfhandlungen ist vielen Sportdisziplinen wie Speerwerfen, Ringen, Boxen, Fechten auf den Leib geschneidert. Noch das Fußballmatch erinnert an die militärische Schlacht.

> „In einem Fußballspiel kämpfen zwei Mannschaften gegeneinander, es gibt Stürmer (Angreifer) und Verteidiger, gespielt wird auf einem Feld, es gibt Sieg und Niederlage. Den Fußballmannschaften folgen die ‚Schlachtenbummler‘, welcher Name an die im 17. und 18. Jahrhundert weit verbreitete Sitte erinnert, Armeen zu folgen und den damals üblichen offenen Feldschlachten aus sicherer Entfernung zuzusehen." (Herzmann 2006, S. 17 f.)

Das Ausführen sportlicher Aktivitäten hat Aufführungscharakter und folgt kulturellen Mustern, gut erkennbar an neuen Sportarten wie Free-Climbing, Paragliding, Snowboarding (vgl. Stern 2010). Beides hatten wir bereits am Spiel insgesamt beobachtet. „In Vollzügen des Tanzes, der Gesten und des Sports verwirklichen Bewegungen kulturelle Muster. Sie sind nie wilde Bewegung. Ihre kulturelle Geformtheit situiert sich auf einem Spektrum, das von rituellen Formen bis zu freier Schöpfung reicht." (Gebauer und Wulf 2010, S. 12)

Dem Sport widerfahren aus ludischer Perspektive (nicht nur) als Leistungssport Sinnentstellungen, die ihn hinführen zur Profession und wegführen von der freien, Arbeitszwängen nicht unterworfenen Bewegung. Gewinnen wird dabei so übermächtig, dass die Freiwilligkeit im Grunde mit der freien Entscheidung teilzunehmen endet und Verbindlichkeiten bis hin zu kriminellen Praktiken des Dopings überhandnehmen. Die olympische Idee, teilzunehmen sei wichtiger als zu siegen, bleibt im Sinnhorizont des Spiels. Sport als Funktionsfeld, wozu er sich im 20. Jahrhundert entwickelt hat, übergibt die Führung an den Sieg, dessen Bedeutung die Teilnahme zum bloßen Mittel macht. Die Freude an freier Bewegung hier, hartes, wissenschaftlich ausgefeiltes Training dort, hier spielerischer Wettkampf und dort der professionelle Fight um eine Hundertstel- oder Tausendstel-Sekunde Unterschied zwischen Siegern zum Feiern und Verlierern zum Vergessen, haben miteinander etwa so viel zu tun wie ein Gedicht und ein

Schießbefehl. Für den Skirennfahrer, der bei einem Sturz auf der Kitzbühler Streif tödliche Verletzungen erleidet, existiert kein Reset-Knopf, es sei denn, es handelt sich um E-Sport. Auch der sogenannte Freizeitsport wird mit medizinischem Sinn so stark aufgeladen, dass das Als ob an den Rand gerät und der gesundheitliche Nutzen Regie führt. Sport umstandslos mit Spiel gleichzusetzen ist eine kosmetische Beschönigung der real existierenden „Leibesübungen" und ein (wohl gewolltes) Missverständnis des Spielens.

Glücksspiel: Einladung an das Schicksal
Auch wenn es selten so aufgefasst wird, vom Hasard kommt man deshalb so schwer los, weil Glücksspiel vor allem anderen ein Spiel mit sich selbst ist, genauer, gegen sich selbst: Man tut so, als ob man wüsste, was man nicht wissen kann, und wettet vielleicht sogar darauf, dass man es zumindest besser weiß als die Anderen. Man sieht sich dem Schicksal ausgeliefert, aber auf der Basis freiwilliger Teilnahme. Es schlägt auch nicht einfach unerwartet zu, es wird herausgefordert. Spielende sind Herausforderer, sie öffnen dem Zufall Tür und Tor, sie liebäugeln damit, dass es so oder so oder anders kommen kann. Schließlich handelt es sich um ein unverbindliches Schicksal – solange es Spiel pur bleibt. In der Form des Glücksspiels bekommt die ludische Aktion Verbindlichkeit und verliert dadurch eines ihrer zentralen Merkmale. Im Namen des Spiels werden mit der Hoffnung, Geld zu gewinnen, Gewinne gemacht (vgl. Bronder 2016).

> Global ermittelte das Handelsblatt Research Institute für 2016 Bruttospielerträge in Höhe von 367,9 Milliarden Euro, wobei sich „das Volumen der weltweiten Bruttospielerträge in den letzten 10 Jahren im Online-Bereich von 15 Mrd. Euro im Jahr 2006 auf knapp 40 Mrd. Euro im Jahr 2016 nahezu verdreifacht hat. Im gleichen Zeitraum haben die Bruttospielerträge im terrestrischen Angebot von rund 250 Mrd. Euro auf etwa 330 Mrd. Euro um weniger als ein Drittel zugenommen." (Handelsblatt Research Institut 2017)

Die Unterscheidung Glück/Unglück ist universell brauchbar, fast alles kann unter dieser Differenz beobachtet werden. Entsprechend kennt auch das Glücksspiel unerschöpfliche Variationen[7], nicht nur die Wette. Auch wenn es primär ein Spiel mit sich selbst ist, verwendet es Dingmedien wie Würfel, Karten, Lose,

---

[7]Vgl. Gizycki und Görny (1970); für die Moderne vgl. zum Beispiel Zollinger (1997). Utensilien und Orte des Glücksspiels präsentierte das Badische Landesmuseum (2008) in der Ausstellung „Volles Risiko! Glücksspiel von der Antike bis heute".

kennt es – durchaus sozial differenziert – Orte, die sich besser eignen wie Kneipe und Rummelplatz, Casinos und Turf. „Zocken im Internet" (vgl. Sfetcu 2016) kommt inzwischen dazu: „Die Überlegenheit der Spielhallen mit ihren vielen verschiedenen einarmigen Banditen und anderen Automaten ist heute längst Schnee von gestern. Schon allein aus Platzgründen können selbst die Spitzencasinos nicht mehr mit ihren Online Herausforderern mithalten", schwärmt die Branche (www.zocken-im-internet.de/). Die Ökonomisierung des Ludischen (siehe Abschn. 6.2) hat in der Gamifizierung des Ökonomischen ihr Gegenstück.

Dualität von Kooperation und Kompetition
Mit Anderen Da die Dualität von Miteinander und Gegeneinander für die Interaktion prägend ist (vgl. Lange und Dreu 2002), können wir davon ausgehen, dass wir sie im Spiel wiederfinden, nicht als Beiwerk, sondern als Zentrum des Spiels mit anderen. Während die jüngere Sozialforschung die „Dilemmatheorie" (vgl. Lanwehr und Ameln 2017, S. 1) mit Blick auf gleichzeitiges Kooperieren und Konkurrieren entdeckt, hat die ludische Aktion diese Spannungsverhältnisse immer schon ausgekostet. Sie kultiviert die Qualität des eigenen Zusammenspiels sowie die Fähigkeit, das des Gegners zu stören, gleichermaßen, ihr ist das Verhältnis von Zusammenspiel und Einzelaktion wichtig, weil das Austarieren solcher potenziell widersprüchlicher Verhaltensweisen spielbestimmend sein kann. Formen von Kooperation einerseits, von Wettbewerb und Kampf andererseits, wie sie in allgemeinen begrifflichen Bestimmungen aufgezeigt werden (vgl. z. B. Zentes et al. 2003; Held 1997), praktiziert das Spiel in bunten Mischungen. Die Abb. 4.1 zeigt sie im Tetris Look.

- Altruismus, die Unterstützung anderer, die eigene Nachteile in Kauf nimmt;
- Solidarität, die Hilfe des einen für andere, die darauf zielt, dass es am Ende allen Beteiligten besser, zumindest nicht schlechter geht;
- Tausch, ein gleichwertiges Geben und Nehmen, das auf Gleichgültigkeit dem anderen gegenüber basiert;
- Wettbewerb, das Streben nach einem Vorteil, der, wird er erreicht, anderen dadurch versagt bleibt;
- Konkurrenz, das Durchsetzen von Vorteilen auch mit Mitteln, die andere benachteiligen;
- Kampf, die Bereitschaft, sich selbst zu schädigen, um andere zu besiegen.

Solche sozialen Muster realisiert die ludische Aktion auf der Bühne und in der Arena, auf Spielplätzen und in Gameshows, auf der Festwiese und im Garten, am Wohnzimmertisch und im Internet. Warum es manche Verhaltensmuster häufiger

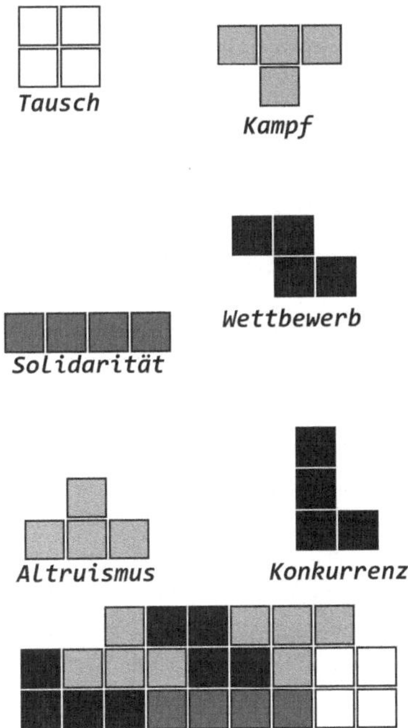

Abb. 4.1 Beziehungsmuster im Tetris Look. (Quelle: eigene Darstellung)

und andere seltener praktiziert, ist weniger eine Frage an das Spiel, mehr an die Gesellschaft, in der es stattfindet, denn von deren Normalitäten hängt ab, welche Überraschungen und Spannungen für unverbindliches Tun als ob geeignet erscheinen.

Zu den bekannteren Formen der ludischen Aktion gehört das Rollenspiel, bei dem das Spiel mit sich selbst und das Spiel mit anderen ineinander übergehen. Die GNS-Theorie von Ron Edwards (2004) unterscheidet am Rollenspiel drei verschiedene Spielweisen: *Gamism,* leistungsorientiertes Spielen, das gewinnen will; *Narrativism,* das Spiel entfaltet sich erzählerisch entlang einer Aufgabe, die zu kreativen Lösungen einlädt; *Simulationism,* meint eine Art der Nachahmung, der es auf Erleben und Entdecken ankommt, nicht auf Nachspielen.

Mit- und gegeneinander unverbindlich so zu tun als ob, macht – auf der Basis freiwilliger Teilnahme – Kontakte und Umgangsweisen möglich, die sich nicht an verbindlich-normale Sinngrenzen zu halten brauchen. Als Menschen selbstverständlicheren Umgang mit Göttern und Tieren hatten, waren auch diese stärker in Spiele mit anderen einbezogen.[8] Keine zeitliche, räumliche, physikalische, chemische, biologische, technische, kulturelle Grenze, die nicht zur Disposition steht: Alles, was die Spielenden als sinnvoll akzeptieren, kann zwischen ihnen stattfinden. Auf Wiederauferstehungen braucht nicht bis Ostern gewartet zu werden. Das Spielen mit dem Computer thematisiert das fünfte Kapitel.

4.4 Mit Themen, Zeichen und Medien aller Art spielen

Themen, Zeichen und Verbreitungsmedien bilden den Fundus jeder Kommunikation, für die ludische bedeuten sie eine Schatzkammer. Als Komponenten der Mitteilung (siehe Abschn. 3.1) fügen sie sich zum sichtbaren, anschlussfähigen Element der Kommunikation. Was kann es heißen, Themen, Zeichen und Medien im Sinn des unverbindlichen Tuns als ob zu verwenden?

Die erste Antwort muss der Mitteilung insgesamt gelten. Wie ist eine unverbindliche Mitteilung zu beschreiben, die nur so tut als ob? Wie der gespielte Biss zugleich ein und kein Biss (siehe Abschn. 3.3) ist. Mitteilungen, ob verstanden oder missverstanden, werfen normalerweise die Frage nach einem Anschlussverhalten der Rezipienten auf, die zwischen Ja und Nein, zwischen Annahme, Ablehnung und allen Zwischenstufen eines wie immer gemeinten Vielleicht wählen können. Im Kontext verbindlichen Tuns, auch verbindlichen Tuns als ob macht es keinen Sinn, etwas mitzuteilen, ohne sich in irgendeiner Weise dafür zu interessieren, was anschließend geschieht; ebenso wäre es höchst ungewöhnlich, einer Mitteilung Aufmerksamkeit zu schenken, ohne sich zu fragen, wie man damit umgehen will, und sei es nur, sie als belanglos abzutun. Die unverbindliche Als-ob-Mitteilung stellt genau diese Frage nach Ja oder Nein, nach Annahme oder Ablehnung nicht.

Anders als Kommunikation *im* Spiel, fragt Kommunikation *als* Spiel nicht nach einem Anschlussverhalten der Rezipienten; es sei denn, es wird wie öfter im Theater innerhalb einer ludischen Aktion ein weiterer Spielrahmen eingezogen und es findet ein Spiel im Spiel statt. Die ludische Mitteilung bleibt ihren Wirkungsmöglichkeiten gegenüber gleichgültig – was nicht wenige Rezipienten

---

[8]Gladiatoren-, Stier- und Hahnenkämpfe, sind keine Spiele, sondern blutiger Ernst. Damit verbundene Geldwetten tun zwar so als ob (sie den Ausgang des Kampfes kennen würden), werden aber von ökonomischer Sinnstiftung überlagert und nehmen zum Glück für die Gewinner und zum Pech für die Verlierer einen verbindlichen Verlauf.

sehr aufregt. Hier ist analytische Präzision hilfreich, denn sie kann verhindern, dass der ludischen Mitteilung zugerechnet wird, was nur die Reaktion von Rezipienten ist, die nicht bereit sind, die Unverbindlichkeit des Spiels anzuerkennen. Natürlich sind Rezipienten nicht daran gehindert, sie haben im Gegenteil jede Freiheit dazu, sich zu ludischen Mitteilungen zu verhalten, als müssten sie ernst genommen werden; von dieser Freiheit wird in der Tat reichlich Gebrauch gemacht. Auf der anderen, auf der Absenderseite der Kommunikation erlaubt es die Finte, Mitteilungen als gespielte auszuflaggen und dabei gleichwohl auf ein bestimmtes Anschlussverhalten abzuzielen: Scheinbar unverbindlich zu tun als ob, um zu testen, ob eine Chance besteht, dass die Mitteilung ernst genommen wird. Offenkundig kann sich die grundsätzliche Möglichkeit, sogar Wahrscheinlichkeit, eines Unterschieds zwischen dem gemeinten und dem verstandenen Sinn einer Mitteilung auch so geltend machen, dass nur eine der beiden Seiten, Absender oder Adressat, spielt.

Vom Spiel aus wenden wir uns wieder normalen Kommunikationsverhältnissen zu, um die Differenz noch einmal zu schärfen und um Übergänge ins Auge zu fassen. Das kommunikative Gegenstück zur ludischen Mitteilung (das im Spiel im Modus des unverbindlichen Tuns als ob natürlich vorkommen kann) ist ein Befehl, der Adressaten nur bei Strafe der Gewaltanwendung die Möglichkeit lässt, nicht zuzustimmen und nicht auszuführen. Werden hingegen Freiheit und Gleichheit von Absendern und Rezipienten anerkannt, sind es unter den öffentlichen Kommunikationsweisen Werbung und Öffentlichkeitsarbeit bzw. Public Relations, die den Adressaten das Nein zu Mitteilungen schwer zu machen und ein Ja aufzudrängen versuchen. Journalismus hingegen (vgl. Hoffjann und Arlt 2015, S. 37–63) steht dem Spiel etwas näher, weil er, sofern er nicht deformiert wird, das Ja oder Nein zu seinen Mitteilungen ausdrücklich seinen Rezipienten überlässt; aber seine zugrunde liegenden Informationen sind verbindlich, Realitätsbezüge obligat und damit alles andere als ludisch. Unterhaltung wiederum ist zwar unverbindlich, offen für Fiktionales (siehe Abschn. 2.4), aber ihren Rezipienten verpflichtet. Am nächsten am Spiel befinden wir uns mit der künstlerischen Mitteilung.

Spielerische Kunst, künstlerisches Spiel
Wie der Sport aus dem Spiel mit sich selbst, so kommt die Kunst aus dem Spiel mit Themen, Zeichen und Medien. Vom Roman, der irgendwann und irgendwo spielt, und dem Instrument, das gespielt wird, bis zu Schauspiel und Spielfilm bestätigt das Vokabular die enge Beziehung. Als handwerklich-technischer sowie als kommunikativ-reflexiver Umgang mit Unerwartetem, der tut als ob, liegt die künstlerische Aktivität besonders dicht an der ludischen Aktion. Aber die

Unverbindlichkeit der Kunst ist nicht ungebrochen. Ob bildende, musikalische, literarische oder darstellende Kunst, zum Spiel fehlt ihr nichts – außer der Unverbindlichkeit der Ausführung. Spielende *können* virtuos sein, Kunstschaffende *sollen* gewisse Fähigkeiten und Fertigkeiten an den Tag legen.

Während die Rezipienten künstlerischen Schaffens jede Freiheit haben und Kunst das auch genau so will, stellt es sich für die Produzenten anders dar. Ästhetische Ansprüche und damit verbundene Erwartungen an eine gewisse Virtuosität im Umgang mit Themen, Zeichen, Verbreitungs- und Dingmedien begründen trotz der ludischen Wurzeln eine beachtliche Differenz der Kunst zum Spiel. Wenn Huizinga in „Homo Ludens" (1956, S. 157) formuliert, „die wesentliche Art aller musikalischen Aktivität ist ein Spielen", dann identifiziert er alle, die Musik machen, als Spielende.[9] Ob sie auch Künstlerinnen und Künstler sind, bleibt dabei offen. Ebenso wäre es im Sinne Huizingas zu sagen, alle wesentliche Art dichterischer Aktivität ist ein Spielen. Eine dazugehörige Studie trägt den Titel „Dichtung als Spiel: Studien zur Unsinnspoesie an den Grenzen der Sprache" (Liede 2015). Kunst beginnt als Spiel, muss jedoch darüber hinaus reichen, um zu sich zu kommen.

Zum never ending dispute über das Verhältnis von Spiel und Kunst wäre zu anzumerken, dass ihr *ludischer* Charakter dort negativ tangiert wird, wo die Kunst über ihre immanenten Ansprüche an Ästhetik und Virtuosität hinaus ihren Adressaten (oder ihren Auftraggebern) gegenüber etwas will oder etwas soll. Welche Erwartungen man von außen, sei es von Publika, sei es von Künstlerinnen und Künstlern, auch an sie herantragen mag, sie hat „nur" wie immer umstrittenen ästhetischen Kriterien zu genügen. Damit ist andererseits nicht die Frage beantwortet, ob Werke (Mitteilungen) mit einer Absicht und/oder einem Auftrag allein deswegen auch ihre *künstlerische* Qualität verlieren, ob sie Kunst bleiben oder weg können. Diese Frage erledigt sich nur, wenn man „einem Topos der Mediengeschichtsschreibung aufsitzt, der kommerziell orientierte Artefakte wenn auch nicht immer, so doch regelmäßig und in jedem Fall undifferenziert der Trivialität zeiht" (Hensel 2018, S. 380). Neben der Grenze zum Spiel beschäftigt die Kunst ihre Grenze zur Unterhaltung (siehe Abschn. 2.4) und fast im selben

---

[9]„Artefakte, die wir benutzen, um mit ihnen einen Zweck zu realisieren, erhalten für uns den Status von Instrumenten. […] Musikinstrumente sind Apparaturen, mit denen wir musikalische Welten erzeugen, die im natürlichen Klanggeschehen kein Pendant haben. […] Es gibt also Artefakte, mit denen nicht einfach gesteigert wird, was der Mensch sowieso schon tut, sondern mit denen hervorgebracht wird, was im menschlichen Tun kein Vorbild findet. Künstliche Welten werden erzeugt und Erfahrungen werden ermöglicht, die es ohne technische Apparaturen nicht gibt." (Krämer 1995, S. 225 f.)

Atemzug zu ihrer Finanzierung: „Geld oder Qualität?". Diese Vier, Spiel, Kunst, Sport und Unterhaltung, erweisen sich für die Arbeit am Unterschied als harte, weil so vielgestaltig-weiche Brocken.

Das Themenfeld des Unerwarteten
Themen Bei der Themenwahl für ein Spiel kommt das Ludische in der Regel weniger aus dem Was als aus dem Wie. Über das Was lässt sich sagen: Es ist das Themenfeld des Unerwarteten, auf dem sich Spiele bevorzugt ansiedeln, sie werden also (im mitteleuropäischen Kulturkreis) eher von Rittern als von Pförtnern, von Drachen als von Milben, von Schatztruhen als von Besteckkästen handeln. Die Geschichten, die Spiele beinhalten, werden mehr von Abenteuern, Experimenten, Meutereien geprägt sein, weniger von Gewohnheit, Routine, Gehorsam.[10] Weitaus häufiger aber ist es das Wie, sind es die alltäglichen Themen, die mit Unerwartetem zubereitet werden, zum Beispiel fangen, verstecken, werfen, sich setzen, sich ansiedeln: Vor einer Fängerin davonzulaufen, die jeden und keine erwischen kann, sich an möglichst unerwarteten Orten zu verstecken, mit einem (Völker-)Ball auf ein unerwartetes Ziel zu werfen, auf der Reise nach Jerusalem auf ein unberechenbares Signal hin einen freien Stuhl zu ergattern, als Siedler von Catan eine Überraschung nach der anderen zu erleben und sich den Zufällen des Würfelns zu unterwerfen.

Ding-, Erfolgs- und Verbreitungsmedien
Medien Sybille Krämer (1995, S. 227) hat die „weitgehend hypothetische Annahme" formuliert, „dass die instrumentelle Nutzung und die spielerische Interaktion alternative Modi des Gebrauchens von etwas sind": Wieder ist das Wie entscheidend.

In hervorstechender Weise bewährt sich Krämers Annahme an der Unterscheidung von Werkzeug und Spielzeug. Dem Tun als ob steht es frei, jedes Ding als ein anderes zu gebrauchen. Das Grundphänomen zeigt sich auch in normalen

---

[10]Für das 19. Jahrhundert spricht Peter Schnyder von „antinormalistischen Gegenwelten im kollektiven Imaginären". „Im Rezeptionsraum von Industrialisierung und Normalismus" hätten sich Erzählungen mit ludischen Themen entfaltet: „Ein Roman wie Prévosts *Manon Lescaut,* der zentral auch ein Roman des Glücksspiels und des Zufalls ist, wird so in der literarischen Wiederholung – sei es in Stendhals Glücksspielfarbenroman *Le Rouge und le Noir* oder in Dostojewskis *Der Spieler* – gleichsam neu geschrieben. Und eine Autobiographie wie jene Casanovas, in der die Glücksspiel-Welt des 18. Jahrhunderts in einmaliger Farbigkeit geschildert wird, kann zu einem zentralen Referenzwert für die Selbstverständigung der Moderne werden" (Schnyder 2009, S. 394 f.).

Umgangsweisen. Aus der „Kunst des Handelns" (Certau 1988, S. 80 f.) kennen wir „das Rätsel der Konsumenten-Sphinx", für die „ihr Listenreichtum, ihr Abbröckeln je nach Gelegenheit, ihre Wilddiebereien, ihre Klandestinität und ihr unaufhörliches Gemurmel" charakteristisch sind. Funktion und Zweck von Erzeugnissen, wie sie von Produzenten vorgesehen sind, werden von Konsumenten immer wieder auf vielfach abweichende, höchst unterschiedliche Weise gebraucht.

Dingmedien und Technik

Das Spiel hat auch hier weitergehende Freiheiten, für die sich drei Stufen unterscheiden lassen. Zunächst das einfache Umfunktionieren vorgefundener Dinge, indem sie eine andere Bedeutung erhalten und entsprechend anders genutzt werden: der Ast, der zum Schwert wird, um das Ungeheuer zu besiegen, in das der Rotkohlkopf sich plötzlich verwandelt hat. Auf der zweiten Stufe werden von Fall zu Fall Dinge so zurecht gemacht oder dafür hergestellt, dass sie sich zum Spielen gut eignen, es entsteht Zeug zum Spielen. Der technische Entwicklungsstand, der für das Herstellen von Werkzeug und für das Bearbeiten von Materialien ausschlaggebend ist, beeinflusst dabei auch die Möglichkeiten, Spielzeug anzufertigen. „Puppen aus Holz, Ton, Gips, Elfenbein, Marmor, Alabaster, Leder oder Stoff" (Ziegler 2004) hat die Archäologie für die griechische Antike nachgewiesen. Das Spiel mit dem Feuer, „die spielerische Anwendung der Pyrotechnik im Lustfeuerwerk" (Leng 2003), ist ein anderes Beispiel.

> „Die technischen Grundlagen hierfür reichten bis in das 14. Jahrhundert zurück. Doch erst mit zunehmender Beherrschung und Verfeinerung der zunächst überwiegend kriegerischen Pyrotechnik, einhergehend mit einer Professionalisierung der Büchsenmeister einem gesteigerten Repräsentationsbedarf der Höfe, konnte sich das Lustfeuerwerk entwickeln. […] Nach anfänglichem Zögern entwickelte sich ab ca. 1500 recht schnell eine höchst sublime Feuerwerkskunst aus dem Kriegsfeuer." (Leng 2003, S. 106 f.)

Die Mechanik, später die Elektronik legen die Basis für automatisiertes Spielen. Schon lange vor einarmigen Banditen (seit 1899) und Flipperautomaten (seit 1947 mit dem typischen Flipperhebel) wird maschinelles Spielzeug genutzt.

> Zum Beispiel mit einem „Spielkasten des 17. Jahrhunderts, der es nach Einwurf einer Münze erlaubte, dem weithin verhassten kaiserlich-ligistischen Feldherrn Tilly einen Degen ins Herz zu stoßen, oder der Münzautomat eines gewissen Vascot, mit dem man im Feldlager des Generals Dumouriez den König Ludwig XVI., noch vor dessen Tod, *in effigie* guillotinieren konnte." (Warneken 1974, S. 73 f.)

Die Spielzeugherstellung zu bewirtschaften, geschieht auf der dritten Stufe. Wirtschaften heißt, für die Versorgung von morgen heute Vorsorge zu treffen. Für Spielzeug übernimmt das ab dem 19. Jahrhundert die Spielzeugindustrie. Sie produziert, vertreibt, bewirbt Spielwaren – darunter Klassiker wie Spielzeugeisenbahnen, Puppen, Brummkreisel, Baukästen – und macht daraus ein gewinnbringendes Geschäft. Bis zum ersten Weltkrieg hatte sie in Deutschland ein Zentrum (vgl. Hamlin 2007).

> „Der Umstand, dass Hunderttausende von Menschen in Deutschland von Herstellung und Verkauf von Spielzeug leben, und dass das Kunsthandwerk der Spielzeugherstellung sich in tausenden von Familien in Sachsen, Thüringen, Bayern und Württemberg von Generation zu Generation vererbt hat und weiter fortvererbt, legt uns schon im Interesse der mehr als bescheidenen Existenz dieser unzähligen armen Spielzeughersteller, die die Nachkommen und Erben unserer altdeutschen Handwerksmeister sind, die Pflicht auf, dafür zu sorgen, dass wir die Weltmeisterschaft in der Spielzeugfabrikation auch weiter behalten." (Hildebrandt 1904, S. XI)

Theoretisch interessant ist die Verknüpfung von Technik und Spiel auch deshalb, weil Technik Experimente benötigt, um entwickelt und erprobt zu werden (vgl. Poser und Zachmann 2003). Technik, das macht sie so komfortabel, sofern sie funktioniert, koppelt Ursache und Wirkung in monokausalen Ketten und stellt das ziemlich genaue Gegenteil eines Spiels dar. Technik läuft, entsprechend gewartet, endlos und produziert ebenso verbindlich wie tatsächlich nur Erwartetes. Es bedarf des Experiments, eines vorübergehenden unverbindlichen Tuns, um neue Techniken zu erfinden und auszuprobieren. Albert Einsteins Diktum „Spiel ist die höchste Form von Forschung", das im Blechschild-Design käuflich erworben werden kann, bringt diesen Umstand auf den Punkt.

Liebe und Macht
Krämers Annahme, instrumentelle Nutzung und spielerische Interaktion seien alternative Modi des Gebrauchens von etwas bestätigt sich darüber hinaus auch in der Kommunikation. Das lässt sich am Gebrauch der *Erfolgs-* und der *Verbreitungsmedien* zeigen. Damit sich die Kommunikation über Interaktionen Anwesender hinaus fortsetzen und entfalten kann, bedarf es, sagt die Systemtheorie, besonderer Medien, mit denen „die Schwelle der Nichtakzeptanz von Kommunikation, die sehr naheliegt, wenn die Kommunikation über den Bereich der Interaktion unter Anwesenden hinausgreift, hinausgeschoben werden kann" (Luhmann 1997, S. 204). Das Geld in der Wirtschaft, die Macht in der Politik, das Recht in der Justiz, die Aufmerksamkeit in der Öffentlich, die Wahrheit in

der Wissenschaft, das Versprechen in der Beratung, die Liebe in der Familie sind solche Medien, die dazu motivieren und es wahrscheinlicher machen, dass weiter gewirtschaftet, weiter Politik gemacht, weiter Recht gesprochen, weiter öffentlich kommuniziert, weiter geforscht, weiter beraten und weiter geliebt wird.

Im Unterschied vor allem zu Verbreitungsmedien spricht die Systemtheorie hier von „symbolisch generalisierten Kommunikationsmedien" (Luhmann 1997, S. 316–396) oder einfacher von Erfolgsmedien. Die gesellschaftliche Funktion solcher Erfolgsmedien wird, gemessen an Stammesgesellschaften, in späteren gesellschaftlichen Entwicklungsstadien unersetzlich und selbstverständlich. In der ludischen Kommunikation dürften Macht und Liebe die beiden Erfolgsmedien sein, die den Umgang mit dem Unerwarteten am meisten prägen. Geld hingegen ist das Erfolgsmedium, das Spielen besonders nachhaltig zu instrumentalisieren versucht (siehe Abschn. 6.2).

Theorietechnisch ist an diesem Punkt daran zu erinnern, dass die Funktion des Spiels aus der Interaktion als Kommunikation unter Anwesenden entwickelt wurde. Deshalb müssen wir uns dafür interessieren, „wie die Referenzen der Kommunikationsmedien auf menschliche Körper [...], das heißt auf die Tatsächlichkeit des organisch-psychischen Lebens des Menschen hin geregelt sind. [...] Wie wird die Inklusion von Körperlichkeit in einen sozialen Prozess geregelt, wenn der Körper nicht mitspielen kann, wenn die Kommunikation nicht flüssig ist wie das Blut oder quirlig wie die Gedanken, sondern in einer gewissen Geordnetheit ablaufen muss, weil sie sonst nicht verständlich wäre?" (Luhmann 2005, S. 171) Die Antwort lautet, dass sich medienspezifische Referenzen auf Körperlichkeit ausmachen lassen: „Wenn man an Liebe denkt, ist Sexualität der evidente Fall." (ebda, S. 172) Bei der Macht „gibt es deutliche Beziehungen zu physischem Zwang, also zur Gewalt, die gegen Körper ausgeübt werden kann" (ebda, S. 174). Auf Gewalt, am Unterschied zwischen rechtmäßiger und „nackter", gehen wir im Kontext digitaler Spiele ein (Kap. 5), weil ihre Ausführungen als unverbindliches Tun als ob und ihre entsprechenden Aufführungen erst online zu voller Entfaltung kommen. Das hängt auch mit dem oben erwähnten Umstand zusammen, dass die Funktion von Erfolgsmedien vor allem jenseits von Anwesenheit gebraucht wird. Die von der Digitalisierung ausgelöste Option der Kommunikation zwischen Adressen, also zur Interaktion zwischen Abwesenden (siehe Abschn. 5.2), unterliegt diesem Erfordernis.

Verbreitungsmedien primärer bis tertiärer Ordnung
Verbreitungsmedien und Zeichen funktionieren in der Kommunikation als untrennbare Komponenten. Die klassische Gliederung der *Verbreitungsmedien*

in primäre, sekundäre und tertiäre, die Harry Pross (1970) unter dem Aspekt der Produktions- und Rezeptionsbedingungen von Kommunikation vorgeschlagen hat, trifft auch auf Spiele-Medien zu. *Primäre* Medien kommen ohne Technik, nur mit Licht, Luft und den fünf Sinnen aus, sie „tragen" die direkte Interaktion zum Beispiel in Reim- und Sing-, Rate- und Rechenspielen. *Sekundäre* Medien, darunter Schriftstücke und Bilder, werden mit einfachen Werkzeugen vom Federkiel bis zum Buntstift, aber auch mit weiter entwickelten wie Fotoapparat und Druckmaschine angefertigt. Die Technik wird vom jeweiligen Absender angewandt, die Empfänger kommen mit ihrer Sinneswahrnehmung aus. Theaterbühne hier versus Filmtheater dort veranschaulichen den Unterschied zu tertiären, nämlich zu allen elektronischen Medien, die auf beiden Seiten Technik einsetzen wie Radio, Fernsehen und Computer.[11] Jetzt brauchen auch die Rezipienten Technik, nämlich Vorführgeräte, um die Zeichen wahrnehmen und das Hörspiel oder den Spielfilm rezipieren zu können. Analoge Funkmedien sperren sich gegenüber dem Spiel, weil sie ihrem Publikum zwar ludische Aktionen zeigen können, aber die Zuschauer können nicht oder nur ganz vereinzelt und punktuell mitspielen. Das ändert sich mit der Digitalisierung.

Computerspiele bekommen ein eigenes Kapitel, obwohl dadurch vielleicht zu viel Disruption angedeutet wird. In der Tat weist das Spielen am und mit dem Computer beachtliche neue Aspekte auf, trotzdem spricht viel für die „These der spannungsreichen Einheit ästhetischer Medien, die besagt, dass jeder ästhetisch gelungene Gegenstand die Grenzen ästhetischer Medien insgesamt neu verhandelt" (Feige 2015, S. 112). Aber der Computer funktioniert eben nicht nur als Medium, sondern auch als Werkzeug.

Literatur

Adamowsky, N., & Quack, S. (2005). Lucky Letters. Zwölf Stationen des Zufalls. In N. Adamowsky (Hrsg.), *Die Vernunft ist mir noch nicht begegnet. Zum konstitutiven Verhältnis von Spiel und Erkenntnis* (S. 31–33). Bielefeld: transcript.
Alkema, D. (2010). Spiele zwischen Licht und Dunkelheit. Die Blinde Kuh. In B. Neitzel & R. F. Nohr (Hrsg.), *Das Spiel mit dem Medium. Partizipation – Immersion – Interaktion. Zur Teilhabe an den Medien von Kunst bis Computerspiel* (S. 183–201). Marburg: Schüren.

---

[11]Nicht selten wird im Kontext der Digitalisierung von quartiären Medien gesprochen, aber dabei stillschweigend das Unterscheidungskriterium gewechselt, weil nicht mehr das beidseitig eingesetzte technische Gerät, sondern dessen Funktionalität den Ausschlag gibt.

Landesmuseum, Badisches (Hrsg.). (2008). *Volles Risiko! Glücksspiel von der Antike bis heute*. Karlsruhe: Badisches Landesmuseum.

Baecker, D. (1999). *Organisation als System*. Frankfurt a. M.: Suhrkamp.

Baecker, D. (2007). *Studien zur nächsten Gesellschaft*. Frankfurt a. M.: Suhrkamp.

Baecker, D. (2018). *4.0 oder Die Lücke die der Rechner lässt*. Berlin: Merve.

Böer, K., & Sattler, F. (2010). Casio-Landschaften. Über Spielparadiese auf Gartenteppichen und Mississippi-Schiffen. In U. Schädler & E. Strouhal (Hrsg.), *Spiel und Bürgerlichkeit. Passagen des Spiels I* (S. 315–334). Wien: Springer.

Bronder, T. (2016). *Spiel, Zufall und Kommerz. Theorie und Praxis des Spiels um Geld zwischen Mathematik, Recht und Realität*. Berlin: Springer.

Buland, R. (2008). Die Kultur des Spiels – Einige Aspekte zur Einführung. In Badisches Landesmuseum Karlsruhe (Hrsg.), *Volles Risiko! Glücksspiel von der Antike bis heute* (S. 10–12). Karlsruhe: Badisches Landesmuseum.

Buytendijk, F. J. J. (1933). *Wesen und Sinn des Spiels*. Berlin: Kurt Wolff.

Caillois, R. (1960). *Die Spiele und die Menschen. Maske und Rausch*. Stuttgart: Carl E. Schwab (Erstveröffentlichung 1958).

de Certeau, M. (1988). *Kunst des Handelns*. Berlin: Merve.

Depaulis, T. (2010). ‚Aristokratische‘ versus bürgerliche Spiele. Die Revolution der Kartenspiele. In B. Neitzel & R. F. Nohr (Hrsg.), *Das Spiel mit dem Medium. Partizipation - Immersion - Interaktion. Zur Teilhabe an den Medien von Kunst bis Computerspiel* (S. 155–166). Marburg: Schüren.

Edwards, R. (2004). System does matter. In *The forge*. http://www.indie-rpgs.com/_articles/system_does_matter.html. Zugegriffen: 2. Mai 2019.

Feige, D. M. (2015). *Computerspiele. Eine Ästhetik*. Berlin: Suhrkamp.

Fink, E. (1960). *Spiel als Weltsymbol*. Stuttgart: Kohlhammer.

Fittà, M. (1998). *Spiele und Spielzeug in der Antike*. Stuttgart: Theis.

Gebauer, G. (2002a). Ausdruck und Einbildung. Zur symbolische Funktion des Körpers. In Ders. (Hrsg.), *Sport in der Gesellschaft des Spektakels* (S. 16–30). Sankt Augustin: Academia.

Gebauer, G. (2002b). Bewegung als Körper-Erinnerung. In Ders., *Sport in der Gesellschaft des Spektakels* (S. 135–141). Sankt Augustin: Academia.

Gebauer, G., & Wulf, C. (2010). Zu diesem Heft. In *Paragrana*. Internationale Zeitschrift für Historische Anthropologie (Bd. 19, H. 1, S. 11–12). Emotion – Bewegung – Körper, hrsg. von G. Gebauer, & C. Wulf.

Geertz, C. (1987). *Dichte Beschreibung. Beiträge zum Verstehen kultureller Systeme*. Frankfurt a. M.: Suhrkamp.

Gizycki, J., & Görny, A. (1970). *Glück im Spiel zu allen Zeiten*. Zürich: Stauffacher.

Gööck, R. (1964). *Das große Buch der Spiele. 1000 Spiele für jung und alt*. Gütersloh: Bertelsmann.

Groos, K. (1899). *Die Spiele der Menschen*. Jena: Gustav Fischer.

Hagemann, C. (1919). *Spiele der Völker. Eindrücke und Studien auf einer Weltfahrt nach Afrika und Ostasien*. Berlin: Schuster & Löffler.

Hamlin, D. D. (2007). *Work and play: The production and consumption of toys in Germany, 1870–1914*. Ann Arbor: University of Michigan Press.

Handelsblatt Research Institut. (2017). Die Digitalisierung des Glücksspiels. https://research.handelsblatt.com/assets/uploads/Gl%C3%BCcksspiel%20Studie2_20171024.pdf. Zugegriffen: 30. Apr. 2019.

Harari, Y. N. (2015). *Eine kurze Geschichte der Menschheit*. München: Pantheon.

Hartung, W. (2003). *Die Spielleute im Mittelalter. Gaukler, Dichter, Musikanten*. Düsseldorf: Patmos.

Hattler, C. (2008). „Und es regiert der Würfelbecher" – Glücksspiel in der Antike. In Badisches Landesmuseum Karlsruhe (Hrsg.), *Volles Risiko! Glücksspiel von der Antike bis heute* (S. 26–34). Karlsruhe: Badisches Landesmuseum.

Held, M. (Hrsg.). (1997). *Normative Grundfragen der Ökonomik*. Frankfurt: Campus.

Hensel, T. (2018). Kunst. In B. Beil, T. Hensel, & A. Rauscher (Hrsg.), *Game studies* (S. 379–387). Wiesbaden: Springer VS.

Herzmann, H. (2006). *„Mit Menschenseelen spiele ich". Theater an der Grenze von Spiel und Wirklichkeit*. Tübingen: Gunter Narr Verlag.

Hildebrandt, P. (1904). *Das Spielzeug des Kindes*. Berlin: G. Söhlke.

Hoffjann, O., & Arlt, H.-J. (2015). *Die nächste Öffentlichkeit. Theorieentwurf und Szenarien*. Wiesbaden: Springer VS.

Hüther, G., & Quarch, C. (2018). *Rettet das Spiel! Weil Leben mehr als Funktionieren ist*. München: btb.

Huizinga, J. (1956). *Homo Ludens. Vom Ursprung der Kultur im Spiel*. Reinbek: Rowohlt (Erstveröffentlichung 1938).

Krämer, S. (1995). Spielerische Interaktion. Überlegungen zu unserem Umgang mit Instrumenten. In F. Rötzer (Hrsg.), *Schöne neue Welten? Auf dem Weg zu einer neuen Spielkultur* (S. 225–236). München: Boer.

Kühme, D. (1997). *Bürger und Spiel. Gesellschaftsspiele im deutschen Bürgertum zwischen 1750 und 1850*. Frankfurt a. M.: Campus.

Kuster, T. (2016). „ […] Spielen macht den Menschen toll […] aber man ist auch guter ding dabey". Für und Wider des Spielens in der frühen Neuzeit. In S. Haag (Hrsg.), *Spiel! Kurzweil in Rennaissance und Barock*. Ausstellungskatalog des Kunsthistorischen Museums Wien (S. 11–17). Wien: KHM-Museumsverband.

Lange, P. V., & Dreu C. D. (2002). Soziale Interaktion: Kooperation und Wettbewerb. In W. Stroebe, K. Jonas & M. Hewstone (Hrsg.), *Sozialpsychologie. Eine Einführung* (S. 381–414). Berlin: Springer.

Lanwehr, R., & Ameln, F. V. (2017). Kooperation und Wettbewerb in Organisationen. In *Gruppe. Interaktion. Organisation. Zeitschrift für Angewandte Organisationspsychologie (GIO)* (Jg. 48, H. 1, S. 1–4). Wiesbaden: Springer.

Leng, R. (2003). Feuerwerk zu Ernst und Schimpf – Die spielerische Anwendung der Pyrotechnik im Lustfeuerwerk. In S. Poser & K. Zachmann (Hrsg.), *Homo faber ludens. Geschichten zu Wechselbeziehungen zwischen Technik und Spiel* (S. 85–111). Frankfurt a. M.: Lang.

Lévi-Strauss, C. (1973). *Das wilde Denken*. Frankfurt a. M.: Suhrkamp.

Liede, A. (2015). *Dichtung als Spiel: Studien zur Unsinnspoesie an den Grenzen der Sprache* (Bd. 2). Berlin: de Gruyter.

Luhmann, N. (1991). Symbiotische Mechanismen. In Ders. (Hrsg.), *Soziologische Aufklärung 3* (S. 228–244). Opladen: Westdeutscher Verlag.

Luhmann, N. (1997). *Die Gesellschaft der Gesellschaft*. Frankfurt a. M.: Suhrkamp.

Luhmann, N. (2005). *Einführung in die Theorie der Gesellschaft*. Heidelberg: Auer.

Metken, S. (1991). ‚Komm spiel mit mir Blindekuh…' Ikonographie und Ausdeutung eines Fang- und Ratespiels. In *Magazin Kunst und Antiquitäten* 1/2 (S. 52–61). München: Verlag Kunst & Antiquitäten.

Myers, D. (2017). *Games are not. The dificult and definitive guide to what video games are.* Manchester: Manchester University Press.

Petschar, H. (1993). Das Schachspiel als Spiegel der Kultur. Ein Vergleich der Regelsysteme in Indien, China, Japan und Europa. In U. Baatz & W. Müller-Funk (Hrsg.), *Vom Ernst des Spiels. Über Spiel und Spieltheorie* (S. 122–135). Berlin: Dietrich Reimer Verlag.

Plessner, H. (1961). *Lachen und Weinen. Eine Untersuchung nach den Grenzen menschlichen Verhaltens.* Bern: Francke.

Poser, S., & Zachmann, K. (Hrsg.). (2003). *Homo faber ludens: Geschichten zu Wechselbeziehungen von Technik und Spiel.* Frankfurt a. M.: Lang.

Pross, H. (1970). *Publizistik: Thesen zu einem Grundcolloquium.* Darmstadt: Luchterhand.

Puk, A. (2014). *Das römische Spielewesen in der Spätantike.* Berlin: de Gruyter.

Sackson, S. (1986). *Kartenspiele der Welt.* München: dtv.

Sallge, M. (2010). Interaktive Narration im Computerspiel. In C. Thimm (Hrsg.), *Das Spiel: Muster und Metapher der Mediengesellschaft* (S. 79–104). Wiesbaden: VS Verlag für Sozialwissenschaften.

Schädler, U. (2010). Vom Trictrac zum Backgammon. In B. Neitzel & R. F. Nohr (Hrsg.), *Das Spiel mit dem Medium. Partizipation - Immersion - Interaktion. Zur Teilhabe an den Medien von Kunst bis Computerspiel* (S. 37–62). Marburg: Schüren.

Scheuerl, H. (1990). *Das Spiel. Untersuchungen über sein Wesen, seine pädagogischen Möglichkeiten und Grenzen* (Bd. 1). Weinheim: Beltz (Erstveröffentlichung 1954).

Schnyder, P. (2009). *Alea. Zählen und Erzählen im Zeichen des Glücksspiels 1650–1850.* Göttingen: Wallstein.

Schulmeister, S. (2009). Der Boom der Finanzderivate und seine Folgen. In *Aus Politik und Zeitgeschichte* (26/2009, S. 6–14), hrsg. von der Bundeszentrale für politische Bildung.

Schulze, G. (2003). *Die beste aller Welten. Wohin bewegt sich die Gesellschaft im 21. Jahrhundert?* München: Hanser.

Schweinitz, J. (2006). Totale Immersion, Kino und die Utopien von der virtuellen Realität. Zur Geschichte und Theorie eines Mediengründungsmythos. In B. Neitzel & R. F. Nohr (Hrsg.), *Das Spiel mit dem Medium. Partizipation – Immersion – Interaktion. Zur Teilhabe an den Medien von Kunst bis Computerspiel* (S. 136–153). Marburg: Schüren.

Sfetcu, N. (2016). *Gaming guide – Gambling in Europe* (IllustratAufl Aufl.). Amazon: Kindle Direct Publishing.

Stalder, F. (2016). *Kultur der Digitalität.* Berlin: Suhrkamp.

Stern, M. (2010). *Stil-Kulturen: Performative Konstellationen von Technik, Spiel und Risiko in neuen Sportpraktiken.* Bielefeld: transcript.

Strätling, R. (Hrsg.) (2012). *Spielformen des Selbst. Das Spiel zwischen Subjektivtät, Kunst und Alltagspraxis.* Bielefeld: transcript.

Sutton-Smith, B. (1978). *Die Dialektik des Spiels: eine Theorie des Spielens, der Spiele und des Sports.* Schorndorf: Hofmann.

Thiedecke, U. (2008). Spiel-Räume. Zur Soziologie entgrenzter Exklusionsbereiche; in: H. Willems (Hrsg.), *Weltweite Welten. Internet-Figurationen aus wissenssoziologischer Perspektive* (S. 295–317). Wiesbaden: VS Verlag.

Thiedecke, U. (2010). Spiel-Räume: Kleine Soziologie gesellschaftlicher Exklusionsbereiche. In C. Thimm (Hrsg.), *Das Spiel: Muster und Metapher der Mediengesellschaft* (S. 17–32). Wiesbaden: VS Verlag für Sozialwissenschaften.
Väterlein, J. (1976). *Roma ludens: Kinder und Erwachsene beim Spiel im antiken Rom* (Bd. 5 von Heuremata: Studien zu Literatur, Sprachen und Kultur der Antike). Amsterdam: Grüner.
Warneken, B. J. (1974). Der Flipperautomat. Ein Versuch über Zerstreuungskultur. In J. Alberts, K. M. Balzer, H.-W. Heister & B. J. Warneken (Hrsg.), *Segmente der Unterhaltungsindustrie* (S. 66–129). Frankfurt a. M.: Suhrkamp.
Zentes, J., Swoboda, B., & Morschett, D. (Hrsg.). (2003). *Kooperationen, Allianzen und Netzwerke. Grundlagen – Ansätze – Perspektiven.* Wiesbaden: Gabler.
Ziegler, D. (2004). *Spiele und Spielzeug in der Antike.* https://www.klassischearchaeologie. phil.uni-erlangen.de/realia/spiele/spiele2.html. Zugegriffen: 8. Juni 2019.
Zollinger, M. (1997). *Geschichte des Glücksspiels vom 17. Jahrhundert bis zum Zweiten Weltkrieg.* Wien: Böhlau.
Zollinger, M. (2016). Infam und lukrativ. Das Glücksspiel in der frühen Neuzeit. In S. Haag (Hrsg.), *Spiel! Kurzweil in Rennaissance und Barock.* Ausstellungskatalog des Kunsthistorischen Museums Wien (S. 19–25). Wien: KHM-Museumsverband.

Spielen im digitalen Sandkasten 5

Zusammenfassung

Als Video-, Konsolen-, PC-, Online- und Mobile Games haben sich digitale Spiele innerhalb weniger Jahrzehnte stark ausdifferenziert, Kategorienbildungen und Genrebezeichnungen befinden sich sowohl für die Hardware wie für die Software im Fluss. Der Computer als universelles Werkzeug und als hochleistungsfähiges Medium eröffnet dem Spiel neue fantastische Welten, die sich der Pointe der Digitalisierung verdanken: Je gründlicher getrennt wird, desto mehr Möglichkeiten der Rekombination entstehen, je trivialer die Unterscheidung, desto leichter ihre Steigerung in immer höhere Komplexität. Ein Blick in die Kommunikationsgeschichte verhilft zu einem besseren Verständnis des ludischen Potenzials des Computers, das ein dreifaches Ich-Erlebnis als Spieler, Gespielter und Beobachter ermöglicht. An rechnerbasierten Spielen fällt bis heute das Missverhältnis auf zwischen höchsten technischen Raffinessen, luxuriösem Design und opulenten Bildern, und manchmal ärmlichen sozialen Kompetenzen. Digitale Kommunikation als Interaktion zwischen Adressen erzeugt einen Widerspruch zwischen Erlebnisreichtum und Mitgefühlsarmut. Er findet einen Ausdruck in ludischen Gewaltexzessen, die jedoch auf der schlichten Vergleichsebene von Spiel und Realität gründlich missverstanden werden.

© Springer Fachmedien Wiesbaden GmbH, ein Teil von Springer Nature 2020   109
F. Arlt und H.-J. Arlt, *Spielen ist unwahrscheinlich,*
https://doi.org/10.1007/978-3-658-29107-5_5

„Wer noch im Sandkasten aufgewachsen ist, hat mit Spielzeugautos davon geträumt, wie es wohl wäre, selbst hinterm Steuer zu sitzen. Die neue Generation sitzt vor dem Bildschirm und steuert ihre Rennwagen über Formel-1-Kurse." (Lischka 2002, S. 16)

Eigentlich wie immer, wenn neue Medien und/oder neue Zeichen die Mitteilungsmöglichkeiten auf vorher ungeahnte Weise verändern, treten auch im Fall der Digitalisierung die beiden Beschreibungen gegeneinander an, die am Neuen entweder das Alte oder das Niedagewesene betonen. Um das ludische Potenzial des Computers und damit den Evolutionsschub des Spiels zu verstehen, wie er mit digital games stattfindet, kommt es auf den Unterschied zwischen analog und digital an, einen kleinen Unterschied innerhalb der mit Elektrizität arbeitenden Funkmedien, der aufgrund der Erfindung des Computers große Folgen zeitigt.

Die Arbeit am Unterschied zwischen analog und digital, der längere Passagen vorbehalten sind, gibt diesem Kapitel im Vergleich zur vorangegangenen Argumentationsführung einen anderen Grundcharakter: Medientechnische und kommunikationspraktische Voraussetzungen des Spielens werden ausführlich behandelt, während sie bisher nur als Randbedingungen Erwähnung fanden. „Was das jetzt mit dem Thema Spiel zu tun hat", werden sich Leserinnen und Leser stellenweise fragen. Wenn das Spiel so weit in das Zentrum gesellschaftlicher Aufmerksamkeit vorrücken konnte, wie es gegenwärtig zu erleben ist, dann hat das viel damit zu tun, dass es durch die Digitalisierung ein zusätzliches Fundament bekam. Sich dieses Fundaments zu vergewissern, stellt für eine Theorie der ludischen Aktion keine zwingende Aufgabe dar, ist aber ein Beitrag zum besseren Verständnis des Spiels, das im zweiten Kapitel theoretisch erfasst wurde als freiwilliger, zeitlich, oft auch räumlich markierter, immer wieder neuer Umgang mit Unerwartetem im Modus eines unverbindlichen Tuns als ob.

Als wissenschaftliches Thema und Untersuchungsgegenstand gleichen digital games einem Tischlein-deck-dich. Zum einen kann alles, was schon einmal über das Spiel gesagt wurde, neu gesehen, beschrieben und gedeutet werden. Zum anderen können viele Fragen, die an Kommunikation bislang gestellt wurden, neu verhandelt werden, weil mit dem Computer als Verbreitungsmedium akustisch und optisch alles gesendet werden kann, was bisher, in welchem Medienformat auch immer, mitgeteilt wurde und noch mehr. „Die moderne Gesellschaft scheint damit eine Grenze erreicht zu haben, an der nichts mehr nicht kommunizierbar ist – mit der einen alten Ausnahme: der Kommunikation von Aufrichtigkeit." (Luhmann 1997, S. 311) Inhaltsverzeichnisse von Monografien und Readern über den „Spielplatz Computer" (Lischka 2002) sind deshalb thematisch und perspektivisch überquellende Füllhörner: „Computerspielforscher/innen entstammen den Literatur-, Film-, Kunst-, oder Medienwissenschaften, der Pädagogik, der Soziologie, der Kommunikationswissenschaft oder der Informatik." (GamesCoop 2012, S. 10) Philosophie, Architektur, Ethnologie und Wirtschaftswissenschaft wären noch zu nennen und vermutlich weitere. Der Untersuchungsgegenstand dient sich ihnen an, es wäre Willkür, auch nur eine dieser Perspektiven als unangemessen zurückzuweisen.

Das Spiel wird digital nicht neu erfunden

Zum dritten können die neuen Möglichkeiten, die digitale Kommunikation dem Spielen bietet, erforscht und in einer eigenen Fachsprache mit modisch kreierten Bezeichnungen erörtert werden, wobei unkundige Rezipienten der Fachliteratur sich ohne Glossar kaum zurechtfinden.[1] Diese dritte Hinsicht steht, zugeordnet zu Meilensteinen der Kommunikationshistorie, im Zentrum der folgenden Analyse. Dabei stellt sich auch die Frage von Claus Pias: „Warum gibt es überhaupt Computerspiele? Wenn nämlich etwas an allen bisherigen Untersuchungen zu Computerspielen verwundert, dann ist es die Selbstverständlichkeit, mit der hingenommen wird, dass es sie gibt." (Pias 2002, S. 9)

Das Spiel wird digital nicht neu erfunden, aber wesentlich anders praktiziert. Als Video-, Konsolen-, PC-, Online- und Mobile Games haben sich digitale Spiele innerhalb weniger Jahrzehnte stark ausdifferenziert, Kategorienbildungen und Genrebezeichnungen befinden sich sowohl für die Hardware wie für die

---

[1]„Die englische Terminologie im Bereich Games wurde meist nicht von Experten entwickelt, sondern sie ist historisch durch die Interaktion zwischen Entwicklern, Werbetextern und Nutzern entstanden. Auch die der englischen Sprache nur unzureichend mächtigen Spieleentwickler fühlten sich bemüßigt, im Zuge der Globalisierung ihre Spieltypen auf Englisch zu beschreiben. […] Werbetexter haben die falschen Begrifflichkeiten übernommen und mit emotionalen Füllwörtern geschmückt. Die internationalen Anwender übernahmen dieses Begriffschaos und adaptierten ihre Schreibweisen an ihre jeweilige Landessprache. Dies hat zu teils amüsanten, teils verwirrenden Begriffen geführt […]. Angesichts des Namens könnte man bei einem „third person shooter" entweder denken, dass die dritte Person erschossen werden muss, der man im Spiel begegnet, oder – falls man bei ‚third person' korrekterweise an die Grammatik denkt, wie es wohl die Schöpfer dieser seltsamen Wortkonstruktion im Sinn hatten – dass man beim Gespräch mit einem Avatar eine dritte, unbeteiligte Person erschießt. Korrekterweise müsste man bei allen Shootern von „second person shootern" sprechen, denn bei „first person shootern" müsste es sich ja dann logischerweise um Selbstmordspiele handeln." (Breiner und Kolibius 2019, S. 10 f.)

Software im Fluss.[2] „Genrekategorien sind in der Praxis nahezu unumgänglich – sei es auf Seiten der Spielentwickler und Publisher, die ein neues Produkt vermarkten wollen; auf Seiten der Spielkritik, die ihre Testberichte nach Genres strukturiert; und nicht zuletzt auf Seiten der Rezipienten und Communities als Selektionshilfe beim Kauf und bei der Diskussion von Spielen. Genres oszillieren somit ständig zwischen wirtschaftlichen, kulturellen, sozialen und eben nicht zuletzt auch wissenschaftlichen Kategorienbildungen [...]." (GamesCoop 2012, S. 20 f.)

Dinge und Undinge

Vorab ist daran zu erinnern, dass alles, worauf User im Internet treffen, Mitteilungen sind; es wird mitgeteilt oder es wird – wann auch immer – Mitgeteiltes rezipiert. Das Internet bildet damit ein Stadium einer Entwicklung, die Vilém Flusser „Abstraktionsspiel" nennt und so beschreibt:

> „Unsere Umwelt bestand noch vor kurzem aus Dingen: aus Häusern und Möbelstücken, aus Maschinen und Fahrzeugen, aus Kleidern und Wäsche, aus Büchern und Bildern, aus Konservenbüchsen und Zigaretten. [...] Es ist nicht leicht, sich in den Dingen auszukennen. Und doch war es, wie wir jetzt rückblickend einsehen, eher gemütlich, in einer Umwelt von Dingen zu leben. [...] Das ist leider anders geworden. Undinge dringen gegenwärtig von allen Seiten in unsere Umwelt, und sie verdrängen die Dinge. Man nennt diese Undinge ‚Informationen'. [...] Es sind undingliche Informationen. Die elektronischen Bilder auf dem Fernsehschirm, die in den Computern gelagerten Daten, all die Filmbänder und Mikrofilme, Hologramme und Programme, sind derartig ‚weich' (software), dass jeder Versuch, sie mit den Händen zu ergreifen, fehlschlägt. Diese Undinge sind im genauen Sinn des Wortes, ‚unbegreiflich'. Sie sind nur dekodierbar." (Flusser 1993, S. 80 f.)

Ausgehend von der Doppelexistenz des Computers als Werkzeug und Verbreitungsmedium (Abschn. 5.1), erörtern wir die Interaktionen zwischen Adressen sowie mit dem Computer selbst (Abschn. 5.2) und beschreiben Eigenschaften

---

[2]Eine inzwischen allerdings historische Übersicht über Software-Genres zusammen mit langen Listen zugeordneter Games bietet Frey (2004). Anhand der Hardware, hier nur verstanden als das verwendete Gerät, wird gewöhnlich unterschieden zwischen Arcade-, Konsolen-, PC-, Handheld- und Smartphone-Spielen. Über Modellentwicklungen der Hardware informieren (deutschsprachige) Computerzeitschriften wie „PC Games Hardware" und „GameStar", auch „c't" und „Computer Bild". Ebenso differenziert wie klar werden Einteilungskriterien von Computerspielen und Game Genres jetzt dargestellt in Breiner und Kolibius (2019, S. 9–59).

von Computerspielen, die dem Erleben und Handeln vorher nicht gekannte Möglichkeiten eröffnen (Abschn. 5.3).

„Die Träume von Cyborgs, Neuroschnittstellen oder der Loslösung vom Körper, von der Immersion in die virtuellen Welten, in denen man ein zweites Leben, aber mit allen sensorischen Erfahrungen und motorischen Möglichkeiten bis hin zum Cybersex mit anderen Telepartnern beginnt, die man nie ‚wirklich' kennen wird, eröffnen, so scheint es, eine spielerische Welt mit neuen Regeln, die durch den Computer ermöglicht werden." (Rötzer 1998, S. 150)

5.1   Computer als Werkzeug und Verbreitungsmedium

„Dass Computer spielen ist eine ideologische Metapher. Tatsache hingegen ist, dass Computer außerordentlich verführerische Einladungen zum Spiel darstellen." (Adamowsky 2001, S. 21)

Als maschinelles Werkzeug und Medium hat der Computer sowohl eine Herstellungs-, als auch eine Darstellungsfunktion. „Einem durch philosophisches Fragen noch nicht irritierten Verständnis gelten technische Instrumente als Mittel für etwas, Medien aber als Mittler von etwas." (Krämer 1998, S. 83) Auch hier verhilft die Kommunikationsgeschichte zu einem besseren Verständnis. Verbale Kommunikation unter Anwesenden verwendet als Wahrnehmungsmedien Luft und Klang sowie als Verbreitungsmedium die Sprache. Das sind, Sprachkenntnisse vorausgesetzt, komfortable Bedingungen, weil Kommunikation in den komplementären Rollen von Absendern und Rezipienten aufgrund natürlich gegebener Voraussetzungen jederzeit möglich ist. Was hin und her geschickt wird, sind die Lautzeichen. Den eigenen, mit Mund, Ohren und Augen ausgestatteten Körper hat man, sofern man bei Bewusstsein ist, als Sender und Empfänger funktionsbereit. Dass sogar alle Anwesenden gleichzeitig sprechen können, ist dann schon eher ein Nachteil. Es ist wichtig, sich diese Beschreibung der verbalen Kommunikation unter Anwesenden gegenwärtig zu halten, weil sie auf eigenartige Weise in der Online-Kommunikation wiederkehrt.

Die Schrift „ist natürlich nicht als Kommunikationsmittel entstanden, denn das hätte ja Leser vorausgesetzt. [...] Der wohl bekannteste, nun schon auf gesellschaftliche Kommunikation bezogene Entstehungsanlass liegt in den Aufzeichnungsbedürfnissen komplexer ökonomischer Großhaushalte" (Luhmann 1997, S. 260 f.). Als Wahrnehmungsmedium „erkauft" sich die Schrift ihren Vorteil, auch Abwesende zu erreichen, mit der Umständlichkeit, die Zeichen auf einem Material fixieren zu müssen. Die Zeichenlehre umfasst deshalb nicht nur die Semantik, sondern ebenfalls eine Art Materialkunde, weil es auch auf die Materialität der Zeichen ankommt, deren Sicht- und Fassbarkeit.

> „In den Anfängen der menschlichen Geschichte wurden die ersten Aussagen durch ungeschicktes Ritzen oder Schneiden in Stein und Holz festgehalten. Dieses vertiefte Eingraben erlaubte es, das Zeichen nicht nur optisch, sondern auch durch Abtasten mit der Hand wahrzunehmen. Dieser Sinn des Verankert-Seins in einer unvergänglichen Materie hat seine Wirkung behalten: denn heute noch wird ein Denkmal oder Grabstein nicht bemalt, sondern mit Hammer und Meißel behauen. Das oberflächliche, zweidimensionale Zeichnen oder das Malen auf leichtere Unterlagen wie Bretter, Häute, Blätter erweiterte die Ausdrucksmöglichkeiten und erlaubte es, sich im Zeitablauf schneller auszudrücken. Für den Ausbau der Kommunikation waren diese Faktoren mitbestimmend." (Frutiger 2006, S. 50 f.)

Anders als bei der verbalen Kommunikation sind es bei der Schrift materialisierte Formen des Verbreitungsmediums, die zwischen Absendern und Adressaten unterwegs sind oder in Bibliotheken lagern, wo sie von interessierten Rezipienten gelesen werden können. Der Buchdruck verändert diese Grundkonstellation nicht, dynamisiert sie aber aufgrund der technischen Reproduzierbarkeit der Zeichen. Massenhaft maschinell herstellbare Zeichen und Verbreitungsmedien können, erweiterte und schnellere Transportmöglichkeiten vorausgesetzt, Klostermauern und Bibliothekssäle verlassen. Verbreitungsmedien kursieren in technisch hergestellter, materialisierter Form unter anderem als Flugblatt, Plakat, Buch, Zeitung. Aber es bleibt der Umstand, dass Rezipienten in die Buchhandlung gehen müssen, um sich das Medium zu besorgen, oder dass Absender Postdienste leisten oder bezahlen, um das Medium bestimmten Adressen zukommen zu lassen.

Mikrofon und Lautsprecher, Kamera und Leinwand

Mit den Funkmedien entsteht auf neue Weise die Konstellation, welche die Kommunikation unter Anwesenden prägt: Nicht die Medien sind unterwegs, sondern die Zeichen. Ermöglicht wird es dadurch, „dass die Elektrizität lokal und global instantane, mit Lichtgeschwindigkeit zu schaltende Verknüpfungen herstellt" (Baecker 2010, S. 42). „Vom Mund zum Ohr – auf dem Strahle der elektrischen Kraft" lautet die Sequenz, die das Medienmagazin des Rundfunks Berlin Brandenburg bis heute als Erkennungszeichen sendet.

Sender und Empfänger werden technisch hergestellt. Sie werden von lebendigen Sendern und Empfängern, sprich: Personen, in der Regel käuflich erworben und bei sich aufgestellt – mit einem entscheidenden Unterschied: Dieser Vorteil, Zeichen mithilfe elektrischer Energie sehr viel schneller und direkter übermitteln zu können, ist zunächst nur dadurch zu erreichen, dass wenige Absender vielen Adressaten gegenüber treten. Produzenten und Rezipienten massenmedialer Mitteilungen sind weit voneinander getrennt. Aufnahme und Ausgabe von Tönen und Bildern werden zu technischen Prozessen mit Mikrofon und Kamera auf der einen Seite, Lautsprecher (Radio) und Leinwand oder Bildschirm (Fernsehen) auf der anderen Seite.

Diskretion und Rekombination

Trotz dieses massiven Dazwischentretens von Technik strahlen Bewegtbilder – nachdem der erste Schrecken überwunden war[3] – eine gewisse Glaubwürdigkeit aus. Um etwas aufnehmen und zeigen zu können, muss es geschehen sein, auch fiktionale Szenen müssen sich real ereignet haben; manchmal finden Stuntmänner und -frauen dabei Jobs. „Die Realitätsgarantie, die die Sprache aufgeben musste, weil allem, was gesagt wird, widersprochen werden kann, verlagert sich damit auf die beweglichen, optisch/akustisch synchronisierten Bilder." (Luhmann 1997, S. 305) Auch in dieser Hinsicht führt die Digitalisierung zu einem Bruch, der zunächst mit Hilfe von Achim Brosziewski technisch verstanden werden soll.

> „Das paradigmatische Bauteil dieser Technologie ist die Membrane. Sie ist die ‚Schnittstelle' zwischen akustischen und elektrischen Impulsen, die sie vorwärts und rückwärts ineinander verwandelt. Das Grundproblem dieser Technologie besteht darin, der Elektrizität das Lauschen und das Pusten beizubringen. [...] Beides zugleich kann nicht in einer Apparatur realisiert werden, denn dann müsste der Apparat *entscheiden* können, welche der beiden Transformationen er im Moment ausführen soll. Man stelle sich dies bei einem Telefongespräch mit all seinen Redeüberlappungen und -pausen vor. Die geschilderte Problematik – die sich mutatis mutandis auf das Verhältnis von Optik und Elektrizität übertragen lässt – zwang Nachrichtentheorie und Gerätebaupraxis zur *Unterscheidung* von Impulsen und Signalen und damit zur Frage, wie im Wechsel der Impulsformen die *Einheit* eines Signals erzeugt und erhalten werden kann. Die Lösung hieß und heisst: durch Reduktion [...]. Auf der Seite der Elektrizität stellt Digitalisierung das Optimum an Reduktionsleistung dar." (Brosziewski 2003, S. 84 f.)

---

[3]Über die Vorführung des Films „Die Ankunft eines Zuges auf dem Bahnhof in La Ciotat" der Gebrüder Lumière 1895 in Paris notiert die Filmgeschichte: „In ‚L'ARRIVÉE DU'TRAIN' raste die Lokomotive vom Hintergrund der Bildwand her auf die Zuschauer zu, die vor Schreck aufsprangen, weil sie fürchteten überfahren zu werden." (zit. n. Dotzler und Roeßler-Keilholz 2017, S. 81) Berichtet wird auch, dass die Zuschauer sich die Großaufnahme eines Kopfes zunächst nur so erklären konnten, dass hier jemand geköpft worden sei.

Ob Reduktion eine glücklich gewählte Bezeichnung ist, darf bezweifelt werden. Diskretion wäre vielleicht die bessere Wortwahl, denn Trennschärfe gepaart mit Kombinationskapazitäten zeichnet die Digitalisierung der Zeichen aus. Die Diskretion ist deshalb so radikal, weil digitale Signale nur zwei Zustände kennen und dabei das schärfstmögliche Entweder-Oder realisieren: Wenn 0, dann Nicht-1, wenn 1, dann Nicht-0.[4] „Elektrische Impulse werden von einem ‚mehr oder weniger ausgeprägt' (Spannung) in ein ‚entweder-oder' (Schalter an oder aus) *zerlegt* und aus diesen ‚bits' auch wieder *zusammengesetzt* – auf der Inputseite zerlegt, auf der Outputseite zusammengesetzt." (ebda, S. 85) Man kann die Leistung des Werkzeug-Computers auch so zusammenfassen, dass er akustische und optische Impulse in digitale Signale transformiert, diese je nach Programmierung speichert, bearbeitet, weiterleitet sowie in akustische und optische Impulse zurückverwandelt, die der Medium-Computer als Schriften, Töne und Bilder der menschlichen Wahrnehmung anbietet. Die Pointe liegt darin: Je gründlicher getrennt wird, desto mehr Möglichkeiten der Rekombination entstehen. Die User können den Computer, gerade auch, wenn sie Spieler sind, im Prinzip, nicht immer im konkreten Fall, als Medium und als Werkzeug nutzen, als Sender und Empfänger, aber auch als Produzenten. „Wer sich auf digitale Bilder einlässt (und wie sollte man das heute vermeiden?), kann wissen, dass er zugleich beides kann: ungemein verlässlich (mit Millionen Pixel und in höchster Auflösung) registrieren, was der Fall ist, und sich zugleich ein Bild machen, also das Material resp. im Vergleich zur analogen Foto- und Filmtechnik das Nichtmaterial bearbeiten." (Hörisch 2013, S. 21)

Vom Dampfhammer zur Denkmaschine

Bildlich gesprochen hat sich das Matterhorn aufgelöst in sandkorngroße Steinchen zweierlei Art, die immer wieder zu neuen Konfigurationen zusammengesetzt werden können. „Wir erleben: eine Neue Auflösung" (Kucklick 2016, S. 10), an der das aufregend Neue ihr riesiges Rekombinationspotenzial ist. Digitalisiert erreichen die Zeichen – Beherrschung der Technik vorausgesetzt,

---

[4]Das gilt für klassische Computer. Quantencomputer, so liest man, können mehr: „Während in einem klassischen Computer ein Bit entweder auf 0 oder auf 1 gesetzt ist, kann ein Quantenbit beide Werte gleichzeitig annehmen, anders ausgedrückt, sich in zwei Zuständen gleichzeitig befinden. Man spricht von Superposition." (Homeister 2018, S. 2) „Und plötzlich ist da eine andere Welt", schreibt Christian Stöcker (2019) auf Spiegel-Online, „Maschinen, die in Sekundenschnelle lernen, würden möglich."

werden Programmierer einwerfen – eine Beweglichkeit und Wandelbarkeit, die räumliche und zeitliche Schranken minimalisieren. Sie bleiben Zeichen in dem grundsätzlichen Sinn, für etwas anderes zu stehen, aber auf eine hoch verflüssigte, entmaterialisierte und sinnfreie Weise. „Ob es sich um ‚ernsthafte‘ oder ‚spielerische‘, um ‚anständige‘ oder ‚unanständige‘ Dinge handelt [...] muss *außerhalb* des Mediums entschieden werden, also durch die Beteiligten. Das Digitalmedium ist – wie schon Schrift, wie selbst die Sprache – gegenüber Wertungen indifferent." (Brosziewski 2003, S. 227) Der Sinnfreiheit digitaler Rechenkünste hat Douglas Adams ein literarisches Denkmal gesetzt. In „The Hitchhiker's Guide to the Galaxy" gibt Supercomputer „Deep Thought", der so leistungsfähig ist, dass er zum Zeitvertreib über die Vektoren sämtlicher Teilchen des Urknalls meditiert, nach 7,5 Mio. Jahren Bearbeitungszeit diese Antwort auf die Frage aller Fragen, the answer „to the great Question of Life, the Universe and Everything": „‚Forty-two‘, said Deep Thought, with infinite majesty and calm." (Adams 2005, S. 119 f.)

Vereinfacht bis (aus heutiger Sicht) zum Geht-nicht-mehr, können die digitalen Zeichen in vorher unvorstellbare Dimensionen von Komplexität hineingesteigert werden: „Mit seinen Möglichkeiten zur seriellen Erprobung vermag ein Computer unter Umständen ein Millionenspiel von trial and error, zu dem die Natur Jahrtausende braucht, in Minuten ablaufen zu lassen, um aus abertausend Fehlwürfen den richtigen herauszufinden. In dieser Hinsicht ist tatsächlich die ‚Denkmaschine‘ ein Verstärker unserer Köpfe, wie der Dampfhammer ein Verstärker unserer Faust geworden ist." (Krämer 1998, S. 99)[5] Alles Mögliche machen zu können, befreit gleichwohl nicht von operativen Notwendigkeiten jedes bestimmten Vorhabens: Die Arbeit des Programmierens bleibt. Dieser Umstand ändert wiederum nichts daran, dass der Computer die Kapazitäten eines universellen Werkzeuges hat, also nicht wie vorherige Maschinen nur auf einen bestimmten Zweck hin ausgerichtet ist.

---

[5]Auch wenn serielle Erprobung nicht das letzte Wort ist, sondern – Stichwort künstliche Intelligenz – generative Prozesse möglich sind, ist daran zu erinnern: „Francisco J. Varela hat vor einigen Jahren in einer hübschen Zeichnung die Trampelwege von Huftieren auf einer umzäunten und einer offenen Weide miteinander verglichen. Der Vergleich ist sprechend. Er macht plausibel, dass der Computer sowohl die hochgradige Sicherheit seiner Operationen als auch die Geschwindigkeit der Datengewinnung der ihm eingegebenen *endlichen* Welt möglicher Situationen verdankt." (Krämer 1998, S. 102) Oder mit den Worten Friedrich A. Kittlers (2013, S. 291): „Die sogenannte Philosophie der sogenannten Computergemeinschaft setzt [...] alles daran, Hardware hinter Software, elektronische Signifikanten hinter Mensch-Maschine-Schnittstellen zu verdecken."

Von hier aus kommt man erst einmal zu einer sehr profanen Beschreibung des Computerspiels. „Formal gesehen sind alle Aktionen, die ein Spieler auslöst, zunächst nichts anderes als das Verschieben einiger Nullen und Einsen auf diversen Speicherplätzen" (GamesCoop 2012, S. 69) Oder mit Daniel Martin Feige gefragt: „Sind Computerspiele nicht einfach mathematisch und maschinensprachlich beschreibbarer binärer Code und damit letztlich nichts anderes als Bits und Bytes?" (Feige 2015, S. 81)

Operationen im Datenraum

Tatsächlich haben es Computer mit zwei grundverschiedenen Arten von Zeichen zu tun, nämlich den mathematischen Zeichen 0 und 1 sowie den lautlichen, schriftlichen und bildlichen Zeichen, wie sie menschlicher Wahrnehmung zugänglich und von vorherigen Verbreitungsmedien bekannt sind. Die einen machen ohne die anderen, die dafür sorgen, dass Hören und Sehen entsteht, keinen Sinn und die anderen fallen ohne die einen in ihre analoge Existenz zurück. Das heißt, „dass alles, was ästhetisch auf dem Computer passiert, letztlich auch ein Korrelat auf der Ebene des Codes hat" (Feige 2015, S. 99), auf Operationen im Datenraum basiert, für die der Begriff des Algorithmus, „der allgemein nichts anderes als die Rechenvorschrift zur Lösung eines Problems bedeutet. […] Algorithmen sind mathematische Werkzeuge, um Daten so zu verarbeiten, dass daraus Aussagen abzuleiten und Schlüsse zu ziehen sind" (Hartmann 2018, S. 150).[6]

---

[6]„Zur Vereinfachung der Probleme bei der Klassifizierung von Online-Information kann man vier Typen algorithmischer Berechnung im Ökosystem des Webs unterscheiden. Bildlich gesprochen […] kann man sich die Position der Berechnungen als *neben, oberhalb, innerhalb* und *unterhalb* der Masse an digitalen Online-Daten vorstellen. So sind, erstens, Messungen des Publikums *neben* dem Web angesiedelt, wo sie die Klicks der Internetnutzer quantifizieren und die *Popularität* von Webseiten bestimmen. Zweitens gibt es die Klassifikationsgruppe, die auf *PageRank* basiert, dem Klassifizierungsalgorithmus, der der *Google*-Suchmaschine zugrunde liegt. Sie ist *oberhalb* des Webs lokalisiert, weil diese Berechnungen über die *Autorität* von Webseiten auf der Basis der mit ihnen verbundenen Hypertextlinks entscheiden. Drittens gibt es die Messungen der *Reputation*, die sich in den sozialen Netzwerken entwickelt haben und *innerhalb* des Webs angesiedelt sind, weil sie Internetnutzern eine Metrik zu Verfugung stellen, um die *Popularität* von Personen und Produkten zu bewerten. Und schlieslich benutzen *vorhersagende* Messungen, die Information auf Nutzer hin personalisieren, statistische Lernmethoden *unterhalb* des Webs, um die Navigationspfade von Internetnutzern zu berechnen und deren Verhalten in Relation zum Verhalten anderer mit ähnlichen Profilen oder Geschichten vorherzusagen." (Cardon 2017, S. 132 f.)

Programmierer können als die Dolmetscher bezeichnet werden, die mit ihren Übersetzungsleistungen zwischen den beiden Zeichenarten vermitteln und damit auch zwischen dem Computer als Werkzeug und als Medium, das Texte, Klänge und Bilder verbreitet.

Die Grundverschiedenheit der für die digitale Kommunikation notwendigen Zeichen hat zur Folge, dass der Textbegriff „eine der größten Herausforderungen in der Beschäftigung mit dem Computerspiel aus einer literaturwissenschaftlichen Tradition heraus ist" (Backe 2017, S. 34).

> „Einzig fixierte Textebene ist der Quellcode, der jedoch in der Regel vor dem Nutzer verborgen und in seiner alphanumerischen Form auch bestenfalls für Fachleute ‚lesbar' ist. Allerdings können auch diese lediglich die Effekte der Ausführung des Codes antizipieren, da es sich dabei nicht um eine Zustandsbeschreibung, sondern um Instruktionen für einen Prozess handelt." Der ausgeführte Code bedarf einer zeichenbasierten Ausgabe, um ablaufende Prozesse und den Spielzustand (game state) für die Spieler erfahrbar zu machen. Diese audiovisuelle Ausgabe orientiert sich in der Regel an anderen Medien. Doch auch wenn Computerspiele filmisch wirken, Literatur adaptieren oder sich an Comics anlehnen, zielt die primäre Beschäftigung mit ihnen stets darauf ab, das Spiel am Laufen zu halten. (Backe 2017, S. 34)[7]

Zu den Folgen der Digitalisierung gehört jedenfalls eine dramatische Mobilisierung der Kommunikation. Nicht nur überwinden digitale *Zeichen* Zeit und Raum, auch das *Medium* digitaler Kommunikation ist mobil, seit es Handhelds, Labtops, Tablets und vor allem Smartphones gibt.

Am und mit dem Computer spielen

Wenn Spielen heißt, im Modus eines unverbindlichen Tuns als ob freiwillig und zeitlich, oft auch räumlich markiert mit Unerwartetem umzugehen, stellt sich die Frage, wie dieser Spielbegriff und der Computer zusammenpassen. Computerspiele können sowohl als ludische Aktionen *am* Computer zwischen Spielern auf der Grundlage eines Programms stattfinden (siehe Abschn. 5.2) als auch *mit* dem Computer zwischen Spieler und Programm sowie zum dritten als Kombination

---

[7]Kommunikationstheoretisch ist der Quellcode nicht leicht zu fassen, weil er einen doppelten Mitteilungscharakter hat. Sowohl Menschen können ihn lesen (funktional verstehen) und daran weiter arbeiten, als auch Maschinen können ihn ‚lesen' und in ihre ‚Sprache' übersetzen. Eine Botschaft, die verstanden werden müsste, hat er jedoch nicht, er funktioniert sinnfrei, aber nicht zwecklos (Mit einem Dank an Jo Wüllner für sein Briefing).

beider Möglichkeiten. Angesichts der Trivialität der Basisoperationen, die sich als Wenn-dann-Sequenzen zwischen lediglich zwei Zuständen vollziehen, erwartet man erst einmal nichts Unerwartetes. Aber genau diese Simplizität ist, wie bereits angesprochen, Bedingung der Möglichkeit einer vorher nicht erreichbaren Komplexität, die den Computer für Spieler zu einer black box macht

> „und Spielspaß dadurch gewährt, dass sie Kontingenz dort suggeriert, wo Programmierung waltet. Während die Freiheit des Spielers sich notwendig auf der Ebene (s) eines Unwissens abspielt, wird die Kompatibilität zwischen Mensch und Maschine dadurch gewährleistet, dass Hard- und Software ihn nach ihrem Ebenbild entwerfen, und dies ‚Menschengerechtigkeit', ‚usability' oder ‚Spielbarkeit' nennen. Der Spieler erscheint an dieser Systemstelle als rückgekoppeltes *device* oder zweites Programm, dessen Outputs zeitkritisch abgefragt werden (Action), das schon gebahnte Verknüpfungen in einer Datenbank nachvollziehen muss (Adventure) oder das eine Konfiguration variabler Werte zu optimieren hat (Strategie)." (Pias 2002, S. 12)

Unberechenbares Rechenvermögen

Es sind die im Vergleich zu den Spielenden weitaus höheren Rechenkapazitäten des Computers, die ihn als Mit- und Gegenspieler unberechenbar machen. Spielerfolge hängen dann unter anderem davon ab, das Unerwartete auf dem Weg der Wiederholung in Erwartbares zu verwandeln, von dem man weiß, wie damit umzugehen ist. Am besten kann das inzwischen der Computer selbst. „Google AI beats top human players at strategy game *StarCraft II*" berichtet die renommierte naturwissenschaftliche Zeitschrift „Nature" am 30. Oktober 2019. „DeepMind, which previously built world-leading AIs that play chess and Go, targeted *StarCraft II* as its next benchmark in the quest for a general AI – a machine capable of learning or understanding any task that humans can – because of the game's strategic complexity and rapid pace." (Garisto 2019).

Aber nicht der digitale Spieler, der digitale Produzent ist zunächst das Thema. Als Rechenmaschine besitzt der Computer Herstellungskapazitäten, welche früheren Werkzeugen zur Herstellung von Verbreitungsmedien, etwa der Druckmaschine oder des analogen Fotoapparates, nicht eigen waren. *Vor* der Digitalisierung gilt: Um einem weltweiten Publikum das Neujahrskonzert der Wiener Philharmoniker zu zeigen, muss es real stattfinden, aufgenommen und ausgestrahlt werden. *Nach* der Digitalisierung kann alles, was gesendet werden soll, als Programm geschrieben, auf dem Bildschirm als virtuelle Wirklichkeit wahrgenommen und, wenn es nicht geschützt wird, verändert werden. Diese Potenz der Computer, als „Wirklichkeitsmaschinen" (Hartmann 2018, S. 147) zu funktionieren, Bewegtbilder, synchronisiert mit Ton, zu erzeugen, ohne dass es sich um Abbildungen handelt, ermöglicht Bildwelten, die – auf Kosten der Glaubwürdigkeit (siehe oben) – im mehrfachen Wortsinn fantastisch sind. Es kann jetzt eine dreifache Fusion vorher getrennter Wahrnehmungen stattfinden, was aus der Perspektive des bisher Gewohnten als Konfusion erscheinen muss: „erstens der Medien miteinander in intensiver und extensiver Transmedialität; zweitens der Medien mit der Umwelt in hybriden *Augmented-Reality*-Konstellationen und drittens der Medien mit ihren Nutzern in gesteigerter psychischer, kognitiver und auch physischer Immersion" (Freyerrmuth 2013, S. 323 f.). In allen drei Hinsichten profitieren Computerspiele.

Games, die Alleskönner der digitalen Welt

Die Digitalisierung ist ein Treiber des Spiels und das Spiel wird zu einem Treiber der Digitalisierung. Weil der Computer auf der Ebene des digitalen Codes eine gemeinsame Sprache für alle früheren technischen Verbreitungsmedien spricht, kann sich das Game Design überall bedienen und alle bisherigen technisch gestützten Variationen des Spiels adaptieren. Hinzu kommt die doppelte Mobilität von Zeichen und Medium. Der Möglichkeitshorizont der Kommunikation insgesamt und damit auch der ludischen tendiert nun zu „alles überall und jederzeit". Schließlich ist an die jedes Normalmaß überschreitende potenzielle Vielfalt ludischer Aktionen (siehe den Einstieg in Kap. 4) zu erinnern. Wenn dieses ludische Potenzial jetzt virtuell ausgeschöpft werden kann, das heißt, „nur" programmiert zu werden braucht, dann ist das Computerspiel dafür prädestiniert, zu einem, nicht zum einzigen, Vorreiter digitaler Technik zu werden. Und tatsächlich, „die Liste erfolgreicher Start-up-Unternehmer, die Zugang zur IT über Computerspiele erlangt haben, ist lang – die Faszination für Games, entweder als User oder Developer, ist ungebrochen." (Anderie 2018, S. 6)[8]

Diese technische Avantgardefunktion des Computerspiels hängt neben dessen Vielfalt an der Priorität der Bilder.

---

[8]„Steve Jobs startete seine Karriere bei Atari, gründete dann Apple und Pixar, und wenn man sich die Benutzeroberfläche des iPhone anschaut, wird die Handschrift der Games-Branche transparent. Auch Elon Musk, der legendäre Silicon Valley Investor, Tesla-Gründer und Raumfahrtunternehmer, begann früh damit, Videogames zu programmieren (vgl. Vance 2015, S. 26), bevor er dann seine Coding-Kenntnisse dafür nutzte, sein erstes Start-up zu gründen." (Anderie 2018, S. 6); vgl. auch Maibaum und Derpmann (2013).

„Indigniertes Kopfschütteln und narzisstische Kränkung stellt sich bei den Verfassern umfangreicher Texte ab und an ein, wenn sie den geringen Speicherplatz, den 500 Buchseiten benötigen, mit dem erheblichen Speicherplatz nur eines Ferienfotos vergleichen (um von dem eines kurzen Videoclips zu schweigen)." (Hörisch 2013, S. 21)

Mehr und bessere Bilder verlangen höhere Rechenleistungen. Dabei ist, was Computerspiele betrifft, nicht einfach mehr Realismus gemeint. „Die technische Entwicklung strebt nicht zielgerichtet einer ‚Simulation von Realitätseindrücken‘ entgegen, sie erweitert vielmehr stetig das Darstellungsrepertoire des Computerspiels." (Beil 2012, S. 23) Eine intensivere wissenschaftliche Beschäftigung mit der Bildlichkeit der digital games hat im Vergleich zu deren Anfängen in den Games Studies Platz gegriffen.[9]

5.2   Interaktion zwischen Adressen

Ausgerüstet mit Tastatur, Mikrofon und Kamera sowie mit Lautsprecher und Bildschirm werden Computer zu Sendern und Empfängern gleichzeitig – und damit werden es auch dessen lebendige Benutzer. Unter den beiden zusätzlichen Bedingungen der Mobilität und der Vernetzung der Computer werden Kommunikationsverhältnisse möglich, die mit der Kommunikation unter Anwesenden etwas Wesentliches gemeinsam haben: alle können in jedem Moment Sender und Empfänger sein.

Erneut hilft uns die Kommunikationsgeschichte. Mit Zeichnung, Malerei und *Schrift* hat sich die Mitteilung vom Absender getrennt. Diese Trennung wird mit dem *Buchdruck* stark forciert, weil Texte und Bilder massenhaft hergestellt werden können und dabei außer Kontrolle gerät, was mit den und wegen

---

[9]„Noch im Schatten des *linguistic turn* etabliert, suchten die jungen Game Studies ihren Gegenstand dementsprechend primär unter Gesichtspunkten der Narration zu interpretieren und betrachteten die Bildlichkeit des Computerspiels bestenfalls als Illustration von originär textuellen Sinnbezügen." (Hensel 2013, S. 209 f.) Zugunsten der Game Studies ist daran zu erinnern: „In der ersten Phase seiner Entwicklung steht die Funktion des Computers vor allem als Rechen-, Codierungs- und Textverarbeitungsmaschine im Vordergrund. Im Laufe der Auseinandersetzung mit dem Computer werden immer neue Potentiale und Nutzungsmöglichkeiten entdeckt und geschaffen. Der Computer als visuelles und vernetztes Medium entsteht." (Sehnbruch 2018, S. 359 f.)

der Mitteilungen passiert. Analoge *Funkmedien,* ausgerichtet auf Massen-kommunikation, haben – zwar Optik und Akustik, die von der Schrift getrennt wurden, wieder vereint, aber – einen tiefen Graben gezogen zwischen wenigen professionellen Sendern auf der einen und ihren vielen Empfängern auf der anderen Seite. Trotz dieses Grabens findet, wie in der Interaktion, gleichzeitiges Senden und Empfangen statt, wobei aber auch das am weitesten entwickelte, transnationale und multimediale analoge Funkmedium, das Fernsehen, diesen Graben nicht überwindet: Den Spielfilm, das Ratespiel, die Unterhaltungsshow können sich alle anschauen, mitspielen können sie nicht. In Reality-Gameshows treten zwar Personen aus dem Publikum auf, aber es ändert nichts daran, ein-schalten heißt, auf der anderen Seite des Grabens zuschauen und zuhören.

Analoge Funkmedien optimieren die Qualität der Mitteilungen bis hin zur Sendung von Bewegtbildern, die sowohl natürliches als auch operativ-technisches als auch kommunikatives Geschehen abbilden. Abwesenden können reale Ereig-nisse vorgeführt werden, wenn auch nur selektiv und sendefähig aufbereitet. Auch fiktives Geschehen kann akustisch und visuell wahrnehmbar mitgeteilt werden. Analog kann in Ton und Bild sowohl gespeicherter Content gesendet, als auch gerade stattfindendes Geschehen live übertragen werden. Wann Gespeichertes für Publikum zugänglich ist, entscheiden in der analogen Welt die Sender.

Quantensprung im Spiel mit Zeichen und Medien

Diese oft beschriebene Konstellation, in der das Publikum zum Zuschauer des Weltgeschehens, zum Adressaten von PR und Werbung sowie zum Konsumenten bunter Unterhaltungsprogramme des Films und des Fernsehens wird, verändert sich mit der Digitalisierung. Sich auf das Internet aufzuschalten, bedeutet zusätz-lich, *mitteilungsfähig* zu werden, und bezogen auf das Spiel, teilnehmen, mit-spielen zu können. Digitalisierung löst einen (wenn man es im Widerspruch zur physikalischen Bedeutung des Wortes so sagen darf) Quantensprung im Spiel mit Zeichen und Medien aus, indem sie eine für alle, auch für Abwesende begehbare Brücke vom Zuschauen zum Mitspielen baut. Es entsteht keine Interaktion zwi-schen anwesenden Personen, aber zwischen Adressen – die keine Personen sein müssen. Daraus erwachsen neuartige Spielsituationen, denn „Interaktivität ist nicht nur irgendeine Zugabe zu einem audiovisuellen Geschehen, sondern wird bestimmt durch die Absichten, Vorlieben und Fähigkeiten der Spielerinnen und Spieler einerseits und die Vorgaben, Angebote und ästhetischen Strategien der Spiele andererseits" (Neitzel 2008, S. 110).

Im Digitalmedium kann alles Imaginierte, Simulierte, Fiktionale zur sozialen Adresse werden.[10] Kommunikation ist mit Superhelden, Rittern, Drachen und Weltraummonstern ganz selbstverständlich möglich; dass sie so oft nur als Gewalt stattfindet, ist ein anderes Thema (siehe unter Abschn. 5.4). Reales, das abwesend ist, lässt sich ebenso wie Fiktionales auf „anwesend" klicken, aber nicht nur imaginär als gemeinsam geteilte Vorstellungen, natürlich auch nicht als Realitäten, aber virtuell, das heißt, als jederzeit abrufbare sinnlich wahrnehmbare Zeichen, die sich zudem – nicht alle und nicht immer, aber grundsätzlich – interaktiv und in Echtzeit verändern lassen. Normalerweise Unmögliches kann nicht nur als Möglichkeit imaginiert oder erzählt, sondern auf dem Bildschirm wahrnehmbar in Bewegtbildern gezeigt werden, ohne vorher realisiert worden zu sein. Virtualität wird zur Gala für ludische Kommunikation.

Sandbox-Games

Mitspielen zu können braucht in der digitalen Welt nicht nur Teilnehmen zu bedeuten, es kann auch in einem vorher ungewohnten Ausmaß Selbstorganisation umfassen. Dazu werden sogenannte Sandbox-Games angeboten, die in der werblich infizierten Sprache der Fachpublikation *GameStar* unter der Überschrift „diese Spiele lassen euch alle Freiheiten"[11] vorgestellt werden. Prominentes Beispiel ist „Minecraft", auch „Conan Exiles" und „Lego Worlds" fallen darunter. Im Unterschied zu *Open World Games,* in welchen eine reichhaltige, aber fertige, vordefinierte Spielwelt erkundet wird, ist für Sandbox-Games die Kreation zentral, nicht nur von Spielutensilien wie Gebäuden, Maschinen, Kostümen, Waffen, sondern auch des Geschehens und der Geschichten.

Solche Spielmöglichkeiten veranschaulichen die Differenz des Imaginären und des Virtuellen, aber nicht selten wird die imaginäre Seite der Kommunikation (siehe Abschn. 3.1) mit Virtualität gleichgesetzt. So sagt Achim Brosziewski, die Virtualitätssemantik verkenne „die Virtualisierungen, die in jeder ‚Vermittlung' von Information konstitutiv angelegt sind. Jede Reproduktion von Information in einem der etablierten Medien ‚vermittelt' mit Möglichkeiten, die den Prüfhorizont der ‚unvermittelten' Wahrnehmung überschreiten und mit Hilfe

---

[10]Gleichzeitig können in der außerludischen normalen Welt Dinge, natürliche wie Artefakte, zu Informationsträgern werden. Autos, Kühlschranke und Kleidungsstücke machen Mitteilungen über Zustandsänderungen.

[11]https://www.gamestar.de/galerien/die_wichtigsten_sandbox_games,133748.html (Zugriff 10.09.2019).

je eigener Raum-Zeit-Konstruktionen ‚lokalisiert' werden müssen." (Brosziewski 2003, S. 101 f.) Wir argumentieren dagegen, dass imaginär und virtuell als zwei unterschiedliche Wirklichkeitsformen verstanden werden sollten, weil Virtuelles auf technischem Weg der Wahrnehmung zugänglich gemacht, Imaginäres hingegen auf kommunikativem Weg mitgeteilt wird oder, das trifft auf beides zu, eben nicht. Schärfer ausgedrückt: Imaginäres muss erst in Zeichen und damit in Mitteilungen verwandelt werden, um wahrgenommen werden zu können.[12] Virtualität hat eine soziale Präsenz, es handelt sich um ein- und ausschaltbare Mitteilungen. Dieser abrufbaren sozialen Präsenz entspringt eine neue, heiß diskutierte Qualität der Online-Kommunikation.

Soziale Kontrolle macht verantwortlich

Interaktionen als Kommunikation zwischen Adressen finden auf derselben Grundlage statt wie die Kommunikation unter Anwesenden, nämlich dem jederzeit möglichen Rollenwechsel aller Teilnehmenden zwischen Senden und Empfangen. „Eine Observer-Option fällt mit der Voice-Option zusammen und erzeugt damit eine dynamische Form der Kommunikation, die kaum kontrollierbar ist – und ebenso oft aus dem Ruder läuft." (Nassehi 2019, 281 f.). Dass sie so oft aus dem Ruder läuft, hängt mit wichtigen qualitativen Unterschieden zur Kommunikation mit Anwesenden zusammen. An erster Stelle ist zu nennen, wie sehr die Funktion sozialer Kontrolle an Wirksamkeit einbüßt. Unter Anwesenden „kommt eine Dichte und Ausweglosigkeit des Beobachtetwerdens zustande" (Kieserling 1999, S. 51), die alle Beteiligten zu Kontrollierten und Kontrolleuren gleichermaßen macht. Es fehlt die Möglichkeit, „sich an der Interaktion oder an ihren Regeln zu versündigen und dies dann zu verbergen. Oder mit Goffman: Ein Verbrechen an der Interaktion kann man nur unter den Augen der Gefängniswärter begehen" (ebda, S. 52). Soziale Kontrolle macht verantwortlich, sie mündet nicht immer, aber ohne weiteres in moralische Wertung, in Achtung und Missachtung. Soziale Kontrolle zu erleben, bildet „ein wesentliches Moment unseres Gefühlslebens und begründet unsere Rührung und unsere Wut, unsere Freude und unsere Trauer, unsere Lust und unseren Ekel, unsere Angst und unsere Hoffnung, unseren Stolz und unsere Scham" (GamesCoop 2012, S. 120).

---

[12]Interessante Analysen und differenziert beschriebene Beispiele virtueller Welten beinhaltet Bogen et al. (2009).

Weniger Kontrolle in, mehr Kontrolle über Kommunikationen

In der Kommunikation zwischen Adressen hingegen haben die beteiligten Personen nur eine virtuelle Präsenz, sie können sich hinter ihrer Adresse nicht vollständig verbergen, aber sie sind in der Kommunikationssituation nicht greifbar, was kommunikative Angriffslust und Angreifbarkeit erhöht. „Der soziale Zwang, bestimmte Regeln des Umgangs einzuhalten, der durch die gemeinsame körperliche Anwesenheit in einem Raum und durch die im Körper verankerte Identität des einzelnen aufrechterhalten wird, zerbricht […]." (Rötzer 1998, S. 149)

In der digitalen Kommunikation zwischen Adressen kontrollieren sich Sender und Empfänger nicht gegenseitig, aber, erst dieser Hinweis komplettiert das Bild, ihre Mitteilungen sind von Dritten in einem Ausmaß kontrollierbar, wie es Kommunikationen zwischen Anwesenden nie waren aufgrund einer „fast vollständige[n] Durchdringung der digitalen Sphäre durch Spähapparate. […] Jede Verteidigung sozialer Netzwerke etwa – auch ich habe das oft getan – muss nachträglich ergänzt werden um die Tatsache, dass soziale Netzwerke auch ein perfektes Instrument sind, um einen Sog privatester Informationen ins Internet zu erzeugen. Und damit zur Überwachung." (Lobo 2014).

Die Atmosphäre der Kommunikation zwischen Adressen enthemmt, sie entspannt soziale Bindungen und lockert Verantwortlichkeiten. Diese Verhältnisse sind einerseits ausschlaggebend für ein Verhalten in sogenannten sozialen Medien, das – Stichworte „hate speech" und „shitstorm" – zivilisatorische Minima gegenseitigen Respekts unterläuft. In der öffentlichen Wahrnehmung steht primär diese dunkle Seite im Fokus. Eine andere Seite des World Wide Webs wird weniger thematisiert, die Chancen für das Improvisierte, Unvollkommene, auch Unvorsichtige.

> „Während in den klassischen Medien und im traditionellen akademischen Betrieb Gedanken oft erst nach einem Monate oder gar Jahre dauernden Prozedere als fertige, in ihrer Abgeschlossenheit schwer verdauliche Produkte an die Öffentlichkeit gelangen, erleichtert das quasi-mündliche Schreiben im virtuellen Raum ein spielerisch-flüssiges kooperatives Umkreisen von Themen oder Thesen." (Praetorius 2015, S. 60)

Von der kommunikativen Grundkonstellation des Digitalen, weniger gegenseitige Kontrolle in Kommunikationen, sind Computerspiele nicht nur betroffen, sie nutzen diese für Eskalationen. Die öffentliche Aufmerksamkeit richtet sich auch bei den Spielen vorrangig auf die Problemseite.

> „Das Spiel gibt die narrativen Handlungsmotive vor und stellt dabei die Möglichkeit
> radikal verächtlichen Tuns geradezu kokett aus, und zwar insbesondere in Spielen,
> die einen moralisch integren und einen moralisch verächtlichen Handlungsverlauf
> als Option anbieten (wie z. B. die Spiele *Black and White*, *Bioshock* und *GTA IV*).
> Ohne den Kontext sozialer Verantwortlichkeit und seine Emotionen bildende Kraft
> zeigt sich das erlebte Handeln im Computerspiel auf eine ganz charakteristische
> Weise gefühlsmäßig *dünn*.“ (GamesCoop 2012, S. 121; siehe auch Grimm und
> Capurro 2010)

Diese Tendenz zu emotionaler Kälte im Sinne reduzierten Mitgefühls drückt sich am stärksten aus in der exzessiven Anwendung von Gewalt (siehe Abschn. 5.4).

Oberhalb und unterhalb des Halses

An rechnerbasierten Spielen fällt bis heute das Missverhältnis auf zwischen höchsten technischen Raffinessen, opulentem Design, fantastischer Dekoration und manchmal sehr niedrigen sozialen Kompetenzen.

> „Natürlich verfügen wir bereits über einige ‚Computer-Spiel-Verben‘: Aktionen wie
> rennen, schießen, springen, klettern, werfen und schlagen. Doch wenn man sich
> einen Film anschaut, stellt man fest, dass dort noch eine Reihe ganz anderer Verben
> zum Einsatz kommen: reden, verhandeln, argumentieren, flehen und klagen. Der
> Unterschied ist deutlich: Diese ‚Film-Verben‘ bezeichnen Aktionen, die oberhalb
> unseres Halses stattfinden, Computerspiel-Verben bezeichnen Aktionen unterhalb
> unseres Halses.“ (Schell 2015, S. 358)

Der digitalisierte Umgang mit Unerwartetem im Modus des unverbindlichen Tuns als ob vollzieht sich vielfach als prallvolle Aktion unter weitgehendem Verzicht auf Reflexion; Taten statt Worte stehen auf dem Spielprogramm.[13] Die Ursache dafür ist schwer zu übersehen. Die Bestseller unter den Computergames gehorchen nicht nur der Logik des Spielens, sie sind schon in der Entwicklung in höchstem Maße der Medienökonomie, der Rationalität des Kaufens und Verkaufens unterworfen (siehe Abschn. 6.3). Das ist der eindeutig dominierende Eindruck, der unter zwei Aspekten zu relativieren ist. Zum einen verweist die Longtail-Theorie (Anderson 2007) darauf, dass Nischen im Internet gute

---

[13]„Haben die Videospiele selbst nur noch idiotische Geschichten und werden sie vielleicht auch nur von Idioten gespielt?“ (Neitzel 2000, S. 8)

Existenzbedingungen haben, neben dem Mainstream zu bestehen und das gilt nicht nur in der Marketing-Perspektive. Deshalb ist davon auszugehen, dass die Computerspiel-Szene weitaus bunter ist, als es Bestseller-Listen nahelegen, dass die Chancen zu freier Entfaltung genutzt werden.

> „Waren die Erzählungen in Computerspielen lange Zeit mehrheitlich von archetypischer Einfachheit – Prinzessinnen befreien, Despoten stürzen, die Welt retten –, ist die Bandbreite behandelter Themen und die Qualität der Erzählungen stetig gewachsen. In einer stark ausdifferenzierten Publikationslandschaft ist mittlerweile sowohl Raum für charakterorientierte Action-Dramen im Stil von Hollywood-Blockbustern – zum Beispiel The Last of Us (Naugthy Dog 2013) – als auch für autobiographische Künstlerspiele wie dys4ia (Anna Anthropy 2012). Darüber hinaus haben Online-Spiele neue, kommunale Rezeptions- oder vielmehr Erlebnisformen hervorgebracht, in denen hunderte von Spielern gemeinsam dramatische Situationen durchleben, welche danach häufig den Gegenstand für gleichsam autobiographische Erzähltexte von Spielerinnen liefern." (Backe 2017, S. 33)[14]

Zum anderen darf die ökonomische Kolonialisierung den Blick dafür nicht trüben, dass tatsächlich auch das Spielen selbst neue Dimensionen gewinnt. Aus dem Verschmelzen ludischer und virtueller Wirklichkeit entspringt ein „second life" mit scheinbar realistischen Möglichkeiten des Handelns und Erlebens im Spiel und es entsteht auf der anderen Seite, auf der Seite der Normalität – schließlich bewegt man sich im selben (Computer-)Medium – ein „real life" mit ausgeprägten spielerischen Anmutungen (siehe Abschn. 7.4).

5.3 Ein dreifaches Ich-Erlebnis als Spieler, Beobachter und Gespielter

Online-Kommunikation kann längst nicht alles, was in der Kommunikation zwischen Anwesenden möglich ist, aber „Computerspiele bringen in sehr vielen Fällen eine Darstellungsmöglichkeit zur Geltung, die in kaum einem anderen Medium realisiert wird und in keinem bisher entwickelten Medium so überzeugend verwirklicht worden ist: *die Darstellung erlebten Handelns*"

---

[14]Naugthy Dog ist ein mehrfach ausgezeichnetes Studio für Computerspiel-Entwicklung; Anna Anthropy ist eine us-amerikanische Gamedesignerin.

(GamesCoop 2012, S. 105). Spieler und Spielerinnen können eine fiktionale Figur, den Avatar, als grafische Verkörperung ihrer selbst erleben und gleichzeitig deren Verhalten beobachten und steuern, ohne dieses Verhalten selbst zu praktizieren.[15] „Diese in der überwältigenden Mehrzahl von Actionspielen, MMORPGs, Adventure- und Strategiespielen auftauchende Darstellung erlebten Handelns gibt es in einer derartigen Prägnanz in keinem anderen Medium." (ebda, S. 105 f.) Das Grundphänomen des Umgangs mit einem alter Ego hat literarische Tradition. „Je est un autre", Arthur Rimbauds (1854–1891) klassische Formulierung – „Ich ist ein anderer. Was soll man machen, wenn das Holz auf einmal Violine wird?" (Rimbaud 1990, S. 11) – und Rainer Maria Rilkes (1875–1926) Kommentar: „Ich werde über meinen Romanhelden Malte Laurids Brigge sagen: Er war mein Ich und war ein anderer"[16], stehen exemplarisch dafür. Der Sprung zu aktuellen Entwicklungen Richtung Deep-Fake in China ist gewagt, landet aber nicht außerhalb des Sinnzusammenhangs.

> „Ein Selfie reicht, um die Hauptrolle in Spielfilmen und Musikvideos zu übernehmen. Binnen weniger Tage wurde die Deepfake-App Zao in China zum viralen Hit. Die Software ermöglicht es ihren Anwendern, Hollywood- und Popstars in kurzen Videoclips ihr eigenes Gesicht digital ‚überzuziehen'. Der Spieleentwickler Allan Xia etwa hat sein Gesicht in eine Serie von Filmszenen mit Leonardo DiCaprio montieren lassen. Die Clips seien ‚in weniger als acht Sekunden aus einem einzigen Foto erzeugt' worden, schreibt er auf Twitter. Beispiele wie dieses haben dafür gesorgt, dass Zao in den wenigen Tagen seit der Einführung am vergangenen Freitag bereits die am häufigsten heruntergeladene Gratis-App in China geworden ist. Damit produzierte Clips und Memes fluten die sozialen Netzwerke des Landes. Allerdings gilt das auch nur für China, denn bislang ist Zao ausschließlich dort verfügbar." (Spiegel Online 09/2019)

---

[15]„Die W-Taste gedrückt zu halten, um den eigenen Avatar nach vorn laufen zu lassen, ist mit der Erfahrung wirklichen Laufens in keiner Weise zu verwechseln." (GamesCoop 2012, S. 119 f.) Die Abkürzung MMORPGs, die im anschließenden Zitat verwendet wird, steht für Massively Multiplayer Online Role-Playing Games.

[16]Das Rilke-Zitat ist einem Manuskript des Filmemachers und Hörspielautors Alfred Behrens entnommen.

Nichts liegt näher, als dass digitale Spiele nach holprigen Anfängen[17] sich den Film als technisch besonders hoch entwickelte Kommunikationsweise zum Vorbild nehmen, an ihn anknüpfen und ihn für ihren Gebrauch transformieren. „Man kann ohne große Übertreibung sagen, dass das ästhetische Medium des Films sich heute vielleicht am markantesten in das Computerspiel eingeschrieben hat – wie sich umgekehrt viele Gebrauchsweisen von CGI (Computer Generated Imagery) derart markant in den Film eingeschrieben haben, dass mitunter schon der Computerspielcharakter einiger Filme moniert worden ist." (Feige 2015, S. 120)

Es gehört zur Blockbuster-Strategie der Film- und Game-Industrie, aus sehr gut besuchten Filmen Spiele und aus sehr viel genutzten Spielen Filme zu machen.

> „Die stetig wachsende und ungemein profitable Beziehung zwischen Film und Videospiel ist nicht zu übersehen. Nicht nur der Marketing-Effekt, Avatare nach Filmfiguren zu designen und dieselben mit den Originalstimmen der Stars auszustatten, zeugt von diesem Austauschverhältnis. Auch die wachsende Zahl verfilmter Videospiele […] zeigt nur eine Facette dieser Korrelation. Film- und Videospiele sind durch eine komplexe, vielfältige und gegenseitige Einflussnahme miteinander verbunden." (Distelmeyer 2006, S. 187 f.)

Als Geschäftsbeziehung ist das Verhältnis zwischen Film und Computerspiel nur eine unter vielen anderen. In das Merchandising werden alle Medien eingebunden, die Traffic und Geld versprechen. Um „Der Herr der Ringe" als Buch, Film, Computer- Brett- und Kartenspiel ranken sich (in alphabetischer Reihenfolge) Adventskalender, Aufkleber, Ausmalbücher, Briefmarken, Decken, Duschvorhänge, Figuren, Fußabstreifer, Geldbörsen, Kissen, Kochbücher, Mousepads, Poster, Schlüsselanhänger, Schlüsselbretter, Schmuck, Spieluhren, Spielzeug,

---

[17]Zu den Anfängen siehe z. B. Forster (2015), Frey (2004), S. 17–30, Lischka (2002), S. 19–68 und Kent (2001). „In Spielemuseen mit dem dilettantischen Charme privater Erotikmuseen, in *high-* und *low-brow*-Computerzeitschriften, vor allem aber im Internet – überall wird derzeit die ,Geschichte des Computerspiels' verfasst." (Pias 2002, S. 7) In der Selbstdarstellung der Games-Industrie finden sich folgende Überschriften für die bisherigen Entwicklungsetappen: „1972–983: Das goldene Zeitalter der digitalen Spiele", „1984–1991: Heimcomputer und japanische Konsolen erobern den Weltmarkt", „1992–2000: Unaufhaltsamer Fortschritt – Der Sprung in die dritte Dimension", „2001 bis 2010: High Definition, Bewegungssteuerung und Online-Gaming revolutionieren den Markt", „2011 bis heute: Indies, Mobile, eSports und Virtual Reality – Der Spiele-Markt wird immer vielfältiger". (game – Verband der deutschen Games-Branche o. J.)

Stofftaschen, T-Shirts, Statuen, Tassen, Teller, Turnbeutel, Untersetzer, Waffen und sonstiges Zeug.[18]

Aber als Geschäft ist das Verhältnis zwischen Film und Computerspiel nur äußerlich erfasst. An der Auseinandersetzung, wie sie im Rahmen der Game Studies über den Vorrang narratologischer oder ludologischer Zugänge zu digital games geführt wurde[19], ist zu erkennen, dass auch Darstellungsweisen, Handlungsstränge und Wahrnehmungsgewohnheiten zur Debatte stehen: Wenn im zeitgenössischen Film „der Plot seine imperative Kraft verliert, und dieser Verlust durch form-ästhetische Attraktionen kompensiert wird" (Leschke und Venus 2007, S. 7), dann hat das auch etwas mit kulturellen Landgewinnen des Computerspiels zu tun.

> „Der signifikante Formwandel im gegenwärtigen Kino verdankt sich zweifellos nicht dominant der ästhetischen Rationalität des Mediums Film, sondern er ist viel-mehr eine Reaktion auf die nicht zu übersehende Allgegenwart des Mediensystems und seines Formenkanons. Dass es im Film nach der Postmoderne vor allem um die Integration von Spielformen geht, dürfte nicht zuletzt der Aufsehen erregenden Kar-riere von Computerspielen geschuldet sein." (ebda)

Filme wie *Jurassic Park, Matrix, Tomb Raider,* sogar *Lola rennt,* auch Martial-Art Filme wie *Kill Bill, Tiger & Dragon, Die 36 Kammern der Shaolin* erinnern ästhetisch und dramaturgisch an Computerspiele oder sind direkte Adaptionen.

Von GUI zu NUI

Damit der Effekt, erlebtes Handeln darzustellen, eintreten kann, braucht es eine Schnittstelle zwischen Spieler und Maschine. „Das Interface ist die Summe der-jenigen technischen Gegebenheiten, welche dem Spieler ein Handeln im Spiel ermöglichen." (GamesCoop 2012, S. 54) Insbesondere koppelt es physisches Verhalten der Benutzer mit dem Verhalten des Avatars im Spielgeschehen (vgl. Jörissen und Marotzki 2009, S. 208–223).[20] Die Rede ist inzwischen von einer

---

[18]Die Star Wars Filme haben bisher 9 Mrd. US$ eingespielt. Das gesamte Merchandising inklusive Games über 65 Mrd., Computer Games etwa 5 Mrd.; vgl. https://en.wikipedia.org/wiki/List_of_highest-grossing_media_franchises.

[19]„Eine der markantesten Kontroversen in den Game Studies" (Feige 2015, S. 41; mit einer ausführlichen Darstellung der Streitpunkte auf den Seiten 41–55); siehe auch Backe (2008) und Beil et al. (2009).

[20]Eine ebenso knappe wie klare Erläuterung der Entwicklung der Human-Computer-Inter-action (HCI) bieten Ott und Saldik (2011).

kinetischen Wende digitaler Games, weil Touch, Stimme, Gesten und Augen-
bewegungen grafische Interfaces über Tastatur und Maus ablösen.[21]

Die generelle Entwicklungsrichtung, für die Computerspiele prototypisch
sind, ist erkennbar: „Mit der Aufrüstung des analogen Flachschirms zum digitalen Touchscreen vollzieht sich gegenwärtig der radikale Funktionswechsel: Vom
Mittel taktiler Separation wird die Glasabdeckung zum Medium taktiler Interaktion. [...] In der Konsequenz implodiert der analoge Bildraum der Moderne.
Aufgehoben wird dabei die Distanz des Betrachters, die Bühne, Kinoleinwand,
Fernsehschirm und eben auch analoge Computermonitore verlangten." (Freyermuth 2013, S. 320) Die optische und akustische Wahrnehmung von Abwesendem
in Echtzeit, die Life-TV seinen Zuschauern erlaubt, soll in die *Teilnahme* an
Abwesendem, in das interaktive Erleben nachgebildeter oder fiktiv geschaffener
virtueller Realitäten erweitert werden.

Mit der Virtual- Reality Brille auf dem Kopf in Schiffswracks nach ver-
sunkenen Schätzen suchen, Weltraumrouten fliegen in einer Geschwindigkeit von
30,9 Billionen Kilometern pro Sekunde oder sich mit schönen virtuellen Damen
und Herren verlustieren – trotz sinnlich nach wie vor stark eingeschränkter
Wahrnehmungen öffnen sich ungeahnte Erfahrungsräume. „Es gibt jetzt schon
Studien der Stanford-University, die zeigen, dass VR einen solchen Impact hat,
dass Erlebnisse in VR teilweise schon als Erinnerungen abgespeichert werden.
[...] Wie kann ich noch VR und Realität unterscheiden, wenn in meinem Gehirn
das schon so hinterlegt wird, wie das habe ich wirklich erlebt?" (Chibac 2016)
Forschung und Entwicklung zielen darauf ab, weitere Dimensionen sinnlicher
Wahrnehmung zu erschließen, Schnittstellen zu entwickeln, an welchen mehr als
Hören und Sehen entsteht.

> „Sensomotorische und akustische Interfaces, interaktive Spielkonsolen, wearable
> und fashionable technologies, Datenbrillen, -handschuhe und –anzüge, Bio- und
> Nano-Interfaces und nicht zuletzt die sogenannten intelligenten Umgebungen sind
> Beispiele für Interface-Entwicklungen, wie sie scheinbar immer weitergehend ihren
> Rahmen, der sie als technisches Artefakt uns gegenüberstellte, ablegen und sich
> immer weiter in unseren Alltag, unsere Handlungen und Körper einschmiegen."
> (Skrandies 2010, S. 244)

Darstellungen sollen so wahrgenommen werden können wie reale Handlungen
von Anwesenden, Bewegtbilder eines Elefanten sollen wie ein leibhaftiger Ele-
fant erlebt werden. Es ist längst nicht so weit und vieles sträubt sich gegen die

---

[21]Vgl. dazu Preim und Dachsel (2015), Dorau (2011) und Naone (2010).

Vorstellung, dass es irgendwann möglich sein könnte, aber der Umgang mit Medienwirklichkeiten ist auf dem Weg in eine neue Dimension, die alte ungelöste Fragen wieder aufruft und dringlicher macht. Solche Antworten, die immer schon zu einfach waren, werden jetzt noch beliebter und noch unzureichender.

Egologischer Primat?

Dieter Mersch (2008, S. 29) schreibt dieser Konstellation, als Computerspieler Hersteller, Darsteller und Beobachter des Geschehens sein zu können, einen „egologischen Primat" zu. Er argumentiert, indem „der subjektive Erlebnisraum mit dem wahrgenommenen Bildraum in eins fällt, handelt es sich immer um *mein* Erleben und *meine* Reaktion". Diese Ich-Perspektive mache es schwer, reflexiven Abstand zu gewinnen, ihr verdanke sich „die einzigartige Suggestibilität digitaler Spiele, ihr Sog und ihr ‚Abrichtungseffekt'", mehr noch, der egologische Primat führe zu „Erlebnissen ohne Emotionen". Gefühlen komme in Spielen „nur eine untergeordnete oder eingeschränkte Rolle" zu. „Anders als Filme, Fotografien oder Literaturen referieren sie nicht auf den Kreis von Sympathie und Empathie; sie rühren nicht zu Tränen, lösen keine Leidenschaften aus, verführen nicht oder zeigen keine melodramatischen oder kathartischen Effekte." Eine solche Deutung impliziert, dass Individualisierung – die zunehmende Möglichkeit, die Welt aus einer eigenen, wenn man sie nennen will: egologischen, Perspektive zu sehen und zu erleben – als ein Prozess der Vertreibung von Mitgefühl verstanden werden müsste.

Denselben Befund, „Empathie oder Identifikation mit dem Protagonisten eines Computerspiels […] kann nicht auf die gleiche Weise vor sich gehen, wie im Film oder der Literatur", begründet Britta Neitzel (2008, S. 108) plausibler: „Ein Mitleiden oder Mitfühlen jedoch ist vor allem möglich durch die Unmöglichkeit des Eingreifens in das Geschehen in nicht-interaktiven Medien." Empathie und Identifikation seien weniger während des Spielens, mehr im Umfeld des Spiel-geschehens „zum Beispiel auf Fansites, in Chats oder auch Lookalike-Contests" zu beobachten. Erwähnenswert hier auch die Real-Avatar-Kultur, Stichwort das von Japan aus sich verbreitende Cosplay. Fans verkleiden sich als Helden von Spielen und Filmen und machen Party. Im Spiel selbst, so Neitzel, laufe emotionale Inklusion am ehesten über NPCs (Non Player Characters), die vom Computer, nicht von Spielern gesteuert werden. Hinzu kommt der einfache Umstand, dass in Action-Games angesichts der erforderlichen Reaktionszeiten Mit-Gefühle nur hinderlich sind. Die Konzentration richtet sich auf Aggression, auf Gegen-Gefühle. Das Reizthema Gewalt drängt sich auf.

5.4　Unverbindlich killen: Faszination der Gewalt und die digitale Leichtigkeit des Todes

„Nur noch mal für mich zur Vergewisserung: Ich dürfte also mit 14 Jahren anfangen, großkalibrige Waffen zu benutzen und dann als 21jähriger Sportschütze mit einem Kofferraum voller halbautomatischer Waffen und 0,4 Promille auf der Autobahn mit 320 km/h vom Schützenfest zum CSU-Parteitag fahren – aber Computerspiele sollen verboten werden?"
　(Sascha Lobo, https://saschalobo.com/2009/03/25/erlaubtheiten/)

Was bisher geschah: Kommunikation zwischen Abwesenden braucht Erfolgsmedien (siehe Abschn. 4.4). Macht und Liebe, so haben wir angenommen, sind in ludischen Aktionen besonders prominent präsent. Erfolgsmedien weisen spezifische Referenzen auf Körperlichkeit auf, ließen wir uns von Niklas Luhmann informieren, und haben für Macht Gewalt sowie für Liebe Sex identifiziert. Weiterhin war (unter Abschn. 5.2) für die Kommunikation zwischen Adressen eine nur schwach ausgeprägte soziale Verantwortlichkeit zu registrieren, die auch das sonst geforderte Einfühlungsvermögen reduziert und eine Tendenz zu emotionaler Kälte fördert. Soeben (unter Abschn. 5.3) sind wurde der Argumentation gefolgt, dass Mitgefühl und Mitleid primär Zuschauer-Phänomene sind, dass sie gerade die Unmöglichkeit eines Eingreifens begleiten, während die Fähigkeit und Notwendigkeit selbst zu agieren, wie sie im Computerspiel gegeben sind, dem Ausleben von Gefühlen weniger Zeit und Raum lassen. Schließlich ist überwölbende Gesichtspunkt festzuhalten, dass alles, was geschieht, sich im Modus eines unverbindlichen Tuns als ob ereignet. Wie stellt sich, so vorbereitet, das Thema physische Gewalt und deren spezifische Beziehung zur Macht in Computerspielen dar?

„Bevor es mehr Macht geben kann, muss es zunächst mehr Freiheit geben." (Luhmann 2012, S. 97) Wo es keine Handlungsalternativen gibt, brauchen sie auch nicht mit Macht auf eine ausgewählte reduziert zu werden. Macht wird im sichtbaren Zusammenhang mit physischer Gewalt besonders auffällig. Als *angedrohte* bildet Gewalt die Grundlage von Macht: „Die Möglichkeit von Gewaltanwendung ist für den Betroffenen nicht ignorierbar; sie bietet dem Überlegenen hohe Sicherheit in der Verfolgung seiner Ziele; sie ist nahezu universell verwendbar, da sie als Mittel weder an bestimmte Ziele noch an bestimmte Situationen oder an bestimmte Motivlagen des Betroffenen gebunden ist; sie ist schließlich, da es um relativ einfaches Handeln geht, gut organisierbar und […] zentralisierbar." (Luhmann 2003, S. 64 f.)

Angewandte Gewalt hingegen „ist nur eigenes Handeln, nicht machtvolle Disposition über das Verhalten anderer" (Luhmann 1991, S. 235 f.). Alle Risiken und Chancen, die Kommunikation eröffnet, alle Möglichkeiten, es so, anders oder gar nicht zu sagen, es zu ignorieren, es so oder anders zu verstehen, zuzustimmen oder abzulehnen, nichts von alldem geht mehr, sobald Gewalt ausgeübt wird. Was noch bleibt, sind zwei Unvermeidbarkeiten, nämlich Täter und Opfer.[22]

Packende Gewalt und die Faszination ihrer Reproduzierbarkeit

Gewalt zerstört alles Unerwartete, steigert aber gleichzeitig, das ist das Packende an ihr, die Spannung, was während ihrer Ausübung geschieht und was danach noch zu erwarten ist. Wie stark ist die Gegenwehr, wie hoch sind die Verluste, wer gewinnt die Oberhand? Herrscht danach Friedhofsruhe, kommt es im Gegenteil zu Eskalationen von Gegengewalt, bricht Krieg aus oder wird sogar Kommunikation wieder aufgenommen? Gewaltanwendung macht, vielleicht nicht mehr für ihre Opfer, aber für die soziale Situation insgesamt sehr viel mehr möglich als jede normale Kommunikation. „Das ist der Grund, warum sich durch den Einsatz von Gewalt, obwohl und weil sie eine eindeutige Reduktion von Komplexität ist, die Ungewissheit nicht etwa reduzieren, sondern steigern lässt." (Baecker 2007, S. 46)

Im Modus des unverbindlichen Tuns als ob sind diese beiden Extreme, nichts geht mehr und alles ist möglich, beliebig oft wiederholbar und variierbar. Fürchterliche Gewissheiten und dramatisch gesteigerte Ungewissheit werden sozusagen auf einen Schlag produziert und nach Lust und Laune reproduziert. „Nirgendwo sonst kann die gesellschaftliche Suche nach dem Akteur, nach der Handlung, nach der Absicht, nach der Wirkung einer Handlung, auch nach dem Bewirktwerdenkönnen einer Handlung durch Strukturen, kurz: nach dem Drama, seinem Subjekt, seinem Objekt und seiner Aktion so überzeugend in Szene gesetzt werden" (Baecker 2007, S. 45) wie im Gewaltakt.

Was in der virtuellen Welt beeindruckt und fesselt, ist die ludische Reproduzierbarkeit der Gewalt. Von der Gewaltkonstellation geht eine enorme Faszination aus, die reißerische Buchtitel wie „Digital spielen – real morden? Shooter, Clans und Fragger" (Fromm 2003) instrumentalisieren. Gewalt wird in digitalen Spielen ein Dauerphänomen bleiben – und damit auch die Frage ihres

---

[22]Analysen von Gewalt in Computerspielen operieren mit verschiedenartigen Bedeutungen von Gewalt (vgl. z. B. Kunczik 2013, S. 12 ff.), auf die wir nicht eingehen.

Gefährdungspotenzials in der öffentlichen Diskussion[23], einer Diskussion, die zum Thema Mediengewalt lange vor der Verbreitung des Computerspiels geführt wurde (vgl. Fischer et al. 1996) und in der sich wissenschaftlich „keine verlässlichen Aussagen über Rezeptionsinteresse geschweige denn die Wirkungsweise der Rezeption von Gewaltdarstellungen machen lassen" (Leschke 2001, S. 335).

> „Seit um die Mitte des 20. Jahrhunderts erste empirische Untersuchungen der Mediengewalt-Frage nachgegangen sind, also den kausalen Zusammenhang zwischen medial dargestellter Gewalt und aggressiven oder gewalttätigen Handlungen des Mediennutzers auszuloten versucht haben, sind unterschiedliche Antworten auf diese Frage formuliert, kritisiert und wieder verworfen worden. Unbeirrt von dieser wechselhaften Geschichte hofft die Mediengewaltforschung, sich ihrer Forschungsfrage immer weiter anzunähern, ohne allerdings den Eindruck zu erwecken, dass eine endgültige Antwort in absehbarer Zukunft zu erreichen wäre." (Otto 2008, S. 11)

Befeuert wird die öffentliche Auseinandersetzung mit Gewalt in Computerspielen durch Schulamokläufe. „Es verging in diesem Jahrtausend kein einziges Jahr ohne Amoklauf an einer Bildungseinrichtung. Im Gegensatz zur Jugendgewalt im Allgemeinen nahm die Anzahl dieser speziellen Amokläufe stark zu. Allein in Deutschland haben seit 2000 über 34 derartiger Gewalttaten stattgefunden, auch wenn bei den meisten glücklicherweise keine Toten zu beklagen

---

[23]Nach dem rechtsterroristischen Anschlag auf eine Synagoge am 9. Oktober 2019 in Halle, bei dem zwei Menschen ermordet wurden, waren solche Überschriften zu lesen:
„Der Anschlag von Halle. Rechtsterrorismus, inszeniert wie ein Computerspiel"
https://www.tagesspiegel.de/politik/der-anschlag-von-halle-rechtsterrorismus-inszeniert-wie-ein-computerspiel/25103584.html
„Attentäter von Halle: Er plante seine Taten wie Computerspiele"
https://www.zeit.de/gesellschaft/zeitgeschehen/2019-10/attentaeter-halle-internet-radikalisierung-memes
„Anschlag in Halle. „Er will wie in einem Spiel Punkte sammeln und gelobt werden"
https://www.welt.de/politik/deutschland/plus201712462/Anschlag-in-Halle-Er-will-wie-in-einem-Spiel-Punkte-sammeln-und-gelobt-werden.html (Zugriff jeweils 11.10.2019)
In der TV-Sendung „„Bericht aus Berlin"" hat der deutsche Bundesinnenminister Horst Seehofer „nicht die rechtsextremen Verbindungen des Attentäters thematisiert, sondern den antisemitischen Anschlag in einem allgemeinen Zusammenhang mit Computerspielen erwähnt. ‚Manche nehmen sich Simulationen geradezu zum Vorbild', sagte Seehofer in der Sequenz. ‚Man muss genau hinschauen, ob es noch ein Computerspiel ist oder eine verdeckte Planung für einen Anschlag. Deshalb müssen wir die Gamer-Szene stärker in den Blick nehmen.'" https://www.sueddeutsche.de/politik/seehofer-gaming-halle-twitch-1.4639479 (Zugriff 14.10.2019).

waren. […] In den deutschen Medien werden – neben liberalen Waffengesetzen – fast ausschließlich Ego-Shooter als Ursache für Schulamokläufe angesehen." (Breiner und Kolibius 2019, S. 62) Im Anschluss an eine gründliche empirische Analyse ziehen Breiner und Kolibius (2019, S. 98) dieses Fazit: „Es ist für Politik und Medien bequem, populistisch auf Computerspiele als vermeintlichen Sündenbock für Amokläufe zu verweisen, anstatt diese tiefer liegenden, weit komplexeren Ursachen zu thematisieren. […] Die Ursachen für Amokläufe an Bildungseinrichtungen sind multikausal, aber lockere Waffengesetze und gewalthaltige Computerspiele gehören nicht zu den Ursachen."[24] Jedenfalls kann begründet werden, dass die schlichte Parallele zwischen Gewalt in Computerspielen und faktischen Gewalttaten irreführend ist.

Ein fundamental anderer Sinnzusammenhang

Visualisierte Gewalt hat im Film eine lange Tradition, die 1903 mit der Hinrichtung des Zirkuselefanten Topsy begonnen haben soll.[25] „Der klassische Actionfilm lebt sowieso von der Abfolge gewaltbasierter Handlungen. Aber auch der Detektivfilm, der Western, der Science Fiction und sogar das Melodram setzen Gewalt als narratives wie ästhetisches Element gern und gezielt ein; von Genres wie dem Horror- oder dessen Radikalisierung, dem Splatter-Film, ganz zu schweigen." (Ahrens 2019, S. 2) Aber Gewalt tritt im Computerspiel anders auf als im analogen Film, weil sie sich im Film narrativ und dramaturgisch legitimieren muss, sie ist eingebunden in ein Beziehungsgeflecht von Zwecken und Mitteln und wird in ein Verhältnis zu Recht und Unrecht gesetzt.[26] „Diese

---

[24]„So schrieb DER SPIEGEL (16. März 2009, 36) zu Winnenden: ‚Und auch die Computerspiele tauchen in den Ermittlungen nun wieder auf. Natürlich gibt es keine Kausalität; Millionen spielen, ohne zu töten, aber andersherum stimmt eben auch: Wer irgendwann tötet, hat in der Regel vorher gespielt.' Diese Koinzidenz zwischen der Beschäftigung mit violenten Spielen und Tötungsdelikten gibt regelmäßig zu Wirkungsspekulationen Anlass. Die Tatsache, dass es allein die weite Verbreitung von Ego-Shootern wahrscheinlich macht, dass sie auf dem Computer eines Gewalttäters gefunden werden, wird oft nicht beachtet." (Kunczik 2013, S. 211)

[25]https://de.wikipedia.org/wiki/Datei:Edison_-_Electrocuting_an_Elephant.ogv

[26]Walter Benjamin (1965, S. 31) hat es in „Kritik der Gewalt" so pointiert: „Das Naturrecht strebt, durch die Gerechtigkeit der Zwecke die Mittel zu ‚rechtfertigen', das positive Recht durch die Berechtigung der Mittel die Gerechtigkeit der Zwecke zu ‚garantieren'."

Legitimation kann nicht beliebig ausfallen, sie muss überzeugen." (ebda, S. 8) Sofern sie als solche ausgewiesen und in den entsprechenden Sinnkontext eingewiesen ist, kann Gewalt im Film auch als illegitime und unmoralische gezeigt werden, es kommt auf „die jeweils ‚richtige' Bewertung von Gewalt" (Leschke 2001, S. 331) an. „Gewaltdarstellungen lassen sich insofern nicht sinnvoll isolieren: Sie sind nur in einem normativen System zu positionieren" (ebda, S. 307), ist eine Feststellung, die auf den analogen Film zutrifft, der Status von Gewalt in der virtuellen Spielwelt ist ein anderer.

Weshalb wird Gewalt in der virtuellen Wirklichkeit der digital games so normal, in manchen Spielen sogar zum vorherrschenden Geschehen? Weil sie ohne Bindung an andere Sinnzusammenhänge um ihrer selbst willen ausgeübt werden kann und dabei die Faszination der Gewalt und die digitale Leichtigkeit des Todes eine unschlagbare Verbindung eingehen. So bildet Virtualität die Grundlage „einer gegenüber dem linearen Spielfilm (oder auch Roman) fundamental veränderten Rezeptionsbedingung visueller Sterbeszenen: Der Tod von Figuren wird weder körperlich noch narrativ als eine endgültige Grenze, sondern als ein notwendiger und reversibler Spieleinsatz behandelt" (Degler 2006, S. 364). Der Tod, das extremste Ereignis unter Lebenden, kann im digitalen Spiel als beliebig wiederholbarer Vorgang, als beiläufiges oder einfallsreich inszeniertes Geschehen stattfinden. Tote Opfer von Gewalt, die wieder auferstehen oder als Untote weiterspielen, gehören am Computer zum normalen Spielgeschehen. Für Spieler in Gestalt ihres Avatars wird es zum Regelfall, dass es der eigene Tod ist, der ein Spiel beendet. „Game Over" heißt oft, jetzt hat der Spieler zu viele Leben verloren; um weiterspielen zu können, muss ein neues Spiel beginnen.

Im Vergleich zu ihrer realen Bedeutung ohnehin, aber auch im Vergleich zu ihrer semantischen Einbettung im Film, steht Gewalt, keineswegs in allen, aber in auffällig vielen digital games in einem fundamental anderen Sinnzusammenhang, nämlich in keinem außerhalb ihrer selbst. Zu Kurzschlüssen verführt, dass ludische Gewalttaten aufgrund der simulationsstarken Virtualität realistischer wirken als je zuvor, was die Besorgnis forciert, gespielte werde in reale Gewalt übergehen. Unberücksichtigt bleibt bei dieser Befürchtung die völlig andere Funktion der Gewalttaten und des Sterbens im Computerspiel. Hier werden Analogieschlüsse gezogen, die es ratsam erscheinen lassen, dass Ehefrauen während der Theatersaison die Nähe des Mannes meiden, der den Othello spielt, weil er auf der Bühne jeden Abend eine ermordet. Solche Aussagen über Gewalt in digital games, die einen Transfer von ludisch-virtueller in reale Gewalt unterstellen, sollten kritisch hinterfragt werden.[27] Allerdings spricht nichts dafür, dass die eilige Parallele zwischen Gewalt im Computerspiel und faktischer Gewalt nicht auch in Zukunft immer wieder gezogen werden wird; sie ist zu einfach, um in einer sich aufregenden Öffentlichkeit nicht wahr sein zu dürfen.

Wettbewerb um den grausamsten Tod

Die besondere Funktion der Gewalt in Computerspielen, um ihrer selbst willen auftreten und in all ihren dramatischen Elementen ohne tatsächliches Blutvergießen erlebt werden zu können, nutzen Akteure der Gamesbranche auf ihre Weise aus. Um die Verkaufszahlen zu steigern, wird in PvP Games (Player versus Player) wie *League of Legends, Dota* oder *Overwatch* mit reißerischen Kommentaren wie „double kill!", „triple kill!", „legendary kill!" oder „killingspree!" dazu animiert, noch mehr und noch härter zuzuschlagen, Gegner auf noch ausgefallenere Weise zu töten, noch mehr Feinde auszuschalten. Spielteilnehmer werden beispielsweise informiert, „Player DeathForGood is on a killingspree" – Amokläufer als belebende Spielelemente.

„Fatality!", „Brutality!" „Animality!", „Flawless Victory!", so wird in der Fighting-Game Reihe *Mortal Kombat*[28] in anheizender Stadionsprecher-Manier das Ende eines Kampfes verkündet, Spieler werden belohnt für eine besonders brutale Kombination von Angriffen und für besonders hart geführte Kämpfe mit entsprechend grausamen Finishing Moves, die Gegner auf noch ausgefallenere Weise zu töten. Seit der Vermarktung dieser Spiel-Reihe brach ein richtiger Wettbewerb um den brutalsten Tod aus – je schrecklicher, desto besser, desto mehr

---

[27]Darauf weist auch Kirsten Zierold (2011, o. S.) im Vorwort Ihrer Dissertation hin, wenn sie den „Vorwurf eines unkritischen und somit unverantwortlichen Einsatzes von Gewalt im Computerspiel" zurückweist: „Mich irritierte, dass diese Argumentation leichtfertig einen Kurzschluss zwischen dem im Spiel Dargestellten und der performativen Beteiligung des Spielers herstellte und zudem von einer unmittelbaren Wechselwirkung zwischen Spiel und Wirklichkeit ausging. Mich verwunderte, dass die meist unübersehbare Oberflächlichkeit derartiger Kritik so hartnäckig anhielt und Debatten über Jahre befeuern konnte."

[28]„In Deutschland wurde das Spiel 1994 von der damaligen Bundesprüfstelle für jugendgefährdende Schriften indiziert und durch Beschluss des Amtsgerichts München bundesweit die Beschlagnahmung wegen Gewaltdarstellung gem. § 131 StGB angeordnet. Sie stellt den Verkauf, die Zurschaustellung oder das Bewerben des Spiels unter Strafe, nicht jedoch den Besitz." https://de.wikipedia.org/wiki/Mortal_Kombat (Zugriff 18.09.2019).

Punkte erreichte man. 1944, ein halbes Jahrhundert vor dem Erscheinen von *Mortal Kombat,* schrieben Max Horkheimer und Theodor W. Adorno: „Die Verfassung des Publikums, die vorgeblich und tatsächlich das System der Kulturindustrie begünstigt, ist ein Teil des Systems, nicht dessen Entschuldigung." (1991, S. 130) Aus der Perspektive der Medienökonomie ist das eine, die exzessive Darstellung von Mediengewalt, so nützlich wie das andere, die öffentliche Aufregung darüber, weil beide garantiert Aufmerksamkeit generieren.

Gewalt und Sex als Medienereignisse

Während in der Online-Kommunikation Gewalt um ihrer selbst willen einen favorisierten Platz in Computerspielen findet, hat Sex um seiner selbst willen seinen bevorzugten Ort auf pornografischen Websites. „Pornographie wird durch das Internet tendenziell jederzeit, für jede Person und an jedem Ort verfügbar. Grenzen sozialräumlicher und zeitlicher Art werden nahezu aufgehoben. Die Zugangsschranken sinken ebenso wie der Aufwand, sich pornographisches Material zu beschaffen." (Lewandowski 2012, S. 95). Via Internet wird Pornografie zum Bestandteil der Populärkultur. Bemerkenswert ist, dass für Sex um seiner selbst willen als Medienereignis mit „Pornographie" eine eigene Bezeichnung zur Verfügung steht, während im Fall von dargestellter Gewalt sprachlich nicht unterschieden wird zwischen sozial integrierter und nackter Gewalt.

In digital games wird Sex mit großer Selbstverständlichkeit gespielt, ist dabei aber in der Regel Element sozialer Beziehungen, Pornografie hingegen bleibt eher randständig.

„Interessierte finden Hardcore (z. B. das heftig umstrittene ‚RapelLay' des Publishers Illusion, 2006) ebenso wie weiche Pornografie, via Internet zumeist recht einfache Spiele wie Click-& Lick-Games (z. B. ‚Seduce Dark Witch', ‚Laundry Day' oder ‚Bondage-Dome'), nach dem Flipper-Prinzip funktionierende Pinball-Games (z. B. ‚Kumitate'), Dating-Games (‚Elf Girl Sim Date RPG', ‚Paradise Heights'), Dress-Undress-Games (‚Yakyu Ken', ‚Dress-Up Asuka'9), Card-Games (‚Slave Poker') oder auch Simulationen wie z. B. Bordell-Simulationen, bei denen allerdings vom Spielkonzept her meist die Wirtschaftssimulation im Vordergrund steht. Im einfachsten Fall lädt man einen sogenannten ‚Nude-Patch' zu einem kommerziellen Spiel, und dann läuft beispielsweise Lara Croft nackt durch den Dschungel." (Vollbrecht 2012, S. 189)

Schon die Beschreibung der Möglichkeiten klingt nicht besonders sexy. Das könnte an dem großen Unterschied liegen, der sich im Fall von medial gespielter Gewalt und im Fall von medial gespieltem Sex zwischen virtuelle und reale

Wirklichkeit schiebt. Wird das reale Fehlen von Gewalt als berauschend vorteilhaft erlebt, so dürfte das reale Fehlen von Sex eher als frustrierend defizitär empfunden werden. Dass Medien (Sex-Apps) von Medien (Spiegel 2016) Realitätstüchtigkeit bescheinigt bekommen, „Sex in der virtuellen Realität: Fühlt sich echt an", steht auf einem anderen Blatt.

Literatur

Adamowsky, N. (2001). „Was ist ein Computerspiel?" In *Ästhetik und Kommunikation, „Computerspiele"* (32. Jg., H. 115, S. 19–24).

Adams, D. (2005): *The ultimate Hitchhiker's guide.* New York: Portland House (Erstveröffentlichung 1979f).

Ahrens, J. (2019). Film und gewalt. In A. Geimer, C. Heinze & R. Winter (Hrsg.), *Handbuch Filmsoziologie* (S. 1–16). Wiesbaden: Springer Reference Sozialwissenschaften. https://doi.org/10.1007/978-3-658-10947-9_98-1.

Anderie, L. (2018). *Gamification, Digitalisierung und Industrie 4.0. Transformation und Disruption verstehen und erfolgreich managen.* Wiesbaden: Springer Gabler.

Anderson, C. (2007). *The Long Tail – der lange Schwanz. Nischenprodukte statt Massenmarkt – Das Geschäft der Zukunft.* München: Hanser.

Backe, H.-J. (2017). Computerspiel. In M. Martínez (Hrsg.), *Erzählen. Ein interdisziplinäres Handbuch* (S. 33–37). Stuttgart: Metzler.

Backe, H.-J. (2008). *Strukturen und Funktionen des Erzählens im Computerspiel. Eine typologische Einführung.* Würzburg: Königshausen, & Neumann.

Baecker, D. (2007). *Wozu Gesellschaft?* Berlin: Kadmos.

Baecker, D. (2010). Wie in einer Krise die Gesellschaft funktioniert. *Revue für postheroisches Management, 7,* 30–43.

Beil, B. (2012). *Avatarbilder. Zur Bildlichkeit des zeitgenössischen Computerspiels.* Bielefeld: transcript.

Beil, B., Simons, S., Sorg, J., & Venus, J. (Hrsg.) (2009). "It's all in the Game". Computerspiele zwischen Spiel und Erzählung. In *Navigationen. Zeitschrift für Medien- und Kulturwissenschaften* (Jg. 9, H. 1). Marburg: Schüren.

Benjamin, W. (1965). *Zur Kritik der Gewalt und andere Aufsätze.* Frankfurt a. M.: Suhrkamp.

Bogen, M., Kuck, R., & Schröter, J. (Hrsg.) (2009). *Virtuelle Welten als Basistechnologie für Kunst und Kultur? Eine Bestandsaufnahme.* Bielefeld: transcript.

Breiner, T., & Kolibius, L. D. (2019). *Computerspiele: Grundlagen, Psychologie und Anwendungen.* Wiesbaden: Springer.

Brosziewski, A. (2003). *Aufschalten. Kommunikation im Medium der Digitalität.* Konstanz: UVK.

Cardon, D. (2017). Den Algorithmus dekonstruieren. Vier Typen digitaler Informationsberechnung. In R. Seyfert &. J. Roberge (Hrsg.), *Algorithmuskulturen. Über die rechnerische Konstruktion der Wirklichkeit* (S. 131–150). Bielefeld: transcript.

Chibac, N. (2016). VR – Hype oder Zukunft. 360-Grad Experte Nicolas Chibac im Interview. https://www.netzwelt.de/videos/21045-vr-hype-zukunft-360-grad-experte-nicolas-chibac-interview.html. Zugegriffen: 18. Sept. 2019.

Degler, F. (2006). Partizipation und Destruktion. Sterbende Körper im Computer/Spiel/Film zwischen ,resurrectio' und ,save as'. In B. Neitzel & R. F. Nohr (Hrsg.), *Das Spiel mit dem Medium. Partizipation – Immersion – Interaktion. Zur Teilhabe an den Medien von Kunst bis Computerspiel* (S. 348–364).

Distelmeyer, J. (2006). „…unterwegs zur Abteilung Spieltheorie" Überlegungen zum Verhältnis zwischen Videospielen und dem populären Kino. In B. Neitzel & R. F. Nohr (Hrsg.), *Das Spiel mit dem Medium. Partizipation - Immersion - Interaktion. Zur Teilhabe an den Medien von Kunst bis Computerspiel* (S. 187–207). Marburg: Schüren.

Dorau, R. (2011). *Emotionales Interaktionsdesign: Gesten und Mimik interaktiver Systeme.* Wiesbaden: Springer.

Dotzler, B. J., & Roeßler-Keilholz, S. (2017). *Mediengeschichte als historische Techno-Logie.* Baden-Baden: Nomos.

Feige, D. M. (2015). *Computerspiele. Eine Ästhetik.* Berlin: Suhrkamp.

Fischer, H.-D., Niemann, J., & Stodiek, O. (1996). *100 Jahre Medien-Gewalt-Diskussion in Deutschland. Synopse und Bibliographie zu einer zyklischen Entrüstung.* Frankfurt a. M.: IMK.

Flusser, V. (1993). *Dinge und Undinge. Phänomenologische Skizzen.* München: Hanser.

Forster, W. (2015). *Spielkonsolen und Heimcomputer 1972 bis 2015.* Utting: gameplan.

Frey, G. (2004). *Spiele mit dem Computer – SciFi, Fantasy, Rollenspiele & Co. Ein Reiseführer.* Kilchberg CH: Smart Books.

Freyermuth, G. S. (2013). Der Big Bang digitaler Bildlichkeit. Zwölf Thesen und zwei Fragen. In G. S. Freyermuth & L. Gotto (Hrsg.), *Bildwerte. Visualität in der digitalen Medienkultur* (S. 287–333). Bielefeld: transcript.

Fromm, R. (2003). *Digital spielen – Real morden? Shooter, Clans und Fragger. Computerspiele in der Jugendszene.* Marburg: Schüren.

Frutiger, A. (2006). *Der Mensch und seine Zeichen.* Wiesbaden: Marix Verlag.

GamesCoop. (2012). *Theorien des Computerspiels zur Einführung.* Hamburg: Junius.

Garisto, D. (2019). Google AI beats top human players at strategy game *StarCraft II.* https://www.nature.com/articles/d41586-019-03298-6. Zugegriffen: 10. Nov. 2019.

Grimm, P., & Capurro, R. (Hrsg.). (2010). *Computerspiele – Neue Herausforderungen für die Ethik?* Stuttgart: Franz Steiner.

Hartmann, F. (2018). *Medienmoderne. Philosophie und Ästhetik.* Wiesbaden: Springer VS.

Hensel, T. (2013). Uncharted. Überlegungen zur Bildlichkeit des Computerspiels. In G. S. Freyermuth & L. Gotto (Hrsg.), *Bildwerte. Visualität in der digitalen Medienkultur* (S. 209–235). Bielefeld: transcript.

Hörisch, J. (2013). Sich ein Bild machen oder „Im Bilde sein". Die guten alten Bilder und die digitale Bildrevolution. In G. S. Freyermuth & L. Gotto (Hrsg.), *Bildwerte. Visualität in der digitalen Medienkultur* (S. 15–24). Bielefeld: transcript.

Homeister M. (2018). *Quanten Computing verstehen. Grundlagen – Anwendungen –Perspektiven.* Wiesbaden: Springer Vieweg.

Horkheimer, M., & Adorno, T. W. (1991). *Dialektik der Aufklärung. Philosophische Fragmente.* Frankfurt a. M.: Fischer (Erstveröffentlichung 1944).

Jörissen, B., & Marotzki, W. (2009). *Medienbildung – Ein Einführung: Theorie – Methoden – Analysen*. Bad Heilbrunn: Klinkhardt und UTB.

Kent, S. L. (2001). *The ultimate history of video games*. New York: Three Rivers Press.

Kieserling, A. (1999). *Kommunikation unter Anwesenden. Studien über Aktionssysteme*. Frankfurt a. M.: Suhrkamp.

Kittler, F. A. (2013). *Die Wahrheit der technischen Welt. Essays zur Genealogie der Gegenwart*. Berlin: Suhrkamp.

Krämer, S. (1998). Das Medium als Spur und Apparat. In Dies. (Hrsg.), *Medien Computer Realität. Wirklichkeitsvorstellungen und neue Medien* (S. 73–94). Frankfurt a. M.: Suhrkamp.

Kucklick, C. (2016). *Die granulare Gesellschaft. Wie das Digitale unsere Wirklichkeit auflöst*. Berlin: Ullstein.

Kunczik, M. (2013). *Gewalt – Medien – Sucht: Computerspiele*. Berlin: LIT.

Leschke, R. (2001). *Einführung in die Medienethik*. München: Wilhelm Fink/UTB.

Leschke, R., & Venus, J. (2007). Spiel und Formen. Zur Einführung in diesen Band. In Dies. (Hrsg.), *Spielformen im Spielfilm* (S. 7–18). Bielefeld: transcript.

Lewandowski, S. (2012). *Die Pornographie der Gesellschaft. Beobachtungen eines populärkulturellen Phänomens*. Bielefeld: transcript.

Lischka, K. (2002). *Spielplatz Computer. Kultur, Geschichte und Ästhetik des Computerspiels*. Hannover: Heise.

Lobo, S. (2014). Die digitale Kränkung des Menschen. In Frankfurter Allgemeine Zeitung vom 11. 01. 2014. https://www.faz.net/aktuell/feuilleton/debatten/abschied-von-der-utopie-die-digitale-kraenkung-des-menschen-12747258.html. Zugegriffen: 24. Jul. 2019.

Luhmann, N. (1991). Symbiotische Mechanismen. In Ders. (Hrsg.), *Soziologische Aufklärung 3* (S. 228–244). Opladen: Westdeutscher Verlag.

Luhmann, N. (1997). *Die Gesellschaft der Gesellschaft*. Frankfurt a. M.: Suhrkamp.

Luhmann, N. (2003). *Macht*. Stuttgart: Lucius, & Lucius (Erstveröffentlichung 1975).

Luhmann, N. (2012). *Macht im System*. Berlin: Suhrkamp.

Maibaum, A., & Derpmann, S. (2013). Spiel und Simulation als Arenen der Technikentwicklung. In D. Compagna & S. Derpmann (Hrsg.), *Soziologische Perspektiven auf Digitale Spiele. Virtuelle Handlungsräume und neue Formen sozialer Wirklichkeit* (S. 227–245). Konstanz: UVK.

Mersch, D. (2008). Logik und Medialität des Computerspiels. Eine medientheoretische Analyse. In J. Distelmeyer, C. Hanke & D. Nersch (Hrsg.), *Game over!? Perspektiven des Computerspiels* (S. 19–41). Bielefeld: transcript.

Naone, E. (2010). Vom GUI zum NUI. https://www.heise.de/tr/artikel/Vom-GUI-zum-NUI-1107776.html. Zugegriffen: 22. Aug. 2019.

Nassehi, A. (2019). *Muster. Eine Theorie der digitalen Gesellschaft*. München: Hanser.

Neitzel, B. (2000). Gespielte Geschichten. Struktur- und prozessanalytische Untersuchungen der Narrativität von Videospielen. Dissertation, Bauhaus Universität Weimar. https://doi.org/10.25643/bauhaus-universitaet.69. Zugegriffen: 14. Mai 2019.

Neitzel, B. (2008). Medienrezeption und Spiel. In J. Distelmeyer, C. Hanke & D. Nersch (Hrsg.), *Game over!? Perspektiven des Computerspiels* (S. 95–113). Bielefeld: transcript.

Ott, F., & Saldik, T. (2011). Vergleich von Definitionen für Natural User Interfaces. http://www.soziotech.org/vergleich-von-definitionen-fuer-natural-user-interfaces/. Zugegriffen: 22. Aug. 2019.

Otto, I. (2008). *Agressive Medien. Zur Geschichte des Wissens über Mediengewalt.* Bielefeld: transcript.

Pias, C. (2002). *Computer Spiel Welten.* München: sequenzia.

Prätorius, I. (2015). *Wirtschaft ist Care oder: Die Wiederentdeckung des Selbstverständlichen. Ein Essay.* Berlin: Heinrich-Böll-Stiftung.

Preim, B., & Dachselt, R. (2015). *Interaktive Systeme. Bd. 2: User Interface Engineering, 3-D Interaktion, Natural User Interfaces.* Berlin: Springer Vieweg.

Rimbaud, A. (1990). *Seher-Briefe. Lettres du voyant.* Mainz: Dieterich (Erstveröffentlichung 1871).

Rötzer, F. (1998). Aspekte der Spielkultur in der Informationsgesellschaft. In G. Vattimo & W. Welsch (Hrsg.), *Medien-Welten Wirklichkeiten* (S. 149–172). München: Fink.

Schell, J. (2015). Die Zukunft des Erzählens. Wie das Medium Geschichten formt. In B. Beil, G. S. Freyermuth & L. Gotto (Hrsg.), *New Game Plus. Perspektiven der Game Studies. Genres – Künste – Diskurse* (S. 357–374). Bielefeld: transcript.

Skrandies, T. (2010). In den Rahmen, aus dem Rahmen. Medienhistorische Bewegungen zwischen Interface und Immersion. In H. Körner & K. Möseneder (Hrsg.), *Rahmen – Zwischen Innen und Außen* (S. 243–257). Berlin: Reimer.

Sehnbruch, L. (2018). *Eine Mediengeschichte des Bildschirms. Analyse der Dispositive visueller Wahrnehmungskonstruktion.* Wiesbaden: Springer VS.

Spiegel-Online. (2016). Sex in der virtuellen Realität. Fühlt sich echt an. https://www.spiegel.de/kultur/gesellschaft/virtual-reality-sex-was-wir-dort-erleben-fuehlt-sich-echt-an-a-1119504.html. Zugegriffen: 18. Sept. 2019.

Spiegel Online (2019). China im Gesichtstausch-Rausch. https://www.spiegel.de/netzwelt/apps/deepfake-app-zao-sekundenschnell-aus-einem-selfie-deepfakes-erstellen-a-1284951.html. Zugegriffen: 3. Okt. 2019.

Stöcker, C. (2019). Und plötzlich ist da eine andere Welt. In Spiegel-Online https://www.spiegel.de/wissenschaft/mensch/quantencomputer-geleakter-fachartikel-beschreibt-technologie-durchbruch-a-1290065.html. Zugegriffen: 6. Okt. 2019.

Vance, A. (2015). *Elon Musk. Tesla, SpaceX, and the Quest for a Fantastic Future.* New York: Ecco.

Vollbrecht, R. (2012). Sexlivion – ein Streifzug durch pornografische Mods am Beispiel des Fantasy-Rollenspiels ‚Oblivion'. In M. Schuegraf & A. Tillmann (Hrsg.), *Pornografisierung von Gesellschaft* (S. 189–197). Konstanz: UVK.

Zierold, K. (2011). *Computerspielanalyse. Perspektivenstrukturen, Handlungsspielräume, moralische Implikationen.* Trier: WVT Wissenschaftlicher Verlag.

Übergänge I: Expansionen und Korruptionen des Spiels 6

Zusammenfassung

Spielen scheint ohne einen moralisierenden Beiklang der Missachtung oder der Achtung keine Beachtung zu finden. Schlecht oder gut, schädlich oder nützlich sind fundamentale Unterscheidungen, aber wer sie mit Blick auf ludische Aktionen trifft, darf nicht damit rechnen, dass sich die Spielenden davon beeindrucken lassen. Die Fortsetzung des Werturteils findet als direkte Instrumentalisierung des Spiels statt. Solche „Spielverderber" können Spieler und Spielerinnen selbst sein, Stichwort Spielsucht. Weitaus häufiger werden einzelne Spielmethoden (Gamification) oder bestimmte Games (serious games) in den Kontext gesellschaftlicher Funktionsfelder eingepasst und für Organisationszwecke verwendet. Ohne Zweifel sind es die Erziehung und die Wirtschaft, die sich des Spiels bevorzugt bemächtigen. Die Pädagogen nutzen aus, dass das Spiel eine natürliche Nähe zum Lernen hat, weil es mit Unerwartetem umgeht. Die Ökonomisierung des Spiels ist kein isoliertes Phänomen, sie ist ein Unterfall der Aufmerksamkeitsökonomie, von der die öffentliche Kommunikation inzwischen insgesamt weitgehend beherrscht wird. Die Interpreten der massiven Ausweitung der Spielzone sind uneins: Das Spiel erobert den Planeten und macht ihn zu einem schöneren Ort, ist eine optimistische Position. Ihr steht eine Verteidigungsposition gegenüber, die das Spiel möglichst unberührt Spiel sein lassen will: Rettet Spielen die Welt oder muss das Spiel vor der Welt gerettet werden?

© Springer Fachmedien Wiesbaden GmbH, ein Teil von Springer Nature 2020   145
F. Arlt und H.-J. Arlt, *Spielen ist unwahrscheinlich*,
https://doi.org/10.1007/978-3-658-29107-5_6

„Seit dem bürgerlichen Zeitalter jedoch scheint das westliche Verhältnis zum Spiel etwas aus dem Ruder zu laufen. Geprägt von Idealisierung einerseits und Disziplinierung andererseits, vollzieht es sich in Gestalt einer Hassliebe, die sich in vielen Bemächtigungsstrategien niedergeschlagen hat." (Adamowsky 2001, S. 19)

Das Phänomen betrifft alle Sozialformen, es lautet in perfektem Soziologisch: Strukturkomponenten eines bestimmten Sinnzusammenhangs werden in andere Bereiche transferiert. Der heute bekannteste Fall dürfte der Transfer ökonomischer Strukturen in andere Handlungskontexte wie die Medizin, den Sport oder die massenmediale Öffentlichkeit sein. Andere Beispiele sind die militärische Ordnung der frühen Fabrikarbeit, familiäre Verhaltensweisen in Kleinbetrieben, religiöse Einflüsse auf wissenschaftliche Forschung, Elemente öffentlicher Kommunikation wie Inszenierungen und Kampagnen in der Politik. Moderne Organisationen sind schon an und für sich „Multireferenten, d. h. sie können verschiedene Kriterien in ihre Entscheidungsfindungen einbeziehen und folglich zwischen verschiedenen Logiken vermitteln" (Besio 2012, S. 268). Organisationen verankern in ihrer Binnenstruktur sehr unterschiedliche Erwartungen ihrer Umwelt. Von einer bestimmten Größenordnung an haben alle Rechts- und Öffentlichkeitsabteilungen, Stellen für Eventmanagement, Reiseabrechnungen, medizinische Notfallhilfe und manches mehr.

Das Über- und Ineinandergreifen von Strukturen stellt die wissenschaftliche Beobachtung und Beschreibung vor schwierige Analyseaufgaben. Der Pragmatismus der Praxis nimmt auf die Probleme ihrer wissenschaftlichen Beobachter keine Rücksicht. Man kann, um besser zu verstehen, als Beobachter Grenzen scharf ziehen und dabei trotzdem anerkennen, dass Vermengen und Ineinanderübergehen die Realitäten dominieren.[1] Schon das vielfältige Vokabular deutet die Problematik an, von Entgrenzung und Entdifferenzierung, Kopplung, Hybridisierung, Bastardisierung, Landnahme, Vermischung, Rekombination (vgl. z. B. Ha 2005) wird gesprochen.

---

[1]Ist die („westliche") Analyse, also das distanzierte Zerlegen, oder die („östliche") Ganzheitlichkeit, das Sich-Hineinversetzen, der bessere Weg? „Wie kann man, in Anbetracht der Erkenntnis (connaissance) und ihrer Hegemonie über die europäische Kultur, ihr Anderes, das sie überdeckt und nicht gedacht hat, nennen? Ich habe mich dazu entschieden, diese andere Beziehung zur Welt […] Einvernehmen (connivence) zu nennen, von dem ich, in Gegenüberstellung zum etablierten Erkenntnisregime, die ‚Kohärenz' in Erinnerung rufen muss." (Jullien 2018, S. 180, E-Book)

Übergangsphänomene provozieren umstrittene Bewertungen. Ist die Reinform die Idealform und jede Abweichung negativ zu sehen wie zum Beispiel bei künstlerischen Aktivitäten, wissenschaftlicher Forschung oder journalistischer Arbeit? Oder ist die Reinform das Problematische, vielleicht sogar Gefährliche etwa in der Wirtschaft, wo kritisch von „Kapitalismus pur", oder beim Militär, wo warnend vom „Staat im Staate" die Rede ist? Im Hintergrund wirkt die klassische Unterscheidung zwischen Perfektion und Korruption weiter. „In der reichen Vielfalt der kosmischen Ordnung konnte diese Differenz von perfekten und korrupten Zuständen an den vielfältigsten Erscheinungen beobachtet werden, aber immer im Blick auf das Wesentliche. In die Differenz von Perfektion/Korruption war mithin eine Richtungsentscheidung, eine hierarchische Struktur eingebaut." (Luhmann 1999, S. 11) Diese Asymmetrie mit dem positiven Akzent auf Perfektion hat starken Einfluss auf den Spieldiskurs – auch auf die hier vorgelegten Beschreibungen.

Das Spiel ist willig

Die bisherigen Überlegungen dienen dazu zu verdeutlichen, dass das Auftauchen von Spielen oder von einzelnen Aktionskomponenten des Spiels in nicht-ludischen Sinnzusammenhängen aus einer gesamtgesellschaftlichen Perspektive nichts Außergewöhnliches ist. Allerdings erwecken die Diskussionen darüber manchmal diesen Eindruck, dass hier mit dem Spiel etwas Außerordentliches geschehe, dass ihm Schlimmes angetan werde oder dass es erfreulicherweise zunehmend mehr Lebensbereiche erobere. Immerhin scheint es so zu sein, dass das Spiel sich gut dafür eignet, besonders wenig Widerstand dagegen leistet, benutzt zu werden. Diese Verfügbarkeit beginnt bei der Selbstverständlichkeit, mit der über Spiele geurteilt wird.

Weder seine enorme Diversität noch das Wissen darum, dass es soziales Leben immer schon begleitet, bewahren das Spiel davor, laufender Beurteilung unterworfen, dabei regelmäßig verurteilt, aber auch immer wieder belobigt zu werden. Spielen scheint ohne einen (oft moralisierenden) Beiklang der Missachtung oder der Achtung keine Beachtung zu finden. Woher diese schiere Unausweichlichkeit eines Werturteils kommt, fragen wir (unter Abschn. 6.1) auf der Grundlage des hier vorgestellten Spielverständnisses und antworten: Weil Spiele sich für Moral so wenig interessieren, werden sie zu einem Lieblingsthema des Moralisierens.

Seine Bewertung als nützlich oder schädlich widerspricht der sozialen Grundfunktion des Spiels, sich aus den Verbindlichkeiten normaler

Erwartungszusammenhänge vorübergehend zu befreien. Diese Diagnose beinhaltet nicht die insgeheime Aufforderung, Bewertungen des Spielens bitte zu unterlassen; nützlich oder schädlich ist eine fundamentale Unterscheidung, unter deren Perspektive alles und jeder geraten kann. Aber, hier liegt der Erkenntnisgewinn, wer sie mit Blick auf ludische Aktionen trifft, darf nicht damit rechnen, dass sich die Spielenden davon beeindrucken lassen.

Ziemlich viele „Spielverderber"
Werturteile über das Spielen, so könnte man zuspitzen, sind der Anfang vom Ende der Spielidee. Instrumentalisierungen des Spiels setzen die Werturteile fort und steigern sie, indem sie ludische Aktionen in normales Alltagsgeschehen einbinden. Solche „Spielverderber" können die Spielenden selbst sein (Abschn. 6.2). Bei den ‚üblichen Verdächtigen' handelt es sich um die gesellschaftlichen Funktionsfelder Erziehung und Wirtschaft (Abschn. 6.3). Weit verbreitet sind inzwischen Übernahmen einzelner Spielmethoden (Gamification) oder auch bestimmter Games (serious games) vor allem für Organisationszwecke (Abschn. 6.4).

Expansionen des Spiels werden, soweit wir die Literatur überblicken, erst seit dem 18. Jahrhundert zu einem Thema. Es scheint, dass der Expansionsdrang und die „Steigerungslogik" (vgl. Schulze 2003), die für die moderne Gesellschaft typisch sind – was neben dem Wirtschaftswachstum unter anderem ein weitaus größeres künstlerisches Angebot, viel mehr wissenschaftliche Publikationen, deutlich mehr rechtliche Regelungen, ein sich ausdehnendes Verkehrssystem beweisen –, auch das Spiel betreffen. Ein großer Schub kam mit der Digitalisierung. „Das stete Wachstum – mehr Spieler, mehr Spiele, höhere Umsätze –, von dem die kulturelle Durchsetzung digitaler Spiele seit den 1970er Jahren gekennzeichnet ist, geschah im Kontext konstanter Veränderung der Bedingungen von Produktion, Distribution und Nutzung." (Freyermuth 2015, S. 19)

Schon die Kriterienauswahl („mehr Spieler, mehr Spiele, höhere Umsätze") zeigt an, dass es dabei nicht nur um das Spielen geht, sondern dass die Expansion auch mit anderen Motiven im Zusammenhang steht. Erwerbsarbeit und ludische Aktion bekommen jetzt noch mehr miteinander zu tun. „Die Produktion von digitalen Spielen ist seit der Jahrtausendwende zur wirtschaftlich bedeutendsten Kulturindustrie im westlichen Kulturraum aufgestiegen, indem sie sowohl die Film- als auch die Musikindustrie mit ihren Umsätzen und Einnahmen abgehängt hat." (Helbig und Schallegger 2017, S. 9)

6.1   Gutes Spiel, böses Spiel: Deutungsmuster im Dissens

„Der positiven Nutzung wie Bewertung von Spielen korrelieren freilich ebenso durchgehend fundamentale Kritik und wiederkehrende Verbotsanstrengungen. […] In der westlichen und christlich geprägten Neuzeit reichen sie von den vielfachen Anstrengungen britischer Könige, zwischen dem 14. und 16. Jahrhundert Vorformen des modernen Fußballs zu verbieten, über den Bann von Flipper-Automaten, der in New York zwischen den 1930er und 1970er Jahren galt, bis zu den in der Gegenwart immer wieder aufflackernden Verbotsrufen für sogenannte ‚Killerspiele‘." (Freyermuth 2015, S. 47 f.)

Das lateinische Wort für Spiel heißt Ludus. Das mittelhochdeutsche „luoder" meint eine Lockspeise (Kluge 1999, S. 527), in der Jägersprache wird z. B. ein toter Hase, der Füchse anlocken soll, Luder genannt. „Ludern" wiederum heißt so viel wie ausschweifend, liederlich leben. Der „Lude" taucht Anfang des 20. Jahrhunderts in der Berliner Gaunersprache auf. Das sprachliche Umfeld des Ludischen ist ein wenig anrüchig. Anders als Wirtschaft und Politik, Religion und Recht, Familie und Medizin, deren Praktiken – mit schwankender Reputation – grundsätzlich anerkannt sind und als weitgehend unverzichtbar gelten, steht hinter dem Spiel entweder ein Frage- oder ein Ausrufezeichen. Es wird als das Falsche problematisiert oder als das Wahre gekürt, es wird primär daraufhin beobachtet, welchen Schaden es anrichten und welchen Nutzen es stiften kann.

„Man erwartet einerseits ein Heil von ihm, das es nicht bringen kann – so als löse es alle Probleme, befreie die Menschen endlich zu sich selbst; als überwinde es alle Angst und Entfremdung und als sei es die Verheißung eines glücklichen, lustvoll erfüllten Lebens. Andererseits kritisiert und diffamiert man es als verschleierte Fortsetzung der Arbeitsmonotonie mit anderen Mitteln, als affirmative Scheinbefriedigung ungelöst bleibender gesellschaftlicher Bedürfnisse und damit als ‚systemstabilisierendes‘ Teufelswerk […]." (Scheuerl 1991, S. 190)

„Auf der einen Seite ist im August 2008 der Bundesverband der Entwickler von Computerspielen (G.A.M.E.) als Mitglied im Deutschen Kulturrat aufgenommen worden […],auf der anderen Seite schaffte es ein Buch, in dem digitale Medien (nicht zuletzt Computerspiele) verantwortlich gemacht werden für Abstumpfung, Übergewicht, Lese-und Aufmerksamkeitsstörungen, Schlafstörungen und eine allgemeine Verblödung von Kindern und Jugendlichen […] auf Platz 1 der Spiegel-Bestsellerliste in der Kategorie Sachbuch." (Fromme 2012).

„Das Spiel verdirbt den Charakter und mit ihm jeglichen Ehrsinn, alle Sensibilitäten werden zerstört. Der Spieler verliert die Liebe zum Vaterland, zu seinen Nächsten, seinen Eltern, er kümmert sich nicht mehr um seine Familie oder seinen Hausstand; kurz er verliert alle zivilisierenden Elemente, die ihn überhaupt erst zum Menschen machen." (Huber 2012, S. 271; Zusammenfassung eines Textes von 1824)

„I look forward to a future in which massively multiplayer games are once again designed in order to recognize society in better ways, and to get seemingly miraculous things done." (McGonigal 2011, S. 10)

Spielen unterliegt ständiger Beobachtung und Bewertung, weil es als eine – stark konditionierte, zeitlich ausdrücklich limitierte, nur im Modus der Unverbindlichkeit und des Als ob anerkannte – Selbstbefreiung von den Gewohnheiten der Personen und von den Normalstrukturen der Gesellschaft stattfindet. Allgemeiner und einfacher: Freiheiten und Ordnungen stehen in Spannung zueinander, Spieler stehen unter der Kontrolle der „Ordnungskräfte", die darauf achten, dass sich niemand zu viele Freiheiten herausnimmt. Stets muss damit gerechnet werden, dass im Spiel etwas geschieht, was im Normalverlauf sozialen Handelns schon deshalb nicht vorkommt, weil es verboten ist, den Gang der Dinge stören würde oder viel zu abwegig, viel zu sehr jenseits aller Realitäten wäre. Unverbindlichkeit und Tun als ob verhindern nicht, dass die Frage nach Schädlichkeit und Nützlichkeit gestellt wird. Dafür sind die Grenzen zwischen ludischen Aktionen und Normalitäten zu durchlässig, die Möglichkeit, dass auch hier versucht wird, was dort gelungen ist, in den Augen vieler nicht hinreichend ausgeschlossen. Unverbindlichkeit und Tun als ob stehen als Verhaltensweisen vielmehr selbst zur Debatte, denn es kann zu jeder der beiden Komponenten sowohl eine negative als auch eine positive Position eingenommen werden.

Auf der Seite des unverbindlichenTuns kritisieren die einen, dass rechtlich und moralisch diskriminierte Verhaltensweisen, beispielsweise Kriminalität und Brutalität, im Spiel praktiziert werden. Sie fassen das Spielen als eine Art Einübung auf, als Gewöhnung an solches Verhalten, und halten es deshalb für gefährlich. Andere hingegen deuten solches unverbindliche Tun therapeutisch als Ersatzhandlungen, die an die Stelle sonst möglicherweise tatsächlich ausgeübter Gewalt und anderen diskriminierten Verhaltens treten.

Auf der Seite des Als ob warnen die einen vor Realitätsverlust, bewerten das Spiel als Versuch, sich Verbindlichkeiten und Verpflichtungen zu entziehen und stufen es als minderwertige Beschäftigung ein. So hat sich die „Gesellschaft für Medienwissenschaft" mit Computerspielen zum ersten Mal auf einer Tagung unter dem Titel „TV-Trash" beschäftigt. Computerspiele fanden „über den ‚Müll', den ‚Abfall', das ‚Ausgesonderte' den Weg in die deutsche Medienwissenschaft" (Neitzel und Nohr 2006, S. 9). Andere dagegen sehen in der Als-ob-Dimension die gute Gelegenheit zu experimentieren, sie betonen die Chance des Probehandelns und sehen im Spiel einen idealen Lernort und Innovationsraum.

Die kritische Auseinandersetzung mit dem Spiel findet mithin auf zwei verschiedenen Ebenen statt. Auf der allgemeinen Ebene, auf der diskutiert wird, ob Spielen an sich schädlich oder nützlich ist, sowie auf der Ebene des einzelnen Spiels mit der Problemstellung, ob es sich um ein gutes oder ein schlechtes Spiel handelt.

Vorsichtige und differenzierte Ergebnisse
Wir geraten hier auf das weite Feld der Wirkungsforschung (vgl. Schenk 2000), intensiviert und kompliziert dadurch, dass Spielerinnen und Spieler nicht nur kommunikativ, sondern auch operativ handeln – aber eben unverbindlich und nur so als ob.

> „Computerspiele können sowohl als moralische Objekte als auch als Agenten ethischer Werte verstanden werden. Spielerzählungen, Regelkontexte, Achievements oder Highscores legen nahe, was als richtig und tugendhaft in einem Spiel angesehen wird. Unter dieser Annahme können moralische Dilemmata in Spielen den Spieler für realweltliche moralische Dilemmata sensibilisieren und damit eine ethische Reflexion fördern." (Wimmer 2014, S. 274)

Schon die Medienwirkungsforschung alleine kommt nicht zu allgemein anerkannten Befunden (wofür es kommunikationstheoretisch gute Gründe gibt), die Wirkungen von Spielen sind, wie sich an konträren Bewertungen ablesen lässt, eine offene, aber wichtige und deshalb immer wieder neu erforschte Frage (siehe auch Abschn. 5.4). Seriöse Studien auf diesem Themenfeld legen selten harte Ergebnisse vor, sondern vorsichtige und differenzierte. Auf der Grundlage einer Untersuchung der Universität Innsbruck (Greitemeyer und Mügge 2014) berichtete die „Süddeutsche Zeitung" Anfang 2014: „Alleine seit 2009 sind zur Frage nach den Auswirkungen von Videospielen mindestens 98 einzelne Studien mit insgesamt 36 965 Probanden erschienen – das entspricht etwa einer Veröffentlichung pro Monat." (Herrmann 2014) Für Zahlen, Daten, Fakten vor allem, aber nicht nur auf Deutschland bezogen gilt: „Berichte der Lobbyverbände (BIU, Bitkom), Markt- und Mediastudien, Reports von Brancheninsidern, aber auch wissenschaftliche Erhebungen wie die KIM- und JIM-Studien des Medienpädagogischen Forschungsverbands Südwest liefern umfangreiches Zahlenmaterial." (Jöckel 2018, S. 18 f.)

6.2 Spielsucht: Eine Verführung des Spiels oder dessen Missbrauch?

Der Dissens der Deutungsmuster, die deskriptiv und präskriptiv über das Spiel gelegt werden, konkretisiert und verschärft sich in den Debatten über das Suchtpotenzial des Spielens. Von Korruption im Zusammenhang mit Spiel spricht bereits Caillois (1960, S. 52–65), und er meint damit Auswüchse, die Spielende sich zuschulden kommen lassen. Für ihn entsprechen „die Prinzipien des Spiels in der Tat mächtigen Trieben (Wettbewerb, Verfolgung der Chance, Verstellung, Rausch)" und sich selbst überlassen, „können diese ursprünglichen Antriebe, die wie alle Triebe maßlos und zerstörerisch sind, nur bei unheilvollen Folgen enden" (ebda, S. 64), als da sind Gewalttätigkeit, Machtwille, Aberglaube, Astrologie, Entfremdung, Alkoholismus, Drogen. Das heißt, Caillois sieht das Korruptionsproblem bei Spielern und Spielerinnen, die ihre Triebe nicht beherrschen.

Wir haben (unter Abschn. 2.2) den Wiederholungswunsch, wie er aus ludischen Aktionen entspringt, als Anschlussstelle für ein potenzielles Suchtverhalten ausgemacht. Tatsächliche Spielsucht wäre von unserem theoretischen Zugang aus als Instrumentalisierung des Spiels durch Einzelpersonen zu verstehen. Als öffentliches Thema erhält sie im Zusammenhang mit Computerspielen viel Aufmerksamkeit, weil sie primär bei Jugendlichen einhergehen kann „mit sozialer Isolation, Konflikten mit den Eltern, Schulverweigerung und Vernachlässigung der persönlichen Hygiene und der Nahrungsaufnahme" (Breiner und Kolibius 2019b, S. 110)."

> „Während tagelanger Spielsitzungen ohne Unterbrechung sind Betroffene derart ins Spiel vertieft, dass sie vergessen zu trinken und zu essen – und schließlich erschöpft zusammenbrechen. Es ist wichtig zu bemerken, dass es sich bei all diesen Fällen um seltenes Extremverhalten handelt. Die meisten Computerspieler sind Gelegenheitsspieler oder können als enthusiastische Spieler bezeichnet werden." (ebda, S. 108)

Das große öffentliche Interesse am ludischen Suchtpotenzial, das vor dem Computerspiel vor allem dem Glücksspiel als unglücklicher Kombination von Spiel- und Gewinnsucht galt, kann sich kaum auf valide und stabile wissenschaftliche Befunde stützen. „Es gibt bisher weder einen Konsens bezüglich der Diagnosekriterien noch darüber, ab wann Verhalten als pathologisch einzustufen ist. Dies macht den Vergleich einzelner Studien um ein Vielfaches schwieriger und die Einschätzung der Prävalenzraten in der Gesamtbevölkerung nahezu unmöglich. […] Ein großes Problem in der bisherigen Forschung zur Computerspielsucht ist, dass es sich vorwiegend um Querschnittstudien handelt. Daraus kann man lediglich auf einen korrelativen Zusammenhang schließen, wohingegen kausale Schlüsse nicht zulässig sind. Es gibt einen großen Bedarf an Längsschnittstudien im Bereich von Computerspielsucht." (ebda, 2019a, S. 153)

Zwei Diskurslinien

Aus der wissenschaftlichen Schwäche erwächst massenmediale Stärke, denn der Journalismus hat die freie Wahl, sowohl entschiedene Positionen zu beziehen, als auch offene Kontroversen auszutragen. Doch die Problematik reicht tiefer, denn es treten zwei Diskurslinien signifikant hervor. Die eine folgt dem Deutungsmuster, dass Spielsucht aus der Verführungskraft des Spiels kommt, die andere sieht die Ursache mehr in der sozialen Lage und/oder in Persönlichkeitsmerkmalen von Spielenden, das heißt, hier wird das Spiel kompensatorisch benutzt, wenn man so will, missbraucht. Es überrascht nicht, dass unter dem Verführungsaspekt eher eine negative Grundhaltung dem Spiel gegenüber vorherrscht, unter dem Missbrauchsaspekt hingegen mehr eine positive Einstellung zum Spiel.

Die Analyseperspektive, die nach Instrumentalisierungen ludischer Aktionen fragt, muss den personalen Bezug überschreiten; er wurde hier nur sehr knapp (wir arbeiten am Baumstamm der Erkenntnis des Spiels, nicht an Zweigen und Blättern) aus Gründen der Vollständigkeit angesprochen. Im Folgenden soll die Kolonisierung des Spiels thematisiert werden, wie sie schon immer von der Erziehung ausging, zunehmend von der Wirtschaft und der Öffentlichkeit praktiziert wird unter tätiger Beihilfe der Politik und der Wissenschaft. Geld und Publicity[2], zu denken ist vor allem an den Profisport, unterwerfen das Spiel ihren Zwecken, in Europa und Südamerika mit Fußball an der Spitze. Sie erzeugen dabei einen Leistungsdruck, unter dem man trotz bester medizinischer Versorgung viel Glück haben muss, kein „Verletzungspech" zu haben.[3] „Rettet

---

[2]Üblich sind Bezeichnungen wie Mediatisierung oder Medialisierung.

[3]. „In einem offiziellen Statement des Vereins sagte Trainer Joseph Guardiola: ‚Es ist so, so schwierig für ihn. Es ist so traurig, wir werden ihn sehr vermissen. Es ist Pech, aber das ist Fußball.'"

https://www.spiegel.de/sport/fussball/ilkay-guendogan-fehlt-manchester-city-mit-kreuzbandriss-monatelang-a-1126241.html

„‚Es sieht danach aus, dass er schwer verletzt ist', sagte Trainer Niko Kovac, der angesichts des späten Ausgleichstreffers und Süles Pech ‚doppelt tieftraurig' war."

https://www.afp.com/de/nachrichten/3961/bayern-abwehrchef-suele-wohl-schwer-verletzt-doc-1lk2v63 (Zugriffe 23.10.2019).

das Spiel!" (Hüther und Quarch 2018), die Appelle, sich auf den Sinn des Spiels (zurück) zu besinnen, und die Erfolge der „Spielverderber", die mit großem Geld und breiter öffentlicher Aufmerksamkeit aufwarten, stehen sich wie David und Goliath gegenüber.

6.3   Träume von Reinheit und Realitäten des Erfolgs: Erziehung und Wirtschaft dominieren

> „Die scheinbar so harmlose Welt zweckfreier Spiele lässt sich offenbar für unterschiedlichste Zwecke ausnutzen, sie lässt sich instrumentalisieren, manipulieren und missbrauchen." (Scheuerl 1991, S. 190)

Die Politisierung der olympischen Spiele, die Verrechtlichung des Glückspiels mit seinem regulierten Markt, seinen unregulierten bzw. sanktionierten Grau- und Schwarzmärkten oder die Militarisierung des Spiels auf virtuellen Schlachtfeldern (vgl. Schulze von Glaßer 2014) sind bekannte Phänomene, die temporär auch in der massenmedialen Öffentlichkeit thematisiert werden. Aber es sind ohne Zweifel die Erziehung und die Wirtschaft, die sich vor allen anderen des Spiels bemächtigen. Solche Instrumentalisierungen können so normal werden, dass sie dem Spiel als dessen Funktionen zugeschrieben werden. So listen Breiner und Kolibius (2019a, S. 116) sieben Funktionen des Spiels auf: Die Lern-, Sozial-, Rausch-, Therapie-, Leibes-, Kreativ- und Kulturfunktion.

Dagegen legen wir mit Niklas Luhmann (1997, S. 757) und schon sehr früh Luhmann und Schorr (1979, S. 34 ff.) Wert auf die Unterscheidung zwischen Funktion und Leistung. Die Funktion eines Hundes ist es weder Wache zu halten, Schlitten zu ziehen, Lawinenopfer zu suchen, als Jagdhelfer zu dienen oder Drogen zu finden. Aber er kann für solche Leistungen zugerichtet werden. Leistungen erfordern ein Eingehen auf spezifische, verschiedenartige Erwartungen der Umwelt. Mit solchen vielseitigen Erwartungen ist auch das Spiel konfrontiert. Für das Spiel kommt das Spannungsmoment hinzu, dass es zu seiner Funktion gehört, zweckfrei zu sein; trotzdem oder gerade deswegen können Leistungserwartungen an das Spielen gerichtet werden. Der Funktionsbegriff soll reserviert sein für die Beziehung zu einer Gesamtheit, im Fall des Spiels zur Gesellschaft, im Fall des Hundes zur Natur. Für die Funktion des Spiels wurde im zweiten Kapitel ein theoretisch fundierter Vorschlag gemacht, zur Funktion des Hundes müsste man die biologische Evolutionsforschung befragen. Bei der Funktionsbeschreibung des Spiels war aufgefallen (siehe Abschn. 2.3), dass es aufgrund seines Umgangs mit Unerwartetem eine immanente Nähe zum Lernen aufweist. Die Pädagogik hat mithin gute Chancen, dass das Spiel ihren Leistungserwartungen entgegenkommt.

Tennis for Two im Nuklearforschungszentrum
Für Computerspiele (siehe Kap. 5) hat über Erziehung und Wirtschaft hinaus der militärische Background große Bedeutung, den wir jedoch nur episodisch ansprechen. „Tennis for Two" gilt gemeinhin als das erste Videospiel, seine Installation und Präsentation im Jahr 1958 anlässlich eines Tages der offenen Tür am Brookhaven National Laboratary (BNI), einem Nuklearforschungszentrum auf Long Island, wurde wiederholt beschrieben (z. B. Schwarz 1990).

> „Ihr Konstrukteur, der Physiker William Higinbotham, begann seine Karriere um 1940 am MIT *Radiation Lab* und war an der Entwicklung des in B-28 Bombern zur Boden-Zielerfassung installierten *Eagle Radar Display* beteiligt. Später arbeitete er als Ingenieur im Manhattan Project am Zündmechanismus der ersten Atombombe und wurde legendärerweise durch Zeugenschaft ihrer Detonation zum Pazifisten bekehrt. 1958 jedenfalls war er am *Instrumentation Department* des *BNI* tätig, das sich mit den zivilen Auswirkungen der Nukleartechnik und u. a. mit der Konstruktion von Geigerzählern befasste. Da aber solcherlei Tätigkeiten nur schwer ausstellbar sind, verschmolzen Higinbotham's alte militärische Probleme von Ballistik und Timing zum Tag der offenen Tür in der zivilen Semantik fliegender Bälle und im rechten Moment treffender Schläger." (Pias 2002, S. 13)

Spielen als pädagogische Maßnahme
Die Pädagogik versteht sich als Herrin des Spiels. Das lässt sich am Unterschied zwischen Sozialisation und Erziehung verdeutlichen. „Sozialisation kommt ohne besondere Aufmerksamkeitsregeln durch Mitleben in einem sozialen Zusammenhang zustande. Sie setzt Teilnahme an Kommunikation voraus, und zwar speziell die Möglichkeit, das Verhalten anderer nicht nur als Faktum, sondern als Information zu lesen" (Luhmann 1984, S. 280). Jedermann lernt, Annahme und Ablehnung des Wahrgenommenen so zu dosieren, dass sich Verhaltensauffälligkeiten in Grenzen halten. Die gesellschaftlichen Reaktionen auf abweichendes Verhalten haben sich in vielen Ländern seit einem halben Jahrhundert sehr verändert. Die Pädagogik hat eine antiautoritäre Phase erlebt, sie ist offener und reflexiver geworden – und interessiert sich deshalb umso mehr für das Spiel.

Erziehung will sich nicht auf Sozialisationsprozesse verlassen, sondern eingreifen und steuern. „Man definiert die Zustände oder Verhaltensweisen, die man erreichen möchte, würdigt die Ausgangslage (Reifegrad, Begabung,

Vorkenntnisse) als Bedingungen und wählt die pädagogischen Mittel, um das, was nicht von selbst geschieht, dennoch zu erreichen." (ebda, S. 281) Das Spiel ist dabei das bevorzugte Mittel der Erziehung, weil es unter Beibehaltung der Ziele den Eindruck von Zwang vermeidet. Damit sind nicht nur reibungslosere Lernprozesse verbunden, sondern auch begründete Erwartungen einer nachhaltigeren Akzeptanz des Gelernten, das im fließenden Übergang vom unverbindlichen Tun als ob zum verbindlichen faktischen Verhalten dann auch ohne äußeren Druck praktiziert wird.

> „Der eigentliche Impuls für eine Aufwertung des Spielbegriffs geht in der Zeit der Aufklärung jedoch von Rousseau und Locke und der durch sie inspirierten philanthropistischen Erziehungsreform aus. Während Rousseau im *Émile* (1762) den unersetzlichen Eigenwert des kindlichen Spiels für die Bildung des Individuums wie für die Entwicklung der Zivilisation betont und damit dessen kulturelle Nobilitierung einleitet, entwirft John Locke bereits ein halbes Jahrhundert früher in seiner ersten Abhandlung *Some thoughts concerning education* (1693) ein systematisches Erziehungskonzept, das auf dem durchgängigen Gebrauch der Spielmethode beruht. [...] Die Kinder sollen ein intrinsisches ‚Verlangen nach dem Unterricht‘ entwickeln können, sobald dieser für sie affektiv mit Gefühlen des ‚Vergnügens und der Erholung‘ verknüpft ist." (Kaulen 2009, S. 583)

Dass zwischen Spielen als Umgang mit Unerwartetem und Lernen eine enge Verbindung besteht, wird nicht nur von der Pädagogik, sondern auch von der Spielforschung ausgenutzt. Aus beiden Perspektiven wird die Behauptung forciert, dass Spielen und Lernen letztlich identisch seien. Daraus leitet die Pädagogik den Anspruch ab, das Spiel als ihre Domäne zu behandeln und es danach zu be- bzw. verurteilen, ob es dem Lernen nützt oder schadet.

Die Game Studies wiederum erhoffen sich höhere Weihen für ihr Thema, das durchaus in der Gefahr schwebt, nicht ernst genommen zu werden. Adelt es doch das Spiel, mit Lernen, der wichtigsten Kompetenz einer entwickelten Gesellschaft, gleichgesetzt zu werden. Die Game Studies scheuen dabei nicht davor zurück, nicht nur zusammen mit der Pädagogik die Sozialisation zu okkupieren, sondern auch gleich noch ein paar hundert Millionen Jahre zurück zu gehen und die Evolution zu vereinnahmen. „Beim Spielen konnten sich Tiere, während sie sich bewegten, selbst beibringen, zu rennen, zu gehen, zu galoppieren, zu traben und so weiter. Lernen und Spielen wurden gleichzeitig als zwei Teile derselben Entwicklung erfunden. Es ist die reinste Ironie, das wir gegenwärtig darüber nachdenken, ob man Spiele unterstützend beim Lernen einsetzen kann, wo doch tatsächlich Spielen und Lernen zwei Seiten derselben Medaille sind." (Crawford 2013, S. 78 f.) Dabei entstehen interessante und inspirierende Überlegungen. Zu diskutieren wäre, ob sie mehr sind als ein gutes Beispiel für die wissenschaftliche

Neigung, den zentralen Begriff des eigenen Themas zu einem Catch-all-Begriff zu machen und ihm alles, wenn schon nicht unter-, so doch zuzuordnen.

„Spiele Wirtschaft" und Spielewirtschaft

> „Jede Familie, jeder Clan, jede Stadt und jede Kultur hat ihren eigenen Kommunikationsstrom produziert und prozessiert, lange bevor irgendjemand auf die Idee kam mit der Beförderung von Mitteilungen oder mit der Herstellung eigener Mitteilungen Geld zu verdienen." (Hutter 2006, S. 23 f.)

Das Medium Geld ist gesellschaftlich so erfolgreich, dass Erfolg kaum noch anders als in finanziellen Größenordnungen gemessen, mindestens auf seine positiven ökonomischen Folgen hin befragt wird. In der Nähe des Rathauses Schöneberg in Berlin gibt es die „Spiele Wirtschaft", in der Spielen ohne Verzehr „leider nicht möglich" ist. In der Spielewirtschaft ist Spielen ohne Bezahlen unmöglich: Das Produkt, sonst wäre es kein Spiel, bleibt dem Umgang mit Unerwartetem und dem Tun als ob verpflichtet, aber vor die freiwillige Teilnahme schiebt sich eine Paywall und/oder im Spiel selbst werden ludische Erfolge (ver)käuflich[4], das heißt, die Unverbindlichkeit verliert ihre volle Gültigkeit. Zahlende Zuschauer, bezahlte und zahlende Spieler rücken in den Vordergrund. Virtuelle Märkte von Online-Games koppeln über Echtgeld-Transaktionen an die normale Wirtschaft an. „Es ist also möglich, nicht mehr nur an Spielen oder über sie zu arbeiten, sondern in ihnen." (Raczinkowski 2018, S. 185). Julian Kücklich (2005) hat dafür die Bezeichnung „Plabour" (Spiel-Arbeit) geprägt. Im Hintergrund werden Entwicklungs-, Produktions-, Distributions- und Anwendungsbedingungen des Spiels ökonomischer Rationalität angepasst, in Europa und den USA überwiegend von weißen Männern – mit Konsequenzen dafür, welche Spiele überhaupt hergestellt, angeboten und ausgeführt werden. „Games are a multibillion-dollar business that has remainded largely white and largely male." (Zaveri 2019, S. 6) Darüber hinaus wäre zu fragen und genauer zu untersuchen, als es bisher geschieht, welche Erfolgsmedien in den Spielen selbst dominieren: Geld, (gewaltgestützte?) Macht, Recht, Wissen, (sexfixierte?) Liebe, Wahrheit, Solidarität (siehe auch Abschn. 4.4).

---

[4]Erfolge, z. B. die eigene Spielfigur zu optimieren oder ein höheres Level zu erreichen, werden nicht selten auf dem Weg des sogenannten grindings (engl. für schleifen, mahlen) erzielt, also der repetitiven, dem Fließband ähnlichen Ausführung einfachster Tätigkeiten (vgl. McNeill 2014).

Die Ökonomisierung des Spiels ist kein isoliertes Phänomen, sie ist ein Unterfall der Ökonomie der Aufmerksamkeit (Franck 2007), von der die öffentliche Kommunikation inzwischen insgesamt weitgehend beherrscht wird mit Unterhaltung an der Spitze. So trägt auch die Spielewirtschaft die beiden Grundmerkmale der Unterhaltungsindustrie:

> „Eine unumstößliche Tatsache in diesem Geschäft ist ein hohes Maß an Unsicherheit hinsichtlich des Erfolgs eines jeden Produkts und eine gewaltige Diskrepanz zwischen der Anerkennung derjenigen mit bescheidenem Erfolg und derjenigen mit den wirklich großen Erfolgen." (Wu 2012, S. 260)

Ein Umsatzplus von 1,9 Billionen Dollar 2017 auf 2,4 Billionen in 2022 prognostiziert der „PwC Global Entertainment and Media Outlook" (PwC 2018) der weltweiten Unterhaltungs- und Medienbranche. Und die nächste Cashcow der Gamesbranche? „Videogames publishers and sports entertainment entities increasingly view e-sports as their next big revenue growth engine." (ebda, S. 17)[5]

E-Sport: „Die Haltungen differieren stark"
In Deutschland ist es dem E-Sport noch nicht öffentlich anzusehen, dass auf ihm große Hoffnungen der Gamesbranche liegen. Noch vor wenigen Jahren schrieb Tanja Adamus (2013, S. 133), dass „die breite Öffentlichkeit dem E-Sport größtenteils mit Unkenntnis oder Skepsis" begegnet, anders als dem E-Commerce oder dem E-Learning. Andererseits wurde auch um diese Zeit aus der Binnensicht die Situation des E-Sports schon anders beschrieben: „Auch wenn in Westeuropa im Gegensatz zu Asien und Teilen Nordeuropas die gesellschaftliche Anerkennung (bspw. in Form der Berücksichtigung bei der öffentlichen Sportförderung oder der Aufnahme in die Sportbünde) des E-Sports als Sportart noch nicht vollzogen ist, lässt sich allein in Deutschland heute mehr als eine Million Nutzer digitaler Spieler als E-Sportler in der Form bezeichnen, dass sie sich in sog. Clans (als Äquivalenten zu traditionellen Sportvereinen) und Ligen organisiert haben." (Breuer 2011, S. 13)[6]. Im Februar 2019 beschäftigte den

---

[5]Vgl. auch Werdenich (2010).

[6]„Mit seinem beispielhaften Bekenntnis zum Esport geht der FC Schalke 04 beherzten Schrittes voraus und nimmt weltweit eine führende Position ein. Als einer der ersten Fußballvereine überhaupt erkannte der S04 die einzigartigen Chancen, die der elektronische Sport bietet und begann daher im Mai 2016 damit, eine eigene Esport-Abteilung in die Strukturen des Fußballclubs einzugliedern." https://schalke04.de/esports/s04esports/ (Zugriff 10.10.2019).

Sportausschuss des Deutschen Bundestags in einer Sachverständigen-Anhörung die Frage der Anerkennung des E-Sports als eines förderungswürdigen Sports mit dem „Ergebnis des Gesprächs: Die Haltungen differieren stark."[7]

Von einem allgemeinen Grundverständnis, was mit E-Sport gemeint ist, kann jedoch ausgegangen werden: „Der Begriff E-Sport (englisch kurz für electronic sport) bezeichnet das wettbewerbsmäßige Spielen von Computer- oder Videospielen im Einzel- oder Mehrspielermodus. E-Sport versteht sich entsprechend des klassischen Sportbegriffs und erfordert sowohl Spielkönnen (Hand-Augen-Koordination, Reaktionsschnelligkeit) als auch taktisches Verständnis (Spielübersicht, Spielverständnis)." (Müller-Lietzkow 2006, S. 30)

Silicon Valley, Wall Street, Hollywood
Der Sammelband „Global Game Industries and Cultural Policy" (Fung 2016) gibt einen informativen Gesamtüberblick über Entwicklungen der politischen Ökonomie des Computerspiels in Nordamerika, Europa, Japan, China und Südostasien. Digital games sind voll in der Marktökonomie angekommen, sie gehören sogar zur Avantgarde (siehe Abschn. 5.1). „Der Mix der Games-Branche aus Entertainment, innovativer Technologie, schnellen Produktentwicklungs- und Vermarktungszyklen sowie dem damit einhergehenden Wertschöpfungsprozess übt auf Games-Branchen-fremde Beobachter regelmäßig eine hohe Faszination aus." (Anderie 2018, S. 2) Wie sich Technologie, Kapital und ludisches Entertainment miteinander verzahnen und wechselseitig fördern oder auch blockieren, dafür sind die USA mit dem Silicon Valley, der Wall Street und Hollywood ein interessantes Beispiel.[8]

Eine so bunte Sozialsphäre wie das Spiel – die Jubel-Statistiken über Umsatzzahlen der „Global Player" dürfen nicht für das Ganze genommen werden –, gerät freilich nicht restlos unter das Regime von Bezahlen und Nichtzahlen,

---

[7]Vgl.   https://www.bundestag.de/dokumente/textarchiv/2019/kw08-pa-sport-589106;   siehe auch die Ausarbeitung des Wissenschaftlichen Dienstes des Deutschen Bundestages „Ist E-Sport Sport? Stand der Diskussion" unter https://www.bundestag.de/resource/blob/515426/c2a9373a582f7908c090a658fdff1af8/wd-10-036-17-pdf-data.pdf.

[8]„Silicon Valley steht seit den 1950er-Jahren für innovative disruptive Innovationen, die die ‚Welt verändern', in der Region nahe San Francisco. Die Wall Street dient seit den 1790er-Jahren als Inbegriff des Kapitals, welches marktwirtschaftliches Unternehmertum von New York City aus finanziert. Und Hollywood, ein Stadtteil von Los Angeles, gilt seit den 1920er-Jahren als Inbegriff für bestes Entertainment und erstklassige Film- und TV-Serien-Produktionen." (Anderie 2018, S. 22 f.)

längst nicht alle Zugänge zum Spiel sind mit Geld gepflastert. Aber die Träume vom Zauber des unbefleckten Spiels, die Hoffnung darauf, „die befreiende und verbindende Kraft des Spielens" (Hüther und Quarch 2018, S. 5) wiederzuentdecken (warum braucht die Hoffnung die Einbildung, dass es früher einmal gut war?) und der ökonomische Hype des digitalen Spiels, sie wollen nicht zusammenpassen.

6.4 Gamification – Bullshit oder Tor in eine bessere Welt

Was an der Wirtschaft, der Wissenschaft und der Öffentlichkeit seit langem zu beobachten ist, nämlich dass sie expandieren und auf andere Sozialsphären übergreifen, fällt am Spiel erst seit kurzem stärker auf. Als Bezeichnung dafür scheint sich Gamification durchzusetzen, eine Kombination aus Game und Infection.

Die Expansion ludischer Kommunikation, die hier stattfindet, ist nicht in jedem Fall einfach zu beurteilen. Übergänge zu beschreiben, heißt, sich mit der klassischen Konstellation „halb zog sie ihn, halb sank er hin" auseinandersetzen zu müssen. Wer infiziert wen? Dringt das Spiel hier in andere Funktionsfelder vor oder bemächtigen diese sich des Spiels? Wenn in den Sozialwissenschaften Simulationspraktiken und Planspiele angewendet (vgl. Herz und Blättle 2000) oder im naturwissenschaftlichen Experiment Situationen des unverbindlichen Tuns als ob geschaffen werden, ist es dann die Wissenschaft, die das Spiel okkupiert oder das Spiel, das die Wissenschaft besetzt? Aus unterschiedlichen Beobachterpositionen werden divergierende Antworten gegeben. Die Digitalisierung hat jedenfalls auch günstigere Voraussetzungen dafür geschaffen, von einzelnen Funktionsfeldern und deren Organisationen aus, auf das Spiel zuzugreifen.

Mitarbeitermotivation, Weiterbildung, Kundenanimation
Gamification im engeren Sinn meint, ludische Elemente in spielfremden Kontexten einzusetzen, um Menschen zu motivieren, das, was sie machen sollen oder müssen, lieber und besser zu machen. „Der Spaß, Eifer und Elan der Spielerin soll sich auf die Konsumentin, die Angestellte oder die Schülerin übertragen. Die Medien dieser Übertragung sind Spielmechanismen, entlang derer individuelle Alltagserfahrungen, aber auch ganze Institutionen ludisch umstrukturiert – gamifiziert – werden." (Raczkowski 2018, S. 187) Stets geht es mehr soziale Kompetenzen, z. B. für Innovationsprozesse (Scheiner 2019), und/oder um mehr

Motivation für gewünschte Verhaltensweisen[9], nämlich dass die Erwartungen an Andere von diesen besser erfüllt werden, als es ohne den Einsatz spielerischer Mittel geschähe.

> „Bei Gamification handelt es sich, was die technischen Voraussetzungen betrifft, offenkundig um eine Folge der Digitalisierung. Zugleich sieht der durch das vermehrte Auftreten spielerischer Animation geschärfte Blick, dass vergleichbare Phänomene, wie Rabattsysteme und Preisausschreiben, der Einsatz spieltypischer Belohnungs- und Gewinnmechanismen, schon viel früher zu beobachten sind." (Arlt 2015)

Mitarbeitermotivation, Kompetenzaufbau, Weiterbildung und Kundenanimation sind große Anwendungsfelder, aber auch Emails bearbeiten, Zähne putzen, Treppen statt Rolltreppen nutzen, Joggen, Energie sparen, Verkehrssicherheit verbessern und sehr vieles mehr kann gamifiziert, das heißt mit dem Zusatz-Sinn aufgeladen werden, sich an einem Spiel zu beteiligen. Dafür werden geeignete Spielmechanismen ausgewählt und eingesetzt wie „points, levels, leaderboards, badges, challenges/quests, onboarding, and engagement loops" (Zicherman und Cunningham 2011, S. 36).

Ein Beispiel: „Brush smart, have fun!" wirbt das Start up „Kolibree" (www. kolibree.com/de/) der New Yorker Firma „Baracoda" in einer Crowdfunding-Aktion für eine elektrische Zahnbürste mit Smartphone-Verbindung. Gesammelt werden Daten über Putzgewohnheiten, die von einer App ausgewertet und als Punktesystem aufbereitet auf einem Dashbord angezeigt werden. Zähneputzen wird vergleichbar, innerfamiliäre Ranglisten entstehen, Preise können gewonnen, Belohnungen bei einem zu erreichenden Punktestand freigeschaltet, mit den Datenmengen sogar eigene Spiele entwickelt werden.

Nora Stampfl (2012, S. 26 f.) gibt eine anschauliche Übersicht über Spielmechanismen, die typischer Weise zum Einsatz kommen. Wir fassen ihre Darstellung stichwortartig zusammen. *Punkte* sind ein Instrument, mit dem sich Verhalten messen und Feedback geben lässt über Fort- und Rückschritte. *Levels* machen sichtbar, wo man steht. Sie zeigen an, was man schon erfolgreich hinter sich gebracht hat, und lassen ahnen, wie lang der Weg zum Ziel noch ist. *Herausforderungen* sind die Missionen, auf die Mitspieler geschickt werden und für deren Bewältigung dann *Belohnungen* locken, seien es Statusgewinne, sei es

---

[9]Ein anderer Begriff aus der Verhaltensökonomie ist Nudging, dessen Protagonisten von einem „libertären Paternalismus" sprechen (vgl. Thaler und Sunstein 2011).

Machtzuwachs, ein Geschenk oder auch Geld. *Auszeichnungen* sind öffentliche Bestätigungen für gelungene Spielzüge. *Wertungen* legen den Mitspielern nahe, sich mit anderen zu vergleichen, sie treiben den Wettbewerb an. „Solche Bausteine machen Gamification aus: Werden Mechanismen dieser Art im Rahmen eines Spiels in Webseiten, Online-Communitys, Marketing-Kampagnen oder dergleichen integriert und entsteht daraus eine Spieldynamik, stehen die Chancen gut, dass Beteiligung und Engagement der Nutzer steigen." (Stampfl 2012, S. 27)

Serious Games und Exergames
Einzelne Verfahren des Game Designs zu übernehmen ist eine Seite von Gamification, eine andere ist die Verbreitung von Serious Games. „Ihr ‚Ernst' besteht darin, dass durch sie und mit ihnen etwas erreicht, trainiert und gelernt werden soll." (Gotto 2015, S. 139) Eine in diesem Zusammenhang seltener verwendete Bezeichnung lautet Exergames, zusammengesetzt aus exercise für Übung und *Gaming*. Ein Beispiel sind „Games for Health – also Computerspiele, die im therapeutischen und im klinischen Bereich eingesetzt werden" (Breitlauch 2013, S. 387). Für Serious Games (vgl. Raczkowski 2018; Strahringer und Leyh 2017) ist Spielen nicht nur Beigabe, sondern Methode, es soll allerdings im Hintergrund und nur ein Mittel bleiben, nicht zum Selbstzweck werden. „Es gilt zu verhindern, dass gespielt statt gearbeitet oder konsumiert wird – die Sorge findet sich in der beratenden Literatur zur Gamification in der häufig aufgerufenen Differenzierung zwischen erwünschten (produktiven, zielgerichteten, den Erwartungen der Designerin entsprechendem) Spielen und problematischem Spielen (Powergaming, Spielen mit dem System, Cheating, Manipulation) (Raczkowski und Schrape 2018, S. 321).

„What if we started…"
Ökonomisierung der Kunst, Verrechtlichung der Wirtschaft, Verwissenschaftlichung der Medizin, Politisierung der Ökologie etc. sind, wie bereits angesprochen, bekannte Entwicklungstendenzen der modernen Gesellschaft. Wenn Games jetzt stärker als in der Vergangenheit in die Wirtschaft, in die Wissenschaft, in die Politik etc. expandieren – wo sie überall mit der Methode des Planspiels (vgl. Ameln und Kramer 2007) seit Jahrzehnten angekommen sind –, dann findet hier eine nachholende Bewegung der Sozialsphäre Spiel statt, die Widerstreit auslöst. Da schon das Spiel selbst Werturteilen unablässig unterworfen ist, kann erwartet werden, dass auch über Gamification konträr geurteilt wird.

Das Ernste bekommt durch Gamification einen heiteren Rahmen, das Erforderliche wird mit einem bunten Geschenkband geschmückt, argumentieren Kritiker und befinden „Gamification is bullshit" (Bogost 2011). Andere registrieren und kritisieren auch die Instrumentalisierungsabsichten, die mit Gamification einhergehen, erblicken aber in den Expansionen des Spiels sehr viel mehr, geben Gamification einen wesentlich weiter gehenden Sinn, nämlich die Chance, das Spielen für Größeres, für eine bessere Zukunft zu nutzen.

„What if we decided to use everything we know about game design to fix what's wrong with reality? What if we started to live our real lives like gamers, lead our real business and communities like game designers, and think about solving real-world problems like computer and video game theorists?" (McGonigal 2011, S. 7)

Das Spiel erobert den Planeten und macht ihn zu einem schöneren Ort, ist eine expansive ludische Position. Das Spiel unversehrt Spiel sein zu lassen, ist eine Verteidigungsposition gegen die Übergriffe aus gesellschaftlichen Funktionsfeldern und deren Organisationen.

Literatur

Adamowsky, N. (2001). Was ist ein Computerspiel? In *Ästhetik & Kommunikation*, Jg. 32, H. 115, Computerspiele (S. 19–24).

Adamus, T. (2013). Virtuelle Kulturen des Agon – Die Reproduktion der gesellschaftlichen Bedeutung des Wettbewerbs im E-Sport. In D. Compagna & S. Derpmann (Hrsg.), *Soziologische Perspektiven auf Digitale Spiele. Virtuelle Handlungsräume und neue Formen sozialer Wirklichkeit* (S. 133–150). Konstanz: UVK.

Ameln, von F., & Kramer, J. (2007). *Organisationen in Bewegung bringen. Handlungsorientierte Methoden für die Personal-, Team- und Organisationsentwicklung.* Wiesbaden: Springer.

Anderie, L. (2018). *Gamification, Digitalisierung und Industrie 4.0. Transformation und Disruption verstehen und erfolgreich managen.* Wiesbaden: Springer Gabler.

Arlt, F. (2015). Gamification – Spielarten der Animation und Motivation. In K. Wilbers (Hrsg.), *Handbuch E-Learning* (Loseblattwerk, Art.-Nr. 5.23, S. 1–16). Köln: Deutscher Wirtschaftsdienst.

Besio, C. (2012). Forschungsorganisationen. In M. Apelt & V. Tacke (Hrsg.), *Handbuch Organisationstypen* (S. 253–274). Wiesbaden: VS Verlag für Sozialwissenschaften.

Bogost, I. (2011). Gamification is bullshit. http://bogost.com/blog/gamification_is_bullshit/. Zugegriffen: 30. Apr. 2019.

Breiner, T., & Kolibius, L. D. (2019a). *Computerspiele: Grundlagen, Psychologie und Anwendungen.* Wiesbaden: Springer.

Breiner, T. C., & Kolibius, L. D. (2019b). *Computerspiele im Diskurs: Aggression, Amokläufe und Sucht.* Wiesbaden: Springer.

Breitlauch, L. (2013). Computerspiele als Therapie. Zur Wirksamkeit von ‚Games für Health'. In G. S. Freyermuth, L. Gotto & F. Wallenfels (Hrsg.), *Serious Games, Exergames, Exerlearning. Zur Transmedialisierung und Gamification des Wissenstransfers* (S. 387–398). Bielefeld: transcript.

Breuer, M. (2011). *E-Sport – eine Markt- und ordnungsökonomische Analyse.* Boizenburg: vwh.

Caillois, R. (1960). *Die Spiele und die Menschen. Maske und Rausch.* Stuttgart: Carl E. Schwab (Erstveröffentlichung 1958).

Crawford, C. (2013). Philogenie des Spiels. Zur evolutionären Verbindung von Lernen und spielerischer Motorik. In G. S. Freyermuth, L. Gotto & F. Wallenfels (Hrsg.), *Serious Games, Exergames, Exerlearning. Zur Transmedialisierung und Gamification des Wissenstransfers* (S. 75–90). Bielefeld: transcript.

Franck, G. (2007). *Ökonomie der Aufmerksamkeit. Ein Entwurf.* München: dtv.

Freyermuth, G. S. (2015). *Games, Game Design, Game Studies. Eine Einführung.* Bielefeld: transcript.

Fromme, J. (2012). Game Studies und Medienpädagogik. https://www.meb.ovgu.de/wp-content/uploads/2012/10/Fromme_Game-Studies-Medienp%C3%A4dagogik-Preprint.pdf. Zugegriffen: 10. Febr. 2019.

Fung, A. (Hrsg.). (2016). *Global game industries and cultural policy.* Cham (CH): Palgrave Macmillan.

Gotto, L. (2015). Serious games. Einleitung. In G. S. Freyermuth, L. Gotto & F. Wallenfels (Hrsg.), *Serious Games, Exergames, Exerlearning. Zur Transmedialisierung und Gamification des Wissenstransfers* (S. 139–143). Bielefeld: transcript.

Greitemeyer, T., & Mügge, D. O. (2014). Video games do affect social outcomes: A meta-analytic review of the effects of violent and prosocial video game play. In *Personality and social psychology bulletin*. https://doi.org/10.1177/0146167213520459.

Ha, K. N. (2005). *Hype um Hybridität. Kultureller Differenzkonsum und postmoderne Verwertungstechniken im Spätkapitalismus.* Bielefeld: transcript.

Helbig, J., & Schallegger, R. R. (2017). Digitale Spiele: Grundlagen, Kontexte, Texte. Einleitung. In Dies. (Hrsg), *Digitale Spiele* (S. 9–13). Köln: Halem.

Herrmann, S. (2014). Computerspiele. Gewalt verstärkt Aggressionen. In *Süddeutsche Zeitung*, 20.02.2014. https://www.sueddeutsche.de/wissen/computerspiele-gewalt-verstaerkt-aggressionen-1.1893700. Zugegriffen: 30. Mai 2019.

Herz, D., & Blätte, A. (2000). *Simulation und Planspiel in den Sozialwissenschaften.* Münster: LIT.

Huber, V. (2012). Glücksspieldiskurse im 19. Jahrhundert. In B. Kleeberg (Hrsg.), *Schlechte Angewohnheiten. Eine Anthologie 1750-1900* (S. 265–273). Berlin: Suhrkamp.

Hüther, G., & Quarch, C. (2018). *Rettet das Spiel! Weil Leben mehr als Funktionieren ist.* München: btb.

Hutter, M. (2006). *Neue Medienökonomik.* München: Wilhelm Fink.

Jöckel, S. (2018). *Computerspiele. Nutzung, Wirkung und Bedeutung.* Wiesbaden: Springer VS.

Jullien, F. (2018). *Vom Sein zum Leben: Euro-chinesisches Lexikon des Denkens.* Berlin: Matthes & Seitz (E-Book).

Kaulen, H. (2009). Spielmethoden ohne Spieltheorie? Zur Geschichte und aktuellen Konjunktur des Spielbegriffs in der Literaturdidaktik. In T. Anz & H. Kaulen (Hrsg.), *Literatur als Spiel. Evolutionsbiologische, ästhetische und pädagogische Konzepte* (S. 579–599). Berlin: de Gruyter.

Kluge, F. (1999). *Etymologisches Wörterbuch der deutschen Sprache*. Berlin: de Gruyter (Erstveröffentlichung 1883).

Kücklich, J. (2005). Precarious playbour: Modders and the digital games industry. In *The Fibreculture Journal* 5: Precarious Labour. http://five.fibreculturejournal.org/fcj-025-precarious-playbour-modders-and-the-digital-games-industry/. Zugegriffen: 13. Aug. 2019.

Luhmann, N. (1984). *Soziale Systeme*. Frankfurt a. M.: Suhrkamp.

Luhmann, N. (1997). *Die Gesellschaft der Gesellschaft*. Frankfurt a. M.: Suhrkamp.

Luhmann, N. (1999). *Gesellschaftsstruktur und Semantik. Studien zur Wissenssoziologie der modernen Gesellschaft* (Bd. 4). Frankfurt a. M.: Suhrkamp.

Luhmann, N., & Schorr, K.-E. (1979). *Reflexionsprobleme im Erziehungssystem*. Stuttgart: Klett-Cotta.

McGonigal, J. (2011). *Reality is broken: Why games make us better und how they can change the world*. New York: Penguin Press.

McNeill, E. (2014). *Grinding and the Burden of Optimal Play*. https://www.gamasutra.com/blogs/EMcNeill/20140721/221443/Grinding_and_the_Burden_of_Optimal_Play.php. Zugegriffen: 13. Aug. 2019.

Mueller-Lietzkow, J. (2006). Leben in medialen Welten – E-Sport als Leistungs- und Lernfeld. In *Medien + Erziehung* (Jg. 50, H. 4, S. 28–33).

Neitzel, B., & Nohr, R. F. (2006). Das Spiel mit dem Medium. Partizipation, Immersion, Interaktion. In Dieselben (Hrsg.), *Das Spiel mit dem Medium. Partizipation - Immersion - Interaktion. Zur Teilhabe an den Medien von Kunst bis Computerspiel* (S. 9–17). Marburg: Schüren.

Pias, C. (2002). *Computer Spiel Welten*. München: sequenzia.

PwC. (2018). Perspectives from the global entertainment & media outlook 2018–2022. https://www.pwc.de/de/technologie-medien-und-telekommunikation/pwc-outlook-18-043018.pdf. Zugegriffen: 2. Mai 2019.

Raczkowski, F. (2018). *Digitalisierung des Spiels. Games, Gamification und Serious Games*. Berlin: Kadmos.

Raczkowski, F., & Schrape, N. (2018). Gamification. In B. Beil, T. Hensel, & A. Rauscher (Hrsg.), *Game studies* (S. 313–329). Wiesbaden: Springer VS.

Scheiner, C. W. (2019). Gamification in Change-Prozessen. In *GIO. Gruppe Interaktion Organisation*. https://doi.org/10.1007/s11612-019-00481-1. Zugegriffen: 7. Aug. 2019.

Schenk, M. (2000). Schlüsselkonzept der Medienwirkungsforschung. In A. Schorr (Hrsg.), *Publikums- und Wirkungsforschung. Ein Reader* (S. 71–84). Wiesbaden: Westdeutscher Verlag.

Scheuerl, H. (Hrsg.) (1991). *Das Spiel. Theorien des Spiels* (Bd. 2). Weinheim: Beltz (Erstveröffentlichung 1955).

Schulze, G. (2003). *Die beste aller Welten. Wohin bewegt sich die Gesellschaft im 21. Jahrhundert?* München: Hanser.

Schulze von Glaßer, M. (2014). *Das virtuelle Schlachtfeld. Videospiele, Militär, Rüstung*. Köln: Papyrossa.

Schwarz, F. D. (1990). The Patriarch of Pong. In *Invention & Technology* (Bd. 6, H. 2). http://www.inventionandtech.com/content/patriarch-pong-1. Zugegriffen: 21. Juli 2019.

Stampfl, N. (2012). *Die verspielte Gesellschaft. Gamification oder Leben im Zeitalter des Computers*. Hannover: Heise.

Strahringer & Leyh. (Hrsg.) (2017). *Gamification und Serious Games. Grundlagen, Vorgehen und Anwendungen*. Wiesbaden: Springer Vieweg.

Thaler, R. H., & Sunstein, C. R. (2011). *Nudge. Wie man kluge Entscheidungen anstößt*. Berlin: Ullstein.

Werdenich, G. (2010). *PC bang, E-Sport und der Zauber von StarCraft: Koreas einzigartige Rolle in der Welt des elektronischen Sports*. Boizenburg: vwh.

Wimmer, J. (2014). Moralische Dilemmata in digitalen Spielen. Wie Computergames die ethische Reflexion fördern können. In *Communicatio socialis* (Jg. 47, H. 3, S. 274–282).

Wu, T. (2012). *Der Master Switch. Aufstieg und Niedergang der Medienimperien*. Frechen: mitp.

Zaveri, M. (2019). Game makers who are game changers. In *The New York Times International Edition*, 19.–20. October 2019 (S. 6).

Zicherman, G., & Cunningham, C. (2011). *Gamification by design: Implementing game mechanics in web and mobile apps*. Sebastopol: O'Reilly & Associates.

Übergänge II: Moderne Spielräume und das ludische Grundgefühl digitaler Kultur

7

Zusammenfassung

Überall wo Komplexität, also Selektionszwang, und Kontingenz, also Enttäuschungsrisiko, zusammen mit ihren Begleitphänomenen wie Unabhängigkeit, Entscheidungsfreiheit, Unvorhersehbarkeit zu beobachten sind, also inzwischen überall, wird das Spiel als Referenz aufgerufen. Wie viel Realitätsgehalt und wie viel Schönfärberei stecken im inflationären Gebrauch der Spielmetapher? Die Entdeckungsreise, die in normalen Strukturen der modernen und der digitalen Gesellschaft nach ludischen Anmutungen, nach Elementen der Aktionsform Spiel sucht, wird in vielen Hinsichten fündig. Auf ludische Nähe verweist unter anderem der Aufstieg drei neuer Tugenden, der *Achtsamkeit*, als Antwort auf mehr Unerwartetes, der *Anschlussfähigkeit* als sozialer Überlebensgarantie in Netzwerken und der *Fehlerfreundlichkeit,* die in Niederlagen die Einladung sieht, neu zu starten. Aber die rhetorische Expansion des Spiels dient auch dem zweifelhaften Zweck, reales Scheitern mit – gänzlich ungeklärten – Aussichten auf künftiges Gelingen schön zu färben.

Dieses siebte Kapitel hat Hans-Jürgen Arlt als alleinigen Autor.

© Springer Fachmedien Wiesbaden GmbH, ein Teil von Springer Nature 2020
F. Arlt und H.-J. Arlt, *Spielen ist unwahrscheinlich,*
https://doi.org/10.1007/978-3-658-29107-5_7

„Wir spielen, bis uns der Tod abholt." (Schwitters 1975)

„Ich will gar nichts mehr. Ich will anfangen zu spielen." Letzte Worte des Lyrikers Günter Eich (Vieregg 1994, S. 518).

Seit dem 20. Jahrhundert ist das Spiel zur beliebtesten, offenbar besonders nahe-liegenden wissenschaftlichen Metapher geworden. Überall wo Komplexität, also Selektionszwang, und Kontingenz, also Enttäuschungsrisiko, zusammen mit ihren Begleitphänomenen wie Unabhängigkeit, Entscheidungsfreiheit, Unvorhersehbar-keit zu beobachten sind, also inzwischen überall, wird das Spiel als Referenz auf-gerufen. Daran gemessen, was die Anrufung des Spiels alles erklären soll, hinkt die Erklärung des Spiels hinterher.

„Kein Physiker, der zur Erklärung komplexer Bewegungsabläufe nicht gern vom Spiel der Kräfte, kein Historiker, der zur Erläuterung verwickelter poli-tischer Situationen nicht gern vom Spiel der Interessen, kein Kunstkritiker, der bei der Wertung einer Komposition nicht gern vom Spiel der Formen, Farben und Töne spräche." (Matuschek 1998, S. 1). „Das Spiel sozialer Beziehungen" (Derks 2000) wird analysiert, Ervin Goffman (1983) sagt, „wir alle spielen Theater", und beschreibt (mit hoher Plausibilität) *Interaktionen* als Spiele. Sich *Organisationen* als Spielarenen vorzustellen, Mikropolitik als Machtspiel darzu-stellen (Crozier und Friedberg 1979), „Spiele in Organisationen und Organisatio-nen als Spiele" (Neuberger 1992) zu beschreiben, hat sich schon fast zu einem Standardprogramm entwickelt, in dem die „Spiele der Manager" (Scheer 2010), aber auch „Das NGO-Spiel" (McMahon 2019) nicht fehlen. Große gesellschaft-liche *Funktionsbereiche* zu Spielfeldern zu erklären, in Wirtschaft, Kunst und Wissenschaft „ernste Spiele" (Hutter 2015) ablaufen zu sehen, die „Politik als Spiel" (Trimcev 2018) und den christlichen Gottesdienst als „heiliges Spiel" (Lang 1998) zu veranschaulichen, steht auf dem wissenschaftlichen Programm. Besonders gern wird über die Digitalisierung gesagt, „wir sind in ein Neues Spiel geworfen, das viele Gewissheiten auf den Kopf stellt" (Seemann 2014, S. 8).

Auf Entdeckungsreise
Diese Häufung der Spiel-Metapher wäre als Indiz nicht hinreichend, käme nicht hinzu, dass (aus europäischer Perspektive) das 18. Jahrhundert und ein steigender gesellschaftlicher Stellenwert des Spiels regelmäßig in einem Atemzug genannt werden. Und wären nicht im normalen Alltag so weitgehende Expansionen und Instrumentalisierungen des Ludischen zu registrieren, (wie sie im sechs-ten Kapitel Thema waren) die dem Spiel eine so hohe öffentliche Präsenz ver-schaffen. Alles zusammen macht die These unabweisbar, dass es zwischen

sozialen Strukturen der sich herausbildenden Moderne und spielerischen Aktionen nachbarschaftliche Beziehungen zu geben scheint. Dieses Kapitel begibt sich in modernen Normalitäten auf Spurensuche nach ludischen Anmutungen. Darüber hinaus soll der Hype, der mit der Digitalisierung um das Spiel entstand und mit den Game Studies seinen wissenschaftlichen Niederschlag findet, daraufhin befragt werden, auf welche Weise er mit den Möglichkeiten der digitalen Kommunikation und des Internets zusammenhängt. Es findet eine Art Entdeckungsreise statt, die zunächst in der modernen und anschließend in der digitalen Gesellschaft nach Elementen der Aktionsform Spiel sucht, also eines immer wieder neuen Umgangs mit Unerwartetem in der Weise einer freiwilligen und vorübergehenden Teilnahme an unverbindlichem Tun als ob.

Im Transformationsprozess von der modernen in die digitale Gesellschaft begegnet uns so viel typisch Modernes, dass noch durchaus kontrovers ist, inwieweit die Redeweise von einer Gesellschaft 4.0, wie sie Dirk Baecker (2018) favorisiert, ihre Berechtigung hat. Haben wir es mit einer eigenen digitalen Gesellschaftsformation zu tun oder entwickelt sich „nur" eine digitale Version der Moderne? Armin Nassehi baut in „Muster" eine Argumentationslinie auf, die gute Gründe bereithält, die Digitalisierung innerhalb der Moderne zu verorten, an der er eine digitale Disposition diagnostiziert, die bis in das 19. Jahrhundert hineinreicht.

> „Die funktionale Erklärung für den Siegeszug der Digitaltechnik liegt also in der Gesellschaftsstruktur selbst begründet, die einen Bedarf für die Verwendung von nicht unmittelbar sichtbaren, in diesem Sinne datenförmigen und damit zählbaren Formen der Informationsverarbeitung erzeugt und auffindet." (Nassehi 2019, S. 67)

Gleichwohl ist schwer zu bestreiten, dass mit dem Computer als Verbreitungsmedium die Kommunikation und mit dem Computer als Werkzeug die Arbeit auf eine neue Basis gestellt werden. In der Öffentlichkeit, aber auch in der Wissenschaft ist die Bereitschaft groß, der Disruption gegenüber der Variation den Vorrang zu geben. Man steht nicht auf den belastbaren Schultern eines starken Theoriedesigns, wenn man mit der Differenz von moderner und digitaler Gesellschaft operiert – aber es geschieht hier. Der generelle Dissens darüber, in welcher Gesellschaft wir eigentlich leben (Pongs 2004), kann als ein Markenzeichen moderner Zeiten gelten.

Vergleich oder Gleichsetzung
Der nun folgenden genaueren Analyse kann eine allgemeine Beobachtung vorangestellt werden. Die inflationierten Bezugnahmen auf das Spiel lassen nicht selten und wohl nicht immer ohne Absicht offen, ob eine Gleichsetzung oder ein Vergleich gemeint ist. Also ob die Politik, die sozialen Beziehungen, das Organisationsleben tatsächlich als ein Spiel verstanden werden sollen oder ob nur

eine Analogie gezogen, ein ludisches Modell als Vergleichsfolie herangezogen wird, um Distanz zu schaffen und die Sichtbarkeit bestimmter Merkmale zu verbessern. Im außerwissenschaftlichen Alltag, in dem metaphorische Redeweisen viele Funktionen haben, braucht das alles nicht so genau genommen zu werden. In wissenschaftlicher Perspektive gelten andere Ansprüche.

7.1   Zeitweise freiwillige Teilnahme: Vereine und Arbeitsorganisationen

Der kleinste gemeinsame Nenner, der auch noch jeden oberflächlichen Vergleich mit dem Spiel tragen soll, ist ein Moment nicht erwartbarer Bewegung. Sobald sich ein „Spielraum" zeigt, der nicht nur monokausal konditionierte Veränderungen aufweist, sondern eine gewisse unkontrollierte Bewegungsfreiheit zulässt, kann damit gerechnet werden, dass jemand darauf verweist, hier habe etwas Spiel. In der Moderne, das ist die Diagnose, haben die gesellschaftlichen Verhältnisse deutlich „mehr Spiel" als in Stammes- und Ständegesellschaften. Das zeigt sich in mehreren Hinsichten, an der Form der Organisation, an der Pluralisierung von Sinn und nicht zuletzt daran, dass Unerwartetes nicht mehr in erster Linie als ein Ereignis erlebt wird, das von außen auf die Gesellschaft hereinbricht, sondern als ein in der Gesellschaft von ihren Akteuren selbst erzeugtes Geschehen.

Organisationen, unter ihnen Vereine, sind in der Moderne so normal geworden, dass der Gedanke fernliegt, ihre Grundstruktur könnte im Kontext Spiel interessieren. Zumal der Verein eine oft belächelte Sozialform ist, weil er mit Kaninchenzüchtern, Briefmarkensammlern und Trachtenträgern sehr spezielle Interessen unter seinem Dach versammelt. Gleichwohl ist der Verein richtig modern, denn er repräsentiert den sozialen Formwandel von Personen als Angehörigen ständischer Korporationen hin zu Personen als freien und gleichen Individuen. „Als spezifische Struktur lösten die Vereine ältere Formen von gesellschaftlichen Zusammenschlüssen wie Handwerkerzünfte, Genossenschaften, Gilden oder Gesellenvereine ab oder nahmen sie in sich auf. Im Gegensatz zu diesen mittelalterlichen Organisationsformen, die den gesamten Lebensbereich des Individuums umschlossen und denen man aufgrund von Geburt und Stand angehörte, basierten die Vereine auf freiwilligem Ein- und Austritt […]." (Ehn 2010, S. 291)

Versammlungs- und Vereinigungsfreiheit
Das Revolutionäre an dem längst als gemütlich eingeschätzten Verein ist daran zu erkennen, dass er auf dem historisch umkämpften Grundrecht der Versammlungs- und Vereinigungsfreiheit gründet. Vereinsmitglieder finden sich zu einem selbst

gewählten Zweck zusammen; dass die Zwecksetzung bis heute staatlicher Kontrolle unterliegt, verdeutlicht. Und sie entscheiden über Beginn und Ende ihrer Teilnahme am Vereinsleben individuell. Diese Möglichkeiten der Selbstbestimmung bringen den Verein in eine Strukturnähe zum Spiel. Das heißt, in der modernen Gesellschaft findet sich eine normale, weit verbreitete Organisationsform, die mit der selbstbestimmten Zwecksetzung und der als vorübergehend gestaltbaren freiwilligen Teilnahme ludische Strukturmerkmale aufweist.

Auffallen muss, dass die modernen Arbeitsorganisationen in diesem Zusammenhang bislang unerwähnt blieben, obwohl auch auf sie die rechtlich freie und kündbare Teilnahme zutrifft. Wir geraten hier auf das facettenreiche Themenfeld Arbeit und Spiel, wo interessanterweise einerseits die Arbeit fast immer zum Gegenteil des Spiels und andererseits die Organisation der Arbeit immer öfter zu einer Parallele des Spiels erklärt wird. Festzuhalten wäre vorab, dass es Personen in der modernen Arbeitsgesellschaft normalerweise nicht freigestellt ist, Erwerbsarbeit zu leisten oder nicht zu leisten, es sei denn, sie verfügen über ein größeres Vermögen oder über einen Familienzusammenhang, der sie auffängt. Zwar braucht niemand, wenn man vom Militärdienst absieht, Arbeit in einer bestimmten Organisation zu leisten. Darin liegt bereits ein Unterschied zur Ständegesellschaft, der mit der Bezeichnung „freie Arbeitskraft" erfasst wird. Die Arbeitskraft, über die Sklaven und Leibeigene nicht selbst verfügen konnten, gilt jetzt als „natürliches Eigentum" (John Locke) jeder Person; wie anderes Eigentum können Personen auch ihre Arbeitskraft zu Markte tragen und meistbietend verkaufen. Allerdings wird niemand auf Dauer ohne Erwerbsarbeit eine eigenständige soziale Existenz begründen und behalten können; schon deshalb nicht, weil in der zutiefst arbeitsteiligen Moderne niemand ohne Arbeitsleistungen anderer Leute überlebensfähig ist. Die Semantik der Arbeit im Verhältnis zum Spiel umfasst ein reichhaltiges Repertoire an Sinnstiftungen, auf das wir nicht eingehen.[1]

---

[1]Immer noch lässt sich die Beschränktheit des modern-bürgerlichen Arbeitsbegriff eindrucksvoll so zeigen, dass man eine Wohnungsführung macht, vorbei an dem kleinen Raum, in dem Schaufel und Besen, Staubsauger, Putzmittel, Bügelbrett, Werkzeugkasten, vielleicht auch eine Nähmaschine und ein Korb für schmutzige Wäsche stehen, *Abstellkammer* genannt, vorbei dann an der *Küche,* in der gekocht und abgewaschen wird, bis hin zu dem Zimmer, in dem in einem beruflichen Kontext gelesen und geschrieben wird, das dann *Arbeitszimmer* heißt.

7.2 Unverbindlich: Sinnpluralität, positives Recht, Erlebnisorientierung des Konsums

Schon oft ist daran erinnert worden, unter anderen von Ulrich Beck in der Einleitung zu seinem Buch „Die Erfindung des Politischen" (1993), dass Entweder-Oder-Bezeichnungen, die Schwarz-Weiß-Verhältnisse suggerieren, moderne Realitäten verfehlen.

> „Es gibt eine Aufsatz von Wassily Kandinsky mit dem merkwürdigen Titel ‚und'. Darin fragt Kandinsky nach dem Wort, das das 20. Jahrhundert im Vergleich zum 19. Jahrhundert kennzeichnet. Seine Antwort überrascht: Während das 19. Jahrhundert vom *entweder-oder* regiert wurde, sollte das 20. Jahrhundert der Arbeit am *und* gelten. Dort: Trennung, Spezialisierung, das Bemühen um Eindeutigkeit, Berechenbarkeit der Welt – hier: Nebeneinander, Vielheit, Ungewissheit, die Fragen nach dem Zusammenhang, Zusammenhalt, das Experiment des Austausches, des eingeschlossenen Dritten, Synthese, Ambivalenz." (Beck 1993, S. 9).

Das trifft auch auf das Gegensatzpaar verbindlich-unverbindlich zu. Die moderne Gesellschaft ist nicht anarchisch, sie kennt sehr wohl Verbindlichkeiten, aber andersartige. Moderne Verbindlichkeiten liegen näher an der Unverbindlichkeit des Spiels. Was sinnvoll ist, welche Bedeutungen anerkannt werden und welche nicht, das regelt jede ludische Aktion für sich selbst. Zudem sind die Spielenden souverän, die Regeln eines Spiels gelten – bis die Spielenden sie konsensual verändern. In beiden Dimensionen, der sachlichen Bedeutung und der zeitlichen Gültigkeit, rücken moderne Sozialverhältnisse näher an das Spiel heran – was sie leichter und unbeschwerter machen kann, aber auch härter und belastender.

Chamäleonartige Wandelbarkeit
Kommunikation setzt nicht nur die Wirklichkeitsform des Imaginären in Kraft (siehe Abschn. 3.1), der Zeichengebrauch mündet generell in eine Konstellation, für die John R. Searle diese philosophische Standardformel geprägt hat: „X gilt als Y in K" (Searl 2011). Gesagt wird damit, dass Dasselbe in einem anderen Zusammenhang zugleich etwas anderes sein kann. Searle dient die Formel zur Beschreibung sozialer Phänomene, also zum Beispiel des Umstandes, dass ein Stück Papier in einem bestimmten Kontext Geld, eine einzelne Frau in einem spezifischen Kontext Bundeskanzlerin, ein Mann in einem wiederum anderen Kontext Ehemann ist.

Die moderne Gesellschaft zeichnet sich nun dadurch aus, dass sie tatsächlich ein X aufweist – die freie und gleiche Person, früher Subjekt, heute meist Individuum genannt –, dem es *grundsätzlich* möglich ist, jede innergesellschaftliche

Sinngrenze zu überwinden, in jedem sozialen Kontext stattzufinden.[2] Individuen lassen sich auf ökonomische, juristische, wissenschaftliche Sinnstiftungen und die damit verbundenen Regeln ein, aber sie verlassen sie auch stets wieder, um zur Familie, zur Kunst, zur Politik oder eben zum Spiel zu wechseln. Diese chamäleonartige Wandelbarkeit stößt häufig an praktische Schranken, aber als Freien und Gleichen steht den Individuen ihre Gesellschaft grundsätzlich offen, die Standesschranken sind gefallen. Allerdings tragen Jeder und Jede selbst die Verantwortung dafür, sich mit den Erfolgsmedien auszustatten, mit Geld, Macht, Wahrheiten, Recht, Liebe etc., die gleichsam als Währungen in der jeweiligen Sinnsphäre gelten.

„Wir sind Papst"
Die wichtige Parallele zum Spiel liegt darin, dass außerhalb eines gesellschaftlichen Funktionsfeldes nicht zählt, was im Inneren passiert – so apodiktisch formuliert, erhebt sich mit Recht Widerspruch, der aber den springenden Punkt nicht eliminieren kann. Geld und Aufmerksamkeit als Erfolgsmedien der Öffentlichkeit und der Wirtschaft scheinen überall gern gesehen zu sein. Crossover-Effekte sind nicht zu bestreiten, vor allem die Politik goutiert sie, was ihre Reputation aber nicht verbessert, sondern verschlechtert. Es existiert auch durchaus noch die eine und andere große Erzählung, zum Beispiel „jeder ist seines Glückes Schmied" und „Leistung muss sich lohnen". Aber eine alles überwölbende, verbindlichen Sinn stiftende Instanz wie die Religion in der ständischen Gesellschaft existiert nicht mehr. Auf jedem sozialen Feld gilt nur dessen Sinn, sodass das Individuum, das in der Politik als B agiert, in der Wissenschaft als E zählt, also seinen Status beim Wechsel nicht mitnimmt – solange Wahrheiten keine Machtfragen sind.

Weil ihre Funktionsfelder im Prinzip autonom funktionieren[3] – in der Praxis sind Korruptionen an der Tagesordnung (siehe Abschn. 6.2) – ist der Moderne das typische Phänomen des Spiels zumindest als Idee nicht fremd, dass Erfolge und Misserfolge auf dem jeweiligen (Spiel-)Feld zurückbleiben, sobald man es verlässt, also darüber hinaus nicht verbindlich sind. Das Funktionieren einer

---

[2]„Die Bildung eines neuen Subjektbegriffs im 18. Jahrhundert, der den Fokus auf das Selbstverständnis des Individuums richtet, fällt historisch nicht nur mit einer ungeheuren Aufwertung des Spiels, sondern auch mit einer Verlagerung des Interesses an diesem zusammen." (Strätling 2012, S. 9)

[3]Michael Hutter schlägt vor, „die gemeinsame Entwicklung autonomer Wertsphären als Koevolution von Wertespielen, sogenannten ‚ernsten Spielen', zu verstehen" (Hutter 2015, S. 14).

modernen Gesellschaft basiert auf relativer Unverbindlichkeit von Sinn und damit auf dem Verlust letzter Wahrheiten. „‚Wir sind Papst‘ – hier demontiert, wohl ohne dies recht zu wollen, ein Massenmedium […] in drei Worten die Position eines souveränen Letztbeobachters. Alle beobachten alle." (Hörisch 2013, S. 22)

„Abgrund von Beliebigkeit"
Zur Pluralität in der Sache kommt die Veränderbarkeit im Laufe der Zeit. Was sich die moderne Gesellschaft an Gesetzen und Regeln gibt, um Erwartungssicherheiten zu installieren, wird nicht mit dem Anspruch auf Ewigkeitswert eingeführt (tausendjährige Reiche sind moderne Absurditäten), sondern mit dem Wissen darum, dass andere Regierungsmehrheiten andere Gesetze erlassen werden. Das Recht hat keinen natürlichen oder außeridischen Status mehr, als positives Recht unterliegt einem wie immer zustande gekommenen „Willen des Volkes".

> „Unter positivem Recht sind Rechtsnormen zu verstehen, die durch Entscheidung in Geltung gesetzt worden sind und demgemäß durch Entscheidung wieder außer Kraft gesetzt werden können. Ob und wieweit das Recht Entscheidungsprozessen überantwortet werden kann, ist für den Juristen ein ungelöstes Problem. Seit alters gewohnt und darauf eingestellt, Streit zu entscheiden und dabei festzustellen, was Recht ist, macht ihm der Gedanke, auch das Recht selbst durch Entscheidung herzustellen, sichtlich zu schaffen. Der Abgrund von Beliebigkeit, der sich auftun könnte, wenn alles Recht nur kraft Entscheidung gälte, lässt ihn erschaudern." (Luhmann 1983, S. 141)

Was gelten soll, wird entscheidungsoffen. Die Gültigkeit des Vergangenen, die in der vormodernen Gegenwart nicht infrage gestellt werden durfte, verlängert sich nicht mehr automatisch. Gültiges Recht ist und bleibt verbindlich, so wie gültige Spielregeln Verbindlichkeit haben, aber was in Zukunft gelten soll, war im Spiel noch nie und ist jetzt auch im Recht nicht in Stein gemeißelt. Neues kann in Kraft gesetzt werden, um anderem Recht und anderen Regeln Platz zu machen.

Erregung dank shopping
Ein drittes Moment trägt dazu bei, dass sich eine moderne Aura der Unverbindlichkeit herausbildet, die sich dem Spielerischen zuneigt. Gewiss nicht für alle Personen gleichermaßen und sich verallgemeinernd auch erst so ab Mitte des 20. Jahrhunderts greift eine Erlebnisorientierung des Konsums um sich. Diese Entwicklung drückt sich darin aus, dass dem Konsumenten „ein Teil seines Haushaltsbudgets dafür gelassen wird, seine Emotionen zu pflegen und ihnen Auslauf zu geben" (Baecker 2010, S. 38). Notwendigkeit und praktische Nützlichkeit

treten als Kriterien für den Erwerb von Gütern und Dienstleistungen zurück hinter Erlebnisqualitäten, die versprochen und erwartet werden.[4] „Nicht das Fahrrad ist dann beispielsweise das Gut, sondern das Fahrraderleben/Fahrerlebnis, nicht das Hotel, sondern das Hotelerleben, nicht das Museum, sondern das Museumserleben." (Reckwitz 2018, S. 191) Waren werden von ihren Sachfunktionen nicht völlig entbunden, aber ihre Attraktivität kommt von ihren immateriellen Werten. Die Marke als Garant für gute Gebrauchseigenschaften wird ausstaffiert mit Erlebnispotenzialen, Marken sind „zur Elite der Dingkultur geworden: eine Gruppe semantisch aufgeladener Objekte, die mehrfach in Erregung versetzen" (Ullrich 2008, S. 35). Das erschwert es, bestimmte Produkte und Dienste bestimmten Zielgruppen zuzuordnen, denn es ist sowohl prinzipiell offen, welche Waren sich mit welchen Erlebniswerten verbinden lassen, als auch welche Erlebniswerte für welche Personen in welcher Lebenslage wichtig oder unwichtig sind. Eine Verwandtschaft mit der Erlebnisorientierung ludischer Aktionen, wie wir sie unter Abschn. 2.4 thematisiert haben, ist unschwer zu erkennen. Als Erlebnisgesellschaft wurde die Moderne auch bereits vor dem Buch mit dem einschlägigen Titel beschrieben, darauf hat uns Jo Wüllner aufmerksam gemacht, zum Beispiel im „Mann ohne Eigenschaften".

„Ein gesteigerter Umsatz an Gedanken und Erlebnissen ließ sich dieser neuen Zeit nicht absprechen […] und er genoss unwillkürlich das ergreifende Schauspiel einer ungeheuren Produktion von Erlebnissen, die sich frei verbinden und lösen, einer Art nervösen Puddings, der bei jeder Erschütterung in allen Teilen zitterte, eines riesigen Tam-Tams, das ungeheuer dröhnte, wenn man es auch nur im leisesten berührte." (Musil 1970, S. 409)

7.3 Unerwartet: Ein versichertes Leben im Als ob

Neue Unerwartbarkeiten stehen am Beginn der Moderne, weil an die Stelle einer zwar unbekannten, aber vorherbestimmten Zukunft, eine nicht minder unbekannte, aber entscheidbare Zukunft tritt, gegründet auf die Vorstellung, dass die Menschen ihre Geschichte selbst machen. Obwohl oder richtiger: weil Zukunft als „hausgemacht" erlebt wird, entsteht mehr Unsicherheit. „Eine Welt, in der Menschen Entscheidungen treffen, hat nicht nur eine unsichere Zukunft, die von den in der

---

[4]„Nike verkauft keine Schuhe, sondern Träume, Sichtweisen, Gedanken." (Jung und von Matt 2002, S. 184)

Gegenwart getroffenen Entscheidungen abhängt. In dieser Welt vervielfacht sich die Unsicherheit noch um die Zahl der Personen, die Entscheidungen treffen. Jede dieser Personen macht ihre Entscheidungen wiederum von den Entscheidungen anderer Personen und den Konsequenzen dieser Entscheidungen abhängig. Und weil das natürlich alle tun, kommt es zu einer schwindelerregenden Unsicherheitsvervielfachung." (Esposito 2007, S. 51 f.) Ob an der „Multioptionsgesellschaft" (Gross 1994), deren Steigerungslogik (Schulze 2003) die allgemeinen – nicht automatisch die persönlichen – Wahlmöglichkeiten erhöht, die Zunahme der Freiheit oder der Unsicherheit betont wird, ist eine Frage der Beobachterperspektive.

Ungewissheit und Unsicherheit bekommen in der Moderne ihr besonderes Gewicht darüber hinaus dadurch, dass sich Personen wie Organisationen für ihren Umgang mit Unerwartetem verantwortlich fühlen. Ihnen wird ihre je gegenwärtige Situation, ob es für sie gerade reibungslos läuft oder ob sie den Karren durch den Dreck ziehen müssen, ob sie als erfolgreich oder als gescheitert dastehen, weitgehend als eine Folge ihrer vergangenen Entscheidungen zugerechnet (Schimank 2005, S. 113–119). Das heißt, sie erleben jede Gegenwart als eine Herausforderung, nicht alles dem Zufall zu überlassen, das Unerwartete nicht einfach auf sich zukommen zu lassen, sondern heute dafür zu sorgen, das morgen für sie „alles in Ordnung" ist. Die Frage nach der Berechenbarkeit des Unberechenbaren findet eine logische Antwort in der Wahrscheinlichkeit, die Wahrscheinlichkeitsrechnung wird zur Rationalisierung des Unerwarteten, das die moderne Gesellschaft selbst produziert. Die praktische Antwort heißt Versicherung.

> „Denn tatsächlich setzt ja der Beruf des Versicherungsagenten [...] die Existenz des Zufalls voraus. [...] Wenn man den Zufall einfach abschaffen würde, dann müssten die Agenten natürlich pleite gehen, weil ihre potentiellen Kunden es gar nicht mehr für nötig halten würden, sich gegen das Unerwartete zu wappnen. Der Traum des Versicherungsagenten besteht also darin, den Zufall weiter bestehen zu lassen – unter der Bedingung allerdings, dass nur er (und nicht sein Kunde) den Zufall gut genug durchschauen kann, um ihn in gewisser Weise kontrollieren zu können. Genau dieses Wissen ist der Gegenstand der Wissenschaft vom Wahrscheinlichen." (Villeneuve 1991, S. 84)

Das erklärt, nur als Nebengedanke eingebracht, die moderne semantische Betonung des Irrationalen am Spiel, erst die Vorstellung der Berechenbarkeit macht den gewollten Umgang mit Unerwartetem irrational. Wie „überhaupt erst das probabilistische Denken das Abenteuer als im emphatischen Sinne ‚irrationale' Unternehmung mit nur geringen Erfolgschancen sichtbar" (Schnyder 2009, S. 393 f.) werden lässt.

Rechnen mit Wahrscheinlichkeiten
Die Zukunft anhand der Unterscheidung wahrscheinlich/unwahrscheinlich zu ver-
messen, erscheint sinnvoll, gilt das Unerwartete doch als ein Resultat beobacht-
barer Handlungen, die auf Regelmäßigkeiten hin untersucht und deren Akteure
auf Motive und Absichten hin befragt werden können.[5] Mithin kommt genau die
Frage auf die Tagesordnung, die sich Glücksspieler immer schon stellen: Lässt
sich Fortuna ausrechnen?

> „Voraussetzung für die Berechenbarkeit von Wahrscheinlichkeiten am Spieltisch
> und im Leben war, dass die entsprechenden Ereigniszusammenhänge aus ihrer
> unmittelbaren Rückbindung an eine transzendente Ordnung herausgelöst wurden.
> Nur wenn ein Geschehen in reine Ereignisquanten übersetzt und unabhängig von
> spezialprovidentiellen Interventionen gedacht werden konnte, nur wenn es in ein
> ‚Datum‘ – mit dem die Würfel im Englischen und Französischen etymologisch
> verwandt sind – übersetzt werden konnte, war es möglich zu rechnen." (Schnyder
> 2009, S. 27)

Die Zusammenhänge sind zwingend. Wenn gesamtgesellschaftlich die Vorstellung normal wird, dass eigenes Handeln die Zukunft bestimmt, zumindest
mitbestimmt, dann wird Handeln als riskant wahrgenommen. Mit der Normalisierung des Risikos entsteht die Bereitschaft, sich auf Wahrscheinlichkeiten einzulassen, denn etwas Besseres hat man nicht. „Die Wahrscheinlichkeitstheorie
entsteht […] aus dem Bedürfnis, sich auf die unbekannte und unvorhersehbare
Zukunft vorzubereiten, bzw. aus dem Versuch, eine sekundäre Form von Sicherheit zu finden." (Esposito 2007, S. 100) Wahrscheinlichkeiten, möglichst statis-
tisch unterlegt, werden als operativ wirksame Fiktionen genutzt, als ob man sich
darauf verlassen könnte, als ob man enttäuschungsfest handeln könnte; gegen
das Restrisiko schließt man eine Versicherung ab. Mit Als obs zu leben, erscheint
modernen Personen relativ natürlich, der Schritt in das ludische Als ob führt nicht
über einen Abgrund, sondern nur über eine Schwelle (vgl. Ortmann 2004).

Allerdings gilt für statistische Befunde die klassische Relativierung „alle, aber
nicht jeder". „Die zunehmende statistische Zähmung der Akzidentien im Sinne
von Lebenszufällen und Unfällen vermittelt nur bezogen auf große Kollektive

---

[5] „Zwischen 1660 und 1800 wird die Wahrscheinlichkeit als theoretisches Wissen und als
Theorie des ästhetischen Scheins konstituiert." (Campe 2002, S. 15)

„Meinungsumfragen, Konjunkturprognosen und Statistiken aller Art sind in unserer
Welt wichtige Anhaltspunkte für die Realität geworden. Sie gelten als informativ, obwohl
die Wahrscheinlichkeitsrechnung ursprünglich das Ziel verfolgte, Wegweiser für die obsku-
ren Bereich der Unsicherheit und der bloßen Meinungen – nicht reale Bereiche par excel-
lence also – anzubieten." (Esposito 2007, S. 12)

und langfristige Tendenzen eine größere Sicherheit. Für das einzelne Subjekt hingegen, das sich für den ganz konkreten Einzelfall seines Lebens interessiert, bleibt die probabilistische Vernunft stumm. […] Was auf der Mikroebene der individuellen Lebengeschichten geschieht, wird […] als Geschehen in einer Lotterie konzeptualisiert." (Schnyder 2009, S. 391 f.)

Stock Gambling

Der soziale Ort, an dem das Unerwartete in der Moderne seinen größten Auftritt hat, ist der Markt. „Auf dem Markt treten den Akteuren, das erläuterte schon Marx, ihre eigenen Entscheidungen als eine fremde Macht gegenüber, die sie als eigenwillig erleben, als unruhig, als gesättigt, als volatil." (Arlt und Schulz 2019, S. 26) Die andere Art und Weise, in der man neben der Wahrscheinlichkeitsrechnung im Umgang mit dem Unerwarteten proaktiv und verbindlich tätig wird, trägt eine Bezeichnung, die in ihrem lateinischen Ursprung so viel heißt wie umherspähen, auskundschaften, nämlich *spekulieren.*

Wie mit dem Stichwort Markt bereits angedeutet, ist es zuallererst das Feld der Ökonomie, auf dem versucht wird, aus dem Unerwarteten Kapital zu schlagen. Tritt eine Zukunft ein, auf die man gesetzt hat, während die Anderen sie nicht erwartet haben, hat man gewonnen. Die ökonomische Wette und das Glücksspiel um Geld liegen so eng beieinander, dass der Begriff der Spekulation in beiden Kontexten verankert ist, wie beispielsweise am Ausdruck „stock gambling" abzulesen ist. „Die Spiel/Spekulations-Unterscheidung ist […] umkämpft: Umstritten ist, ob die Spekulation sich als ökonomische Operation vom Glücksspiel unterscheidet; ebenso wird auch heftig um den Anwendungsbereich dieser Unterscheidung gerungen, was besonders an der Diskussion über den Futures-Handel deutlich wird. Und auch normativ eröffnet sich ein breites Spektrum unversöhnlicher Positionen, die von der moralischen Verwerflichkeit der Spekulation bis zu ihrer Zelebrierung als ,ökonomischste' aller ökonomischen Operationen reichen." (Staheli 2007, S. 44) Urs Staheli rückt beide, Spekulation und Glücksspiel, noch enger aneinander, indem er dafür argumentiert, dass Börsenspekulation ihren Anreiz nicht nur aus wirtschaftlichem Kalkül, sondern auch aus emotionaler Erregung bezieht, aus dem Thrill, der damit verbunden ist (ebda, S. 37 f.).[6]

---

[6]„John A. Hobson, der einer der wichtigsten Bezugspunkte von Lenins Imperialismustheorie war, formuliert ein fast identisches Argument für den Spieler. Er erklärt sich die Beliebtheit von Geldspiel durch die monotone Ordnung des modernen Alltags. Das Geldspiel führt in das monotone Einerlei ein Element ,of the unexpected, the hazardous, the disorderly' ein." (Staheli 2007, S. 37) Staheli bezieht sich auf den Ökonomen John Atkinson Hobson (1906, S. 6), von dem 1902 das Buch „Imperialismus" erschien.

Sowohl Spekulation als auch operative Fiktionalität, wie sie mit Statistik und Wahrscheinlichkeitsrechnung in den Alltag einzieht, haben als Elemente moderner Normalität eine deutliche ludische Anmutung. Zusammen mit der Pluralisierung von Sinn, der Positivierung des Rechts, der Erlebnisorientierung des Konsums und der freiwilligen, kündbaren Teilnahme an Organisationen gehören sie zu den Elementen modernen Lebens, welche Assoziationen zum Spiel hervorrufen. In der Moderne liegen Vergleiche mit dem Spiel in der Luft. Rücken Spiel und gesellschaftliche Normalität aufgrund der Digitalisierung noch einmal näher zusammen?

7.4 Always on: Achtsamkeit und Anschlussfähigkeit

Felix Stalder (2017, S. 94) urteilt, die Kultur der Digitalität sei „bereits alltäglich und dominant geworden. Sie formt alle Lebensbereiche bestimmende kulturelle Konstellationen, deren charakteristische Eigenschaften deutlich zu erkennen sind." Dass der Wandel von der modernen in eine digitale Gesellschaft (oder in eine digitalisierte Moderne?) schon heute im Wesentlichen beschrieben und verstanden werden könne, könnte eine Unterschätzung des Veränderungspotenzials der Digitalisierung von Kommunikation und Arbeit sein. Aber dass sich bereits markantes Neues zeigt, kann niemandem entgehen, und Stalder hat es mit einer analytischen Tiefe und empirischen Anschaulichkeit beschrieben wie kaum ein anderer.

Im fünften Kapitel, vor allem unter Abschn. 5.1 und 5.2, wurde aus der Perspektive der Problemstellung, Computerspiele zu begreifen, ein analytischer Zugang zur Digitalisierung gesucht. Im Unterschied zur Kommunikation unter Anwesenden wurde als ein Charakteristikum die Kommunikation mit Adressen ermittelt. Hier soll es nur darum gehen, digitale Kommunikation daraufhin zu betrachten, ob und inwieweit sie Ähnlichkeiten mit Komponenten der ludischen Aktion aufweist. Welche ihrer Qualitäten versetzen digitale Kommunikation so nahe an Eigenschaften des Spiels, dass es vielleicht sogar berechtigt ist, die These von einer ludischen Kultur der digitalen Gesellschaft stark zu machen? In seinem „Manifest für ein ludisches Jahrhundert" hat Eric Zimmerman (2014, S. 19–24) genau dafür plädiert. Trotzdem bleiben für das Spiel auch zu digitalen Normalitäten wichtige Unterschiede, die zunächst angesprochen werden.

Unterbrechung als Katastrophe
Wenn Spielen heißt, im Modus eines unverbindlichen Tuns als ob freiwillig und zeitlich, oft auch örtlich eingeschränkt mit Unerwartetem umzugehen, dann

unterscheidet sich digitale Kommunikation von Anfang an darin, dass ihr zeitliche und räumliche Schranken so fremd sind wie keiner Kommunikationsweise vor ihr. Unterbrechungen kommen Katastrophen gleich, immer und überall „on" ist die selbstverständliche Herausforderung, die von der Digitalisierung ausgeht. Deswegen übt sie nicht nur Druck auf die Arbeit aus – „Die gute Nachricht: Man kann jetzt überall und jederzeit arbeiten. Die schlechte Nachricht: man kann jetzt überall und jederzeit arbeiten." (Engelmann und Wiedemeyer 2000, Covertext) –, sondern auch auf das Spiel. Man kann jetzt überall und jederzeit spielen, aber die ludische Aktion verliert dadurch nicht ihre zeitliche Markierung, Beginn und Ende des Spiels bleiben für die Spieler identifizierbar. Allerdings sind Massively Multiplayer Online Games (MMOGs) auf Zeitlosigkeit angelegt. Als globalisierte Aktionen mit sehr vielen Teilnehmern, die zu unterschiedlichen Tages- und Nachtzeiten spielen, werden MMOGs zu fortlaufenden Ereignissen. Ein Spiel kann mehrere Monate, manchmal auch Jahre laufen, es kann auch sein Ende offen lassen. Trotzdem steht die zeitliche Exklusivität des Spiels konträr zur Logik digitaler Kommunikation.

Tendenziell vergleichbar sieht es mit der freiwilligen Teilnahme aus. Zwar haben nur Stars weltweit viele Follower, aber verbunden zu sein, dem Netzwerk anzugehören, entwickelt sich unter den Bedingungen der Digitalisierung zu einem selbstverständlichen Wunsch. Wie viel Freiwilligkeit teilzunehmen auf Dauer bleibt, ist jedoch höchst fraglich. Nicht teilzunehmen bekommt den Charakter einer Selbstexklusion. Die Umstellung der Kommunikation von offline auf online erreicht inzwischen so viele Bereiche des Alltagslebens, dass sich Teilnahme als eine generelle Erwartung durchsetzt, die jede Person und Organisation an andere und an sich selbst richtet. „Der Einzelne muss viel und kontinuierlich kommunizieren […], sonst bleibt er unsichtbar. Die dazu notwendige Masse an tweets, Updates, E-Mails, Blogs, geteilten Bildern, Texten, Einträgen auf kollaborativen Plattformen, Datenbanken und so weiter kann nur mithilfe von digitalen Technologien produziert und prozessiert werden." (Stalder 2017, S. 137) Einerseits verliert Partizipation am digitalen Netzwerk ihren Status als ein Recht, das wahrzunehmen jedermann freisteht, und verwandelt sich in eine soziale Pflicht. Auch in dieser Hinsicht sind sich Spiel und digitale Kommunikation also eher fremd. Auch wenn es mit der Freiwilligkeit hapert, unter dem Aspekt der Gleichheit tangieren andererseits die sich mit der Digitalisierung erweiternden Teilnahmemöglichkeiten an Kommunikation dennoch das Ludische. Relativ offene Partizipationschancen, die für das Spielen immer schon gelten, sind für Online-Verhältnisse jedenfalls normaler als für die Offline-Kommunikation.

Der Aufstieg drei neuer Tugenden
Anders als die zeitliche Markierung und die Freiwilligkeit der Teilnahme bekommen die verbleibenden ludischen Komponenten Umgang mit Unerwartetem, Unverbindlichkeit und Tun als ob von der Digitalisierung einen deutlichen Normalisierungsschub. Er wird sichtbar am Aufstieg drei neuer Tugenden: Der Achtsamkeit als Antwort auf mehr Unerwartetes, der Anschlussfähigkeit als sozialer Überlebensgarantie in Netzwerken und der Fehlerfreundlichkeit, für die Odo Marquard (1981) das Zauberwort „Inkompetenzkompensationskompetenz" geprägt hat.

Wie nachhaltig sich das Unerwartete in das Zentrum der digitalen Gesellschaft schiebt, belegt deren unablässiges Reden über Komplexität und Kontingenz. Komplexität meint die Notwendigkeit auszuwählen, mit Kontingenz wird ausgedrückt, dass man nicht wissen kann, wie Wahlen ausfallen. „Komplexität heißt also praktisch Selektionszwang, Kontingenz heißt praktisch Enttäuschungsgefahr und Notwendigkeit des Sicheinlassens auf Risiken." (Luhmann 1987, S. 31) Man kann die immense Bedeutung des Unerwarteten für die heutige Gesellschaft auch daran ablesen, wie enorm ihre Anstrengungen sind, es unter Kontrolle zu bringen. Zum einen investiert sie große Ressourcen in Kommunikationskampagnen, Werbung, Marketing und Public Relations, um Kunden und Stimmberechtigte zu einem bestimmten Wahlverhalten zu bewegen. Zum anderen sammelt sie unermessliche Datenmengen und versucht, mit Hilfe von Algorithmen Muster zu erkennen, aus denen sich zuverlässige Erwartungen ableiten lassen. Die darin liegende Paradoxie ist zu offenkundig, als dass die gegenwärtig noch geschürte Erwartung, in Zukunft einen Markt für gut bezahlte Erwartungssicherheiten eröffnen zu können[7], nicht zu Asche werden müsste. Das Mittel der Datensammlung und Auswertung, mit dem unsere Gesellschaft ihre Unberechenbarkeiten in den Griff zu bekommen versucht, ist nämlich selbst ein Produktionsfaktor für Ungewissheit. Was an Texten, Tönen und Bildern digital erfasst ist, kann im Prinzip laufend aktualisiert, gelöscht, ergänzt werden. Ob, um es mit Josef Mitterer (1993, S. 60 f.) auszudrücken, eine digitalisierte Mitteilung „so far" auch als Mitteilung „from now on" Bestand hat, ist unsicherer denn je.

Die gewohnten Erfahrungen des Umgangs mit Unerwartetem kulminieren in Krisen. Als Dauerphänomen sind sie Ausdruck „einer sozialen Komplexität, in der es nur unwahrscheinliche Kombinationen gibt und jede Unwahrscheinlichkeit sich auch irgendwann zu erkennen gibt. [...] Die Zeichen der Zeit erkennt daher

---

[7]Ein prominenter Akteur ist, richtiger: war, das britische Datenanalyse-Unternehmen Cambridge Analytica (CA), vgl. https://www.theguardian.com/news/series/cambridge-analytica-files. Informativ-kritisch zu Big Data: Rust (2017), z. B. S. 8–10.

nicht der, der nach den Ursachen einer Krise und nach den Möglichkeiten ihrer Behebung fragt, sondern der, der sich fragt, was nach der Krise kommt." (Baecker 2010, S. 43)

Plädoyers für Fehlerfreundlichkeit
Für den Eindruck, die digitale Kultur sei mit ludisch zutreffend erfasst, zeigen sich weitere Indizien wie sich häufende Plädoyers für Fehlerfreundlichkeit und Kreativität. Neben die Diskriminierung des Scheiterns, die dazu tendiert, Verlierer zu hoffnungslosen Fällen zu erklären, tritt – ironischerweise in einer gesellschaftlichen Lage, in der die Spaltung zwischen Gewinnern und Verlieren so tief ist wie lange nicht (vgl. Bude und Willisch 2008; Mau 2012; Stegemann 2017) – das immer lautere Lob des erfolgreichen Scheiterns, das aus Fehlern lernt.[8]

Die ludische Selbstverständlichkeit „neues Spiel, neues Glück" wird als wissenschaftlich ausgewiesene Strategie für den Alltag Personen ebenso wie Organisationen empfohlen und soziologische Befunde diagnostizieren, dass die Empfehlung ankommt: „Das spätmoderne Subjekt zieht enorme Befriedigung daraus, nicht ein für alle Mal festgelegt zu sein, sondern in grenzenlosem Aktionismus immer wieder neu noch ganz andere Aktivitäten und Möglichkeiten für sich entdecken zu können – neue Reiseziele, eine neue Sportart, einen anderen Partner, einen anderen Lebensort etc." (Reckwitz 2018, S. 343). Jesper Juul (2015) beschreibt „die Kunst des Scheiterns" in Videospielen und diskutiert den Nutzen des Transfers dieser Erfahrungen in reale Lebens- und Arbeitswelten. Frank Degler zieht eine Parallele zwischen realer und ludischer Wirklichkeit, indem er argumentiert, wir träfen in den digital games inzwischen auf „Spielformen gegen die/mit der Software im Modus vorläufiger Lebensentwürfe, die im immer wieder neuen Ansetzen und Ausprobieren von Optionen das virtuelle Pendant zur modernen, urbanen Patchwork-Existenz darstellen" (Degler 2009, S. 554).

Spielen als eine soziale Aktion braucht mal mehr, mal weniger Regeln, immer lebt es davon, gerade nicht nur Erwartungen zu erfüllen, sondern der Fantasie und der Kreativität ihren Lauf zu lassen. Wie sehr die Beschreibung ludischer Qualitäten inzwischen Stellenbeschreibungen ähnelt, ist längst wahrgenommen und dargestellt worden (vgl. Arlt 2015). Erwartungen zu erfüllen, genügt nicht, man muss auch für positive Überraschungen gut sein.

---

[8]Vgl. als frühe Beiträge dazu z. B. Weizsäcker und Weizsäcker (1984) und Guggenberger (1987).

„Wer beeindrucken und gesellschaftlichen Status behaupten will, sollte heutzutage also immer mindestens eine Seite mehr offenbaren können, als man bisher von ihm oder ihr kannte." (Ullrich 2008, S. 53)

„Das Kreativsubjekt muss auch ein unternehmerisches Selbst sein, muss ständig die kulturellen Märkte beobachten, die dortigen Valorisierungen abschätzen, sich auf ihnen positionieren; es muss dort klug mit Risiken und Chancen umgehen und entsprechend maßvoll spekulieren." (Reckwitz 2018, S. 304)

Mehr Flexibilität und mehr Mobilität
Zum Unerwarteten kommt das Unverbindliche. Online sind viel mehr Menschen miteinander verbunden als offline – aber unverbindlicher. Das ist ein ebenso trivialer wie logischer Zusammenhang, über den jedoch nicht selten so gesprochen wird, als ob er sich überwinden ließe, wenn man nur wollte. Über eine zunehmende Unverbindlichkeit sozialer Kontakte wird oft geklagt, gleichzeitig werden mehr Flexibilität und mehr Mobilität eingefordert. Wer sich bindet, büßt Anschlussfähigkeit ein, das eine *und* das andere sind nicht gleichermaßen zu bekommen. An der Notwendigkeit von Standards ist nicht vorbeizukommen, aber alles Standardisierte bekommt in der digitalen Welt sehr schnell eine Patina des Abgestandenen, das Institutionalisierte, das Regulierte steht im Verdacht, zurückgeblieben zu sein. Wo strikte Kopplung war, werden lose Kopplungen normal. Anschlussfähigkeit, das Zauberwort der Netzwerke, hat den Status einer zentralen sozialen Kompetenz erreicht. In einem anderen Kontext eine andere bzw. ein anderer sein können, verbessert die Anschlussfähigkeit. Personen wie Organisationen sehen sich herausgefordert, sich selbst, die eigene Geschichte und erlebtes Geschehen der jeweiligen Situation angemessen darzustellen und trotzdem oder gerade deshalb, als glaubwürdig zu erscheinen. Online-Kommunikation im allgemeinen und Computerspiele im besonderen trainieren die Nutzer darauf, „jeden Glauben an die Notwendigkeit zu verlieren, dass ein Geschehen in der Welt nur in der einen unveränderlichen Art und Weise präsentiert werden könne" (Degler 2009, S. 546). An den drei Erfolgsmedien Liebe, Geld und Wahrheit lässt sich aufzeigen, wie die Dynamik digitalisierter Kommunikation Verbindlichkeiten weiter auflöst.

Dating und Ghosting
Onlinedating Apps, nicht zufällig auch unter dem Namen Singlebörsen bekannt, haben sich im Internet fest etabliert und expandieren bislang. Einem Online-Shoppingerlebnis nicht unähnlich swipen die User nach rechts und links – je nachdem, ob das Gegenüber auf dem Screen gefällt oder nicht. Finden User an Präsentationen im Netz Gefallen, kann ablaufen, was die soziale Atmosphäre, wie

sie Datingportale erzeugen, als normal erscheinen lässt: Lass uns schreiben, telefonieren, treffen, vögeln, wieder unserer Wege gehen und wahrscheinlich nie wieder etwas von einander hören. Oder lasse uns zumindest an unserem Match erfreuen, das unser Ego streichelt, weil es beweist, dass wir nachgefragt werden. Ein toller erster Eindruck kann online mit Photoshop plus gezielten Auslassungen und Betonungen, die eigene Lebenssituation betreffend, unschwer erweckt werden. Er unterliegt zwar bei realen Treffen der Überprüfung, aber deren Verbindlichkeit leidet ohnehin unter „fomo" (fear of missing out), der Angst, etwas Besseres zu verpassen, wenn man sich auf den oder die Nächstbeste(n) zu sehr einlässt.

Nicht wenige der Apps sind dazu übergegangen den spielerischen Beziehungscharakter zu betonen. In den USA bietet *Tinder* seit Herbst 2019 jeden Sonntag eine „Swipe Night" an. Im Stil eines Mini Telltale Games[9] haben Nutzer die Möglichkeit, mit ihren Entscheidungen in die Handlung eines apokalyptischen Abenteuerspiels einzugreifen. Diese Entscheidungen beeinflussen wiederum die Vorschläge, die *Tinder* potenziellen Datingpartnern macht (Weiß 2019). Die Dating-App *Candidate*[10] setzt von Anfang an auf spielerische Elemente. Nutzer haben hier die Gelegenheit, sich Fragen auszudenken und ein „Frage-Antwort-Spiel" zu starten. Bis zu fünf Fragen können gestellt und von bis zu fünf Leuten möglichst kreativ beantwortet werden. Weder die Fragenden noch die Antwortenden wissen zunächst, wie die jeweiligen Gegenüber aussehen. Ob anschließend ein Kontakt zustande kommt, ist offen. Angebahnte Kontakte müssen, selbst wenn sie den Schritt von online zu offline schaffen, nicht viel bedeuten. Den Kontakt abzubrechen und in den Weiten des Internets zu verschwinden, oder sich nach einem realen Date überhaupt nicht mehr zu melden, kommt so häufig vor, dass es ein eigenes Wort dafür gibt: Ghosten.

Im Vergleich zur früher vielgerühmten Bindungskraft der Liebe, die ihr Haltbarkeitsdatum bevorzugt mit „ewig" kennzeichnete, sind Wahrheit und insbesondere Geld von vorneherein flüchtiger. Die Unverbindlichkeit von Wahrheiten hat eine lange prädigitale Geschichte (vgl. Weingart 2005). Zur Charakterisierung der Problematik unter digitalen Kommunikationsverhältnissen mag eine Frage genügen. Was macht das Informationspotenzial von Big Data mit der Wahrheitsfähigkeit von Wissen, wenn zutrifft: „Mit den an jedem einzelnen Tag produzierten Daten ließen sich alle amerikanischen Bibliotheken acht Mal ausfüllen" (Floridi 2015, S. 31)? Die Menge an neuen Informationen, die sich aus

---

[9]Telltale games war ein us-amerikanisches Entwicklerstudio für Computerspiele; siehe https://telltale.com/ (Zugriff 30.10.2019).

[10]Vgl. https://www.getcandidate.com/ (Zugriff 30.10.2019).

der Datenschwemme gewinnen lässt, wird zur Bedrohung für alte Wahrheiten. Unter den drei Funktionen des Geldes als Tauschmittel, Schatz und Kapital weist ohnehin nur der Schatz Bindungsqualitäten auf. Geld verbindet durch seine Ungebundenheit. Die Bindungslosigkeit des Geldes in digitalen Zeiten ist am Beispiel des Hochfrequenzhandels – des Handels mit Wertpapieren innerhalb von Nanosekunden auf Basis von Computeralgorithmen – schon so oft beschrieben worden (vgl. Gresser 2017), dass es keiner Wiederholung bedarf.

Instantane Präsenz: Ein laufendes Kommen und Gehen
Digitalisierung verstärkt das Als ob. Sprachliche Kommunikation hat aufgrund ihres Zeichengebrauchs Imagination zum Alltagsphänomen gemacht (siehe Abschn. 2.1). Zeichen stehen für etwas anderes. Indem sie mit Bedeutung aufgeladen werden, entspringt ihrer Stellvertreterposition ein Als ob, wobei dieses Andere, unabhängig davon, ob es real vorhanden oder fiktiv erdacht ist, in der sprachlichen Kommunikationssituation nur als Vorstellung existiert. Weit über das Potenzial analoger Funkmedien hinaus erlaubt es digitale Kommunikation (siehe Abschn. 5.2), in der Wirklichkeitsform des Virtuellen Imaginäres, Fiktionales und abwesendes Reales nicht nur zu visualisieren, sondern sich darin zu bewegen und Veränderungen vorzunehmen – als ob man real involviert sei. Zum Beispiel: „Die wissenschaftlich oder militärisch genutzte Computersimulation eines realen Objekts oder Prozesses besteht darin, dass mathematisch formalisierbare Strukturen von der Materialität des Objekts durch Vermessungen und Formalisierungen ‚abgelöst‘ werden, um dann als Grundlage eines virtuellen, approximativen und modifizierbaren Modells zu dienen." (Schröter 2009, S. 26)

Alles, was virtuelle Wirklichkeit sichtbar macht, ist voll da oder ganz weg, es hat eine instantane Präsenz. Die Plötzlichkeit des Auftauchens und Verschwindens intensiviert den ohnehin starken Eindruck des Als ob. „Die Restlosigkeit dieses Verschwindens ist so ungewöhnlich wie nur irgend etwas. Von unsereinem bleibt wenigstens ein Leichnam, von der Zigarette die Asche und vom Benzin der Gestank. Hier aber ist alles clean, klinisch clean. Die Erscheinung war schon die ganze Substanz, es gibt nichts dahinter und danach." (Welsch 1998, S. 234)

7.5   Die andauernde Anrufung des Spiels: Gute Gründe, zweifelhafte Zwecke

Das Ludische und das als normal Erlebte rücken enger zusammen. Diese Schlussfolgerung kann und muss aus der beachtlichen Zahl verwandtschaftlicher Phänomene gezogen werden, die moderne Normalitäten und konstitutive

Merkmale des Spiels aufweisen. Die Digitalisierung intensiviert die Nähe des erlebten Alltags zum Erlebnis des Spiels, mit ihr bildet sich eine virtuelle Wirklichkeit aus, die Übergänge zwischen dem Spiel auf der einen Seite, Realitäten, Imaginationen und Fiktionalitäten auf der anderen Seite so sehr erleichtert, dass fraglich wird, was gerade der Fall ist. Die virtuelle Wirklichkeitsform aller Online-Kommunikation bedarf der laufenden Kontrolle, ob es sich um reale, imaginäre, fiktionale oder ludische Mitteilungen handelt. Als kulturelle Konsequenz hat Dirk Baecker in einem weitem analytischen Bogen diagnostiziert, dass über die Frage hinaus, in welcher Gesellschaft wir eigentlich leben, das noch grundsätzlichere Problem auf die Tagesordnung drängt, in welcher Wirklichkeit wir eigentlich leben.

Wortbildungen wie „reality-TV", „virtual reality" und „augmented reality" (Projektionen virtueller in reale Wirklichkeiten) sind Indizien für die wundersame Vermehrung des Wirklichen. „Gläubig oder nicht gläubig, glücklich oder nicht glücklich, diese Maßstäbe der antiken und modernen Kultur gelten nicht mehr. Statt dessen geht es um die Frage: wirklich oder unwirklich. Denn nur unter dieser Frage kann die alles entscheidende Suche nach Referenzen noch verhandelt werden. Jeder Aspekt unserer Wirklichkeit unterliegt dem Verdacht der Unwirklichkeit." (Baecker 2003, S. 71 f.) In dieser Gemengelage, in der die Übergänge unscharf werden, kann mit eiliger Analogie oder großzügigem essayistischem Gestus, mit werblicher Ausblendungskunst ohnehin, auch dort von Spielen gesprochen werden, wo „in Wirklichkeit" harte Realitäten in Gang sind.

Die ludische Maske

Das ist die Schlussthese: Für die andauernde Anrufung des Spiels gibt es sowohl strukturell verankerte Gründe, wie sie in diesem Kapitel skizziert wurden, als auch strategische Einsätze, die darauf abzielen, Realitäten zu unterschlagen und eine schöne neue Welt zu suggerieren. Auf der sozialen Benutzeroberfläche werden moderne strukturelle Affinitäten zum Ludischen dafür ausgenutzt, um mit der strategischen Verwendung der Bezeichnung Spiel, die an Möglichkeitsräume voller Leichtigkeit, Ungezwungenheit und freier Entfaltung denken lässt, den Konkurrenzkämpfen, Leistungsanforderungen und sozialen Verwerfungen des Alltagslebens eine ludische Maske aufzusetzen. Solcher „Schönsprech" (Schlüter 2009), der sich über reales Geschehen ergießt wie aufgeschäumte Milch über schwarzen Kaffee, reiht sich ein in einen verbreiteten kontrafaktischen Sprachgebrauch, der wert-volle Begrifflichkeiten benutzt, um ganz normale, eher banale Praktiken mit hohen und hehren Bedeutungen aufzuladen. Aus der Notwendigkeit, möglichst keine nachweisbaren Lügen zu verbreiten, macht die „Bild"-Zeitung den Slogan „Jede Wahrheit braucht einen Mutigen, der sie ausspricht". Beliebige

Kontakte firmieren auf der Online-Plattform facebook unter „Freundschaften“. „Wir lieben Lebensmittel“, wirbt ein Einzelhandelskonzern, verkauft sie dann aber und das auch noch „billig“. Die rhetorische Expansion des Spiels dient auch dem zweifelhaften Zweck, reales Scheitern mit – gänzlich ungeklärten – Aussichten auf künftiges Gelingen schön zu färben.

Von allem unbeeindruckt spielt „die Musik des Zufalls“. „‚Dann sollten wir vielleicht rübergehen und die Karten rausholen.‘ Und damit, einfach so, begann das Spiel.“ (Auster 1992, S. 108).

Literatur

Arlt, F. (2015). *Der Spieler als kulturelle Leitfigur. Auf den Spuren der gesellschaftlichen Karriere des Spiels.* Saarbrücken: Akademiker Verlag.

Arlt, H.-J., & Schulz, J. (2019). *Die Entscheidung. Lösungen einer unlösbaren Aufgabe.* Wiesbaden: Springer VS.

Auster, P. (1992). *Die Musik des Zufalls.* Reinbek bei Hamburg: Rowohlt.

Baecker, D. (2003). *Wozu Kultur?* Berlin: Kadmos.

Baecker, D. (2010). Wie in einer Krise die Gesellschaft funktioniert. *Revue für post-heroisches Management, 7,* 30–43.

Baecker, D. (2018). *4.0 oder Die Lücke die der Rechner lässt.* Berlin: Merve.

Beck, U. (1993). *Die Erfindung des Politischen.* Frankfurt a. M.: Suhrkamp.

Bude, H., & Willisch, A. (Hrsg.) (2008). *Exklusion. Die Debatte über die ‚Überflüssigen‘.* Frankfurt a. M.: Suhrkamp.

Campe, R. (2002). *Spiel der Wahrscheinlichkeit.* Göttingen: Wallstein.

Crozier, M., & Friedberg, E. (1979). *Macht und Organisation. Die Zwänge kollektiven Handelns.* Königstein/Ts.: Athenäum.

Degler, F. (2009). A willing suspension of misbelief. Fiktionsverträge in Computerspiel und Literatur. In T. Anz & H. Kaulen (Hrsg.), *Literatur als Spiel. Evolutionsbiologische, ästhetische und pädagogische Konzepte* (S. 543–560). Berlin: de Gruyter.

Derks, L. (2000). *Das Spiel sozialer Beziehungen. NLP und die Struktur zwischenmensch-licher Erfahrung.* Stuttgart: Klett-Cotta.

Ehn, M. (2010). Ein Spiel der Aufklärung und der Urbanität. Schachvereinigungen in Wien, Berlin, und Zürich zwischen 1780 und 1850. In E. Strouhal & U. Schädler (Hrsg.), *Spiel und Bürgerlichkeit. Passagen des Spiels I* (S. 291–313). Wien: Springer.

Engelmann, J., & Wiedemeyer, M. (Hrsg.). (2000). *Kursbuch Arbeit. Ausstieg aus der Jobholder-Gesellschaft – Start in eine neue Tätigkeitskultur?* Stuttgart: Deutsche Ver-lags-Anstalt.

Esposito, E. (2007). *Die Fiktion der wahrscheinlichen Realität.* Frankfurt a. M.: Suhrkamp.

Floridi, L. (2015). *Die 4. Revolution. Wie die Infosphäre unser Leben verändert.* Berlin: Suhrkamp.

Goffman, E. (1983). *Wir alle spielen Theater. Die Selbstdarstellung im Alltag.* München: Piper (Erstveröffentlichung 1959).

Gresser, U. (2017). *Hochfrequenzhandel: Kompakt, verständlich, aktuell.* Wiesbaden: Springer Gabler.

Gross, P. (1994). *Die Multioptionsgesellschaft.* Frankfurt a. M.: Suhrkamp.

Guggenberger, B. (1987). *Das Menschenrecht auf Irrtum – Anleitung zur Unvollkommenheit.* München: Hanser.

Hobson, J. A. (1906). The ethics of gambling. In B. Seebohm Rowntree (Hrsg.), *Betting and gambling. A national evil* (S. 1–11). London: Macmillan.

Hörisch, J. (2013). Sich ein Bild machen oder „Im Bilde sein". Die guten alten Bilder und die digitale Bildrevolution. In G. S. Freyermuth & L. Gotto (Hrsg.), *Bildwerte. Visualität in der digitalen Medienkultur* (S. 15–24). Bielefeld: transcript.

Hutter, M. (2015). *Ernste Spiele. Geschichten vom Aufstieg des ästhetischen Kapitalismus.* München: Fink.

Jung, H., & Matt, J.-R. V. (2002). *Momentum. Die Kraft, die Werbung heute braucht.* Berlin: Lardon Media.

Juul, J. (2015). *Die Kunst des Scheiterns. Warum wir Videospiele lieben, obwohl wir immer verlieren.* Wiesbaden: Luxbooks.

Lang, B. (1998). *Heiliges Spiel. Eine Geschichte des christlichen Gottesdienstes.* München: Beck.

Luhmann, N. (1987). *Rechtssoziologie.* Opladen: Westdeutscher Verlag.

Luhmann, N. (1983). *Legitimation durch Verfahren.* Frankfurt a. M.: Suhrkamp (Erstveröffentlichung 1969).

Marquard. O. (1981). Inkompetenzkompensationskompetenz? In Ders. (Hrsg.), *Abschied vom Prinzipiellen. Philosophische Studien* (S. 23–38). Stuttgart: Reclam.

Matuschek, S. (1998). *Literarische Spieltheorie. Von Petrarca bis zu den Brüdern Schlegel.* Heidelberg: Universitätsverlag C. Winter.

Mau, S. (2012). *Lebenschancen. Wohin driftet die Mittelschicht?* Berlin: Suhrkamp.

McMahon, P. C. (2019). *Das NGO-Spiel. Zur ambivalenten Rolle von Hilfsorganisationen in Postkonfliktländern.* Hamburg: Hamburger Edition.

Mitterer, J. (1993). *Das Jenseits der Philosophie. Wider das dualistische Erkenntnisprinzip.* Wien: Passagen-Verlag.

Musil, R. (1970). *Der Mann ohne Eigenschaften.* Hamburg: Rowohlt (Erstveröffentlichung 1930 ff.).

Nassehi, A. (2019). *Muster. Eine Theorie der digitalen Gesellschaft.* München: Hanser.

Neuberger, O. (1992). Spiele in Organisationen, Organisationen als Spiel. In W. Küpper & G. Ortmann (Hrsg.), *Mikropolitik, Macht und Spiele in Organisationen* (S. 53–86). Opladen: Westdeutscher Verlag.

Ortmann, G. (2004). *Als Ob. Fiktionen und Organisationen.* Wiesbaden: VS Verlag.

Pongs, A. (2004). *In welcher Gesellschaft leben wir eigentlich? Individuum und Gesellschaft in Zeiten der Globalisierung.* München: Dilemma Verlag.

Reckwitz, A. (2018). *Die Gesellschaft der Singularitäten. Zum Strukturwandel der Moderne.* Bonn: Bundeszentrale für politische Bildung (Erstveröffentlichung Suhrkamp 2017).

Rust, H. (2017). *Virtuelle Bilderwolken. Eine qualitative Big Data-Analyse der Geschmackskulturen im Internet*. Wiesbaden: Springer VS.

Scheer, A.-W. (2010). *Spiele der Manager*. Saarbrücken: IMC.

Schimank, U. (2005). *Die Entscheidungsgesellschaft. Komplexität und Rationalität der Moderne*. Wiesbaden: VS Verlag.

Schlüter, R. (2009). *Das Schaf im Wortpelz. Lexikon der hinterhältigen Beschönigungen*. Frankfurt a. M.: Eichborn.

Schnyder, P. (2009). *Alea. Zählen und Erzählen im Zeichen des Glücksspiels 1650–1850*. Göttingen: Wallstein.

Schröter, J. (2009). Die Ästhetik der virtuellen Welt: Überlegungen mit Niklas Luhmann und Jeffrey Shaw. In M. Bogen, R. Kuck & J. Schröter (Hrsg.), *Virtuelle Welten als Basistechnologie für Kunst und Kultur? Eine Bestandsaufnahme* (S. 25–36). Bielefeld: transcript.

Schulze, G. (2003). *Die beste aller Welten. Wohin bewegt sich die Gesellschaft im 21. Jahrhundert?* München: Hanser.

Schwitters, K. (1975). *Wir spielen, bis uns der Tod abholt*. Briefe aus fünf Jahrzehnten. Frankfurt a. M.: Ullstein.

Searle, J. R. (2011). *Die Konstruktion der gesellschaftlichen Wirklichkeit. Zur Ontologie sozialer Tatsachen*. Frankfurt a. M.: Suhrkamp (Erstveröffentlichung 1995).

Seemann, M. (2014). *Das Neue Spiel – Strategien für die Welt nach dem digitalen Kontrollverlust*. Freiburg: Orange-press.

Staheli, U. (2007). *Spektakuläre Spekulation. Das Populäre der Ökonomie*. Frankfurt a. M.: Suhrkamp.

Stalder, F. (2017). *Kultur der Digitalität*. Berlin: Suhrkamp.

Stegemann, B. (2017). *Das Gespenst des Populismus. Ein Essay zur politischen Dramaturgie*. Berlin: Theater der Zeit.

Strätling, R. (Hrsg.) (2012). *Spielformen des Selbst. Das Spiel zwischen Subjektivtät, Kunst und Alltagspraxis*. Bielefeld: transcript.

Trimcev, R. (Hrsg.). (2018). *Politik als Spiel: Zur Geschichte einer Kontingenzmetapher im politischen Denken des 20. Jahrhunderts*. Baden-Baden: Nomos.

Ullrich, W. (2008). *Habenwollen. Wie funktioniert die Konsumkultur?* Frankfurt a. M.: Fischer.

Vieregg, A. (1994). Günter Eich. In H. Steinecke (Hrsg.), *Deutsche Dichter des 20. Jahrhunderts* (S. 507–519). Berlin: Schmidt.

Villeneuve, J. (1991). Der Teufel ist ein Spieler oder: Wie kommt ein Eisbär an die Adria? In H. U. Gumbrecht & K. K. Pfeiffer (Hrsg.), *Paradoxien, Dissonanzen, Zusammenbrüche. Situationen offener Epistemologie* (S. 83–95). Frankfurt a. M.: Suhrkamp.

Weingart, P. (2005). *Die Stunde der Wahrheit. Zum Verhältnis der Wissenschaft zu Politik, Wirtschaft und Medien in der Wissensgesellschaft*. Weilerswist: Velbrück.

Weiß, E.-M. (2019). Tinder testet Apokalypse-Spiel für Dating-Vorschläge. https://www.heise.de/newsticker/meldung/Tinder-testet-Apokalypse-Spiel-fuer-Dating-Vorschlaege-4535138.html. Zugegriffen: 30. Okt. 2019.

Weizsäcker, C. V., & Weizsäcker, E. U. V. (1984). Fehlerfreundlichkeit. In: K. Kornwachs (Hrsg.), *Offenheit – Zeitlichkeit – Komplexität. Zur Theorie der Offenen Systeme.* (S. 167–201). Frankfurt a. M.: Campus.

Welsch, W. (1998). Eine Doppelfigur der Gegenwart. Virtualisierung und Revalidierung. In G. Vattimo & W. Welsch (Hrsg.), *Medien-Welten Wirklichkeiten*. München: Fink.
Zimmerman, E. (2014). Manifest für ein ludisches Jahrhundert. In B. Beil, G. S. Freyermuth & L. Grotto (Hrsg.), *New Game Plus. Perspektiven der Game Studies. Genres – Künste – Diskurse* (S. 19–24). Bielefeld: transcript.